2022 개정 교육과정에 맞춰
백점 과학은 이렇게 바뀌었어요.

2022 교육과정 주요 변화	백점 과학

2022 교육과정 주요 변화

자기주도학습 강조
학생 스스로 공부 계획을 세워 실천하고 평가할 수 있도록 자기주도성을 키웁니다.

기초 소양 교육 강화
미래 변화에 대응하기 위해 필요한 역량으로 언어 소양, 수리 소양, 디지털 소양 교육을 강화합니다.

언어 소양
텍스트의 맥락을 이해하여 글쓰기 등으로 표현하고 소통하는 능력

수리 소양
다양한 상황에서 수학적 정보를 이해하고 해석하며 활용하는 능력

디지털 소양
디지털 도구를 사용하여 정보를 수집하고 분석하여 문제를 해결하는 능력

평가 방식 다양화
학생들의 학습 성취도에 따라 개인별 맞춤형 평가 및 서술형 평가를 확대합니다.

백점 과학

하루 4쪽 학습 구성
하루 4쪽 학습으로 학생 스스로 계획을 세우고 학습을 관리할 수 있습니다.

어휘와 문해력 학습 제공
과목별 교과 어휘 학습과 디지털 문해력 학습으로 언어 소양과 디지털 소양 역량을 키웁니다.

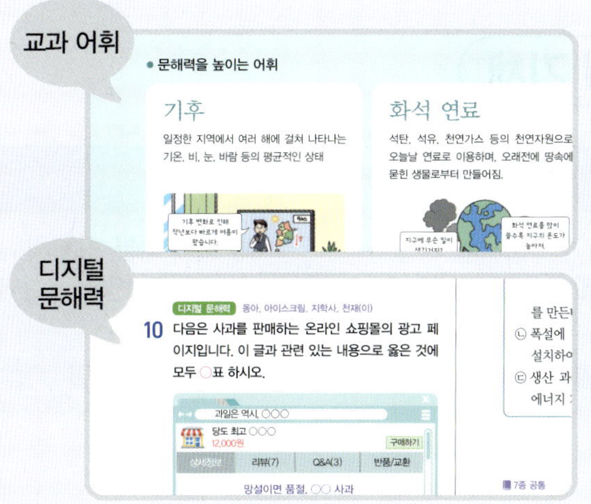

수행 평가 및 수준별 단원 평가 제공
다양한 서술형 유형 및 수행 평가 비중을 확대하였습니다.

맞춤형 평가에 대비하여 수준별 단원 평가를 단원별 A단계, B단계 2회 제공합니다.

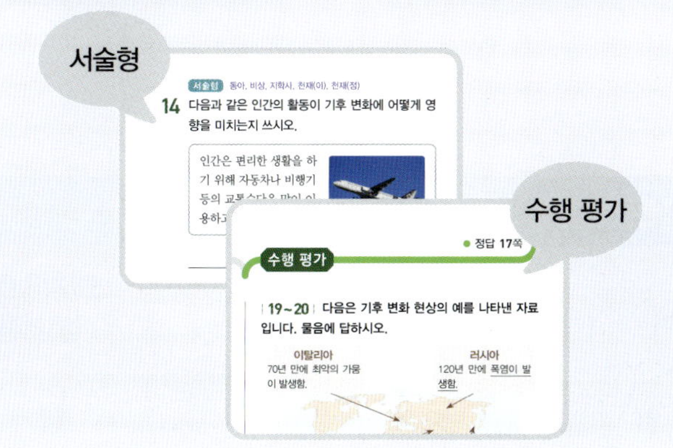

백점 과학과 내 교과서 비교하기

활용 방법

① 오늘 공부할 단원과 내용을 찾습니다.

② 내가 배우는 교과서의 출판사명에서 공부할 내용에 해당하는 쪽수를 찾습니다.

③ 찾은 쪽수와 해당하는 백점 과학은 몇 쪽인지 확인합니다.

단원명		1. 밤하늘 관찰 ① 달의 생김새 ② 여러 날 동안 보이는 달의 모양 변화 ③ 태양과 태양계 행성의 특징 ④ 별과 행성. 북극성 주변의 별자리	2. 생물과 환경 ① 생태계의 구성 요소 ② 생물 요소 분류하기 ③ 생물 요소의 먹고 먹히는 관계 ④ 인간 활동이 생태계에 미치는 영향 ⑤ 생태계 보전을 위한 노력	3. 여러 가지 기체 ① 기체의 무게 ② 온도에 따른 기체의 부피 변화 ③ 압력에 따른 기체의 부피 변화 ④ 생활 속 기체의 부피 변화 ⑤ 일상생활에서 이용되는 기체 ⑥ 기체의 성질을 이용한 장치 만들기	4. 기후 변화와 우리 생활 ① 기후 변화 현상의 예 ② 기후 변화에 영향을 주는 인간의 활동 ③ 기후 변화가 미치는 영향. 대응 방법
백점 과학 쪽수		8~31	32~59	60~91	92~111
교과서별 쪽수	동아출판	10~31	32~53	54~77	78~101
	미래엔	8~31	32~57	58~79	80~103
	비상교육	12~39	40~65	66~89	90~111
	지학사	8~33	34~59	60~81	82~105
	아이스크림 미디어	14~37	38~61	62~83	84~103
	천재교과서 (이상원)	16~39	40~63	64~85	86~111
	천재교과서 (정용재)	10~35	36~61	62~89	90~113

2025년 초등학교 4학년 학생들에게 과학 결손 단원 학습지를 제공합니다.

2025년부터 초등학교 3~4학년 학생들은 전 과목을 2022 개정 교육과정 교과서로 학습하게 됩니다. 그런데 2015 개정 교육과정 초등 과학 4학년 일부 단원이 2022 개정 교육과정에서는 3학년으로 이동합니다. 따라서 2025년 초등학교 4학년 학생들은 과학 일부 단원을 학습하지 못하게 됩니다. 그래서 **2025년 초등학교 4학년 학생**들이 과학 결손 단원을 학습할 수 있도록 학습지 PDF 파일을 제공합니다.

학습지 PDF 다운로드 방법

1. 모바일

▶ 모바일로 우측 QR 코드를 찍으면 초등 과학 4학년 결손 단원 학습지를 바로 다운로드 받을 수 있습니다.

2. PC

▶ 아래의 경로에서 다운로드 받을 수 있습니다.
▶ 동아출판 홈페이지(www.bookdonga.com)
  〉초등 학습 자료 〉백점 과학 4-1/4-2 〉보충자료(결손 단원 학습지)

2022 개정 교육과정 3~4학년 과학

구분	2022 개정 교육과정	달라진 내용
3학년 1학기	1. 힘과 우리 생활	*일부 내용 4-1에서 이동
	2. 동물의 생활	*3-2에서 이동
	3. 식물의 생활	*4-2에서 이동
	4. 생물의 한살이	*'식물의 한살이' 내용 4-1에서 이동
3학년 2학기	1. 물체와 물질	*일부 내용 3-1에서 이동
	2. 지구와 바다	*일부 내용 3-1에서 이동
	3. 소리의 성질	
	4. 감염병과 건강한 생활	*신설
4학년 1학기	1. 자석의 이용	*3-1에서 이동
	2. 물의 상태 변화	*일부 내용 4-2에서 이동
	3. 땅의 변화	*일부 내용 3-2, 4-2에서 이동
	4. 다양한 생물과 우리 생활	*5-1에서 이동
4학년 2학기	1. 밤하늘 관찰	*일부 내용 3-1, 5-1, 6-1에서 이동
	2. 생물과 환경	*5-2에서 이동
	3. 여러 가지 기체	*일부 내용 3-2, 6-1에서 이동
	4. 기후 변화와 우리 생활	*신설

2025년 4학년 학생 과학 결손 단원

백점

개념북

구성과 특징

개념북 자기주도학습을 위한 **"하루 4쪽"** 구성

(개념 학습 ＋ 문제 학습)

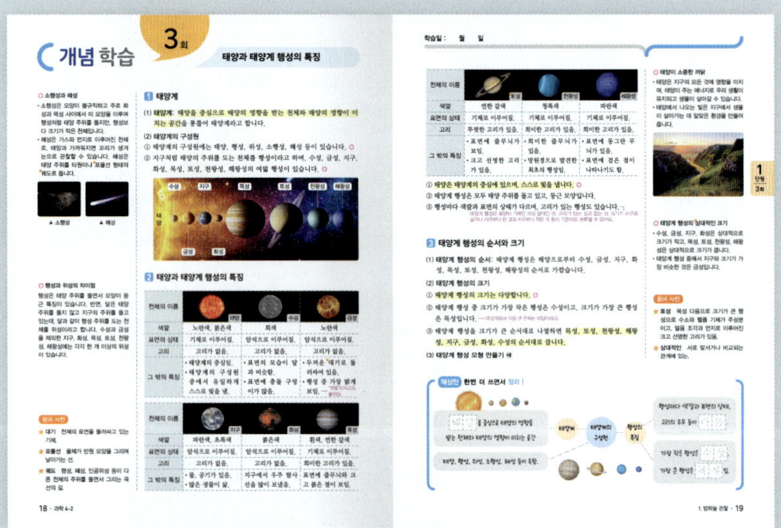

| **개념 학습** | 핵심 개념을 학습한 후 핵심 문장 쓰기를 통해 개념을 쉽게 이해할 수 있습니다.

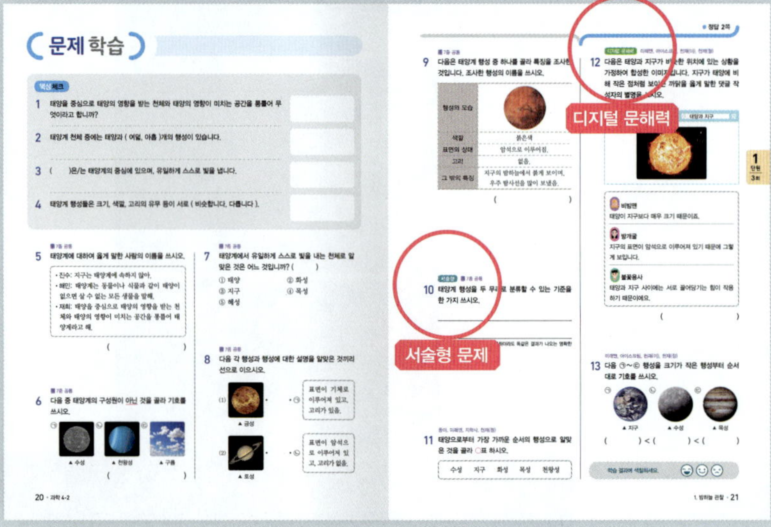

| **문제 학습** | 핵심 체크 문제와 서술형 문제 등 다양한 유형의 문제를 통해 실력을 쌓을 수 있습니다.

디지털 문해력: 디지털 매체 소재를 활용한 문제

문해력을 높이는 어휘
교과서 어휘의 뜻과 그림 속
이야기를 통해 문해력 향상

평가북
맞춤형 평가 대비
수준별 단원 평가

마무리 평가

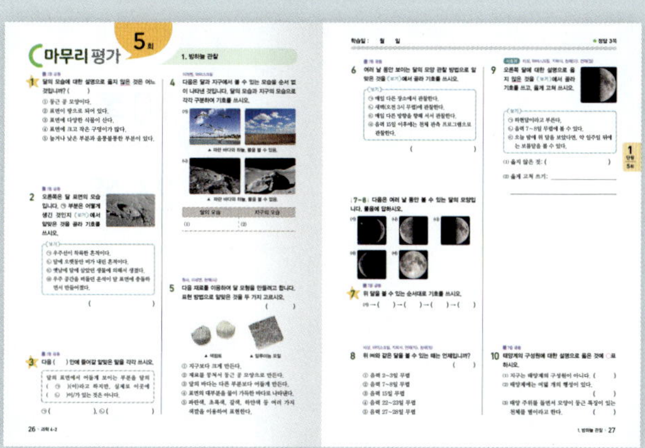

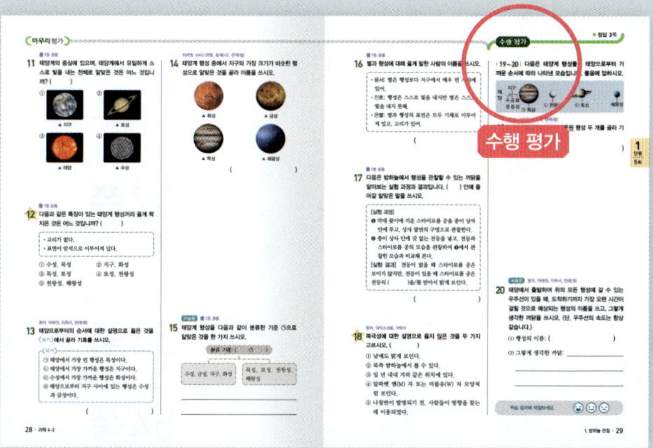

한 단원을 마무리하며 실력을 점검할 수 있습니다.
수행 평가: 학교 수행 평가에 대비할 수 있는 문제

단원 핵심 개념

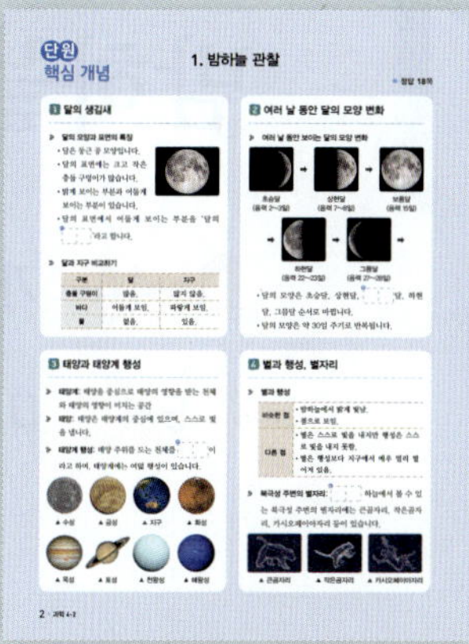

단원 핵심 개념을 정리하고, 배운 내용을 확인할 수 있습니다.

단원 평가 A단계, B단계

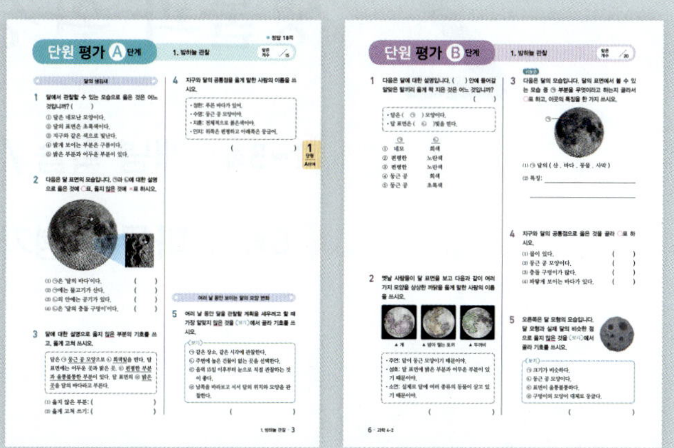

단원별 학습 성취도를 확인하고, 학교 단원 평가에 대비할 수 있도록 수준별로 A단계, B단계로 구성하였습니다.

차 례

하루 4쪽 학습으로
자기주도학습 완성

○ 안전한 탐구 활동을 위해 실험실 안전 수칙을 익히고, 잘 지키도록 합니다.

실험하기 전

실험실에서는 항상 선생님의 안내에 따라요.

소화기의 위치와 사용 방법을 알아 둬요.

실험실에서는 항상 실험복과 보안경을 착용하고, 긴 머리를 단정히 묶어요.

실험하는 동안

날카로운 물체는 조심히 다뤄요.

실험 기구의 사용 방법을 확인하고 사용해요.

핫플레이트를 사용할 때 화상을 입지 않게 가까이하지 않고, 반드시 면장갑을 착용해요

실험실에서 장난치거나 뛰어다니지 않아요.

기체가 발생하는 실험은 환기가
잘되는 실험실에서 해야 해요.

젖은 손으로 전기 기구의
전선을 만지지 않아요.

시험관 입구가 사람을
향하지 않게 해요.

함부로 실험 재료의 맛을 보거나,
냄새를 맡지 않아요.

실험실에서는 음식을 먹거나
음료수를 마시지 않아요.

실험이 끝난 뒤

사용한 약품은 선생님의 안내에
따라 정해진 곳에 버려요.

사용한 실험 기구는 선생님의
안내에 따라 깨끗이 씻어요.

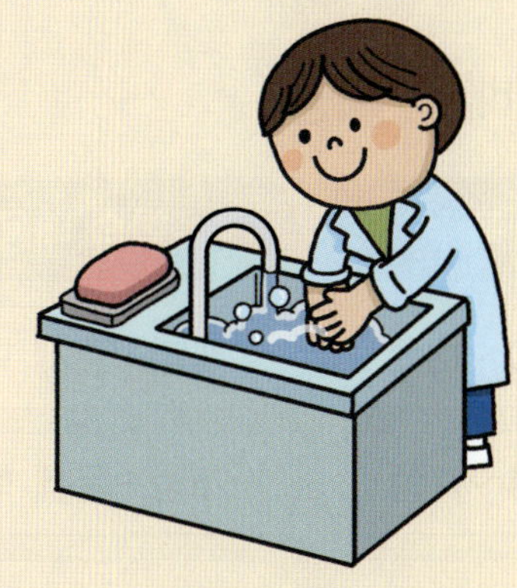

실험 기구와 주변을 정리하고,
반드시 손을 깨끗이 씻어요.

1 밤하늘 관찰

● 이번에 배울 내용

● 문해력을 높이는 어휘

표면

사물의 가장 바깥쪽. 또는 가장 윗부분을 말하며, 달의 표면에서는 다양한 특징을 볼 수 있음.

주기

같은 현상이나 특징이 한 번 나타나고부터 다음번에 다시 되풀이되기까지의 기간

행성

중심이 되는 별의 주위를 돌면서 스스로 빛을 내지 못하고 별의 빛을 받아 반사하는 천체

별자리

밤하늘에 무리 지어 있는 것처럼 보이는 몇 개의 별을 연결하여 이름을 붙인 것

왼쪽 여백

- 친구들과 장난치지 않고, 반드시 어른 등 보호자와 함께 관찰합니다.
- 너무 늦지 않은 시간에 관찰합니다.
- 주변이 탁 트인 공간에서 관찰합니다.
- 달을 더 선명하게 관찰하려면 망원경이나 쌍안경 등의 도구를 사용할 수 있습니다.

➕ 달과 관련된 이야기
- 갈릴레이는 자신이 만든 망원경으로 울퉁불퉁한 달의 표면을 처음 관찰한 과학자입니다.
- 우리나라는 2022년 다누리호 발사에 성공했습니다. 다누리호는 우리나라 최초로 달 궤도에 진입한 무인 달 탐사선입니다.

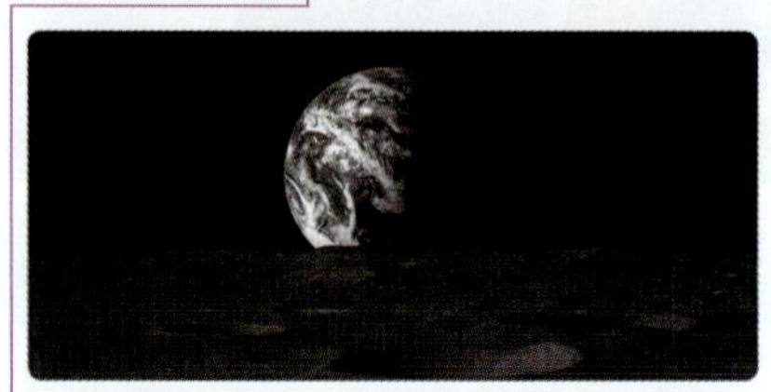

▲ 다누리호가 찍은 달과 지구의 모습

└ 궤도란 행성, 혜성, 인공위성 등이 다른 천체의 둘레를 돌면서 그리는 곡선의 길을 말해요.

용어 사전

★ 충돌 구덩이 우주 공간을 떠돌던 운석이 천체의 표면에 떨어져 만들어진 것으로, 달과 지구를 포함하여 단단한 표면을 가진 천체에서 대부분 볼 수 있음.

▲ 지구의 충돌 구덩이

오른쪽 본문

1 달 관찰하기

(1) 달을 관찰한 경험 예
① 추석 때 둥근 달을 보며 소원을 빈 적이 있습니다.
② 눈썹 모양, 반원 모양 등 둥근 모양이 아닌 달을 본 적도 있습니다.

(2) 달의 모양을 조사하는 방법
① 인터넷으로 검색하거나 달과 관련된 참고 도서를 찾아봅니다.
② 밤에 직접 관찰합니다. ➕

2 달의 모양과 표면의 특징

(1) 달의 모양과 표면의 특징 → 달은 상황에 따라 노란색이나 붉은색으로 보이지만, 전체적으로 회색빛이에요.
① 달은 둥근 공 모양입니다.
② 달의 표면은 단단한 땅으로 되어 있으며 높거나 낮은 부분, 편평한 부분, 울퉁불퉁한 부분이 있습니다. ➕
③ 달의 표면에는 크고 작은 *충돌 구덩이가 많습니다.
④ 달의 표면에는 밝게 보이는 부분과 어둡게 보이는 부분이 있습니다.

▲ 울퉁불퉁한 표면

▲ 크고 작은 충돌 구덩이

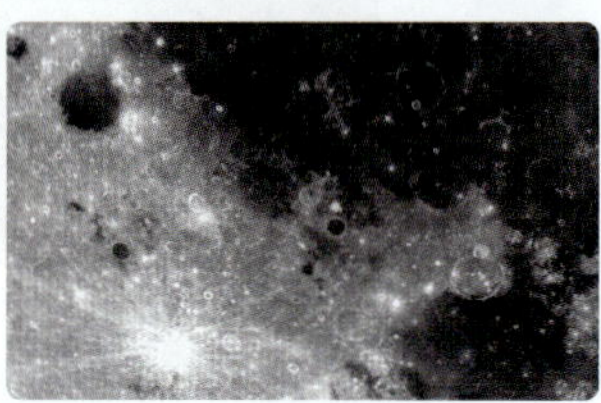

▲ 밝은 부분과 어두운 부분

(2) 달의 바다
① 달의 표면에서 어둡게 보이는 부분을 '달의 바다'라고 합니다.
② 달의 바다에는 실제로 물이 없는데 바다라고 부르는 까닭은 옛날 사람들이 달의 어두운 부분을 물이 가득 찬 바다라고 생각했기 때문입니다.
③ 달의 표면이 밝은 부분과 어두운 부분으로 보이는 까닭은 달 표면을 이루고 있는 암석이 부분적으로 다르기 때문입니다.

3 달과 지구의 모양과 표면 비교하기

① 비슷한 점: 달과 지구는 모두 둥근 공 모양입니다.
② 다른 점

구분	충돌 구덩이	바다	물
달	많음.	어둡게 보임.	없음.
지구	많지 않음.	파랗게 보임.	있음.

4 달의 모습을 표현한 달 모형 만들기

(1) 달 모형 만들기 ✚

과정
❶ 사진과 영상 자료 등을 활용하여 달의 전체적인 모양과 표면 살펴보기
❷ 조사한 내용을 바탕으로 달의 모양과 표면의 모습을 색점토로 표현해 보기

결과
[달의 모양과 표면의 모습 살펴보기]
• 달은 전체적으로 둥근 공 모양입니다.
• 달 표면에는 울퉁불퉁하게 보이는 곳이 있고, 매끈하게 보이는 곳이 있습니다.
• 크고 작은 충돌 구덩이를 많이 볼 수 있습니다. ✚
• 어둡게 보이는 부분과 밝게 보이는 부분이 있습니다.

[달의 모양과 표면의 모습을 색점토로 표현하기]

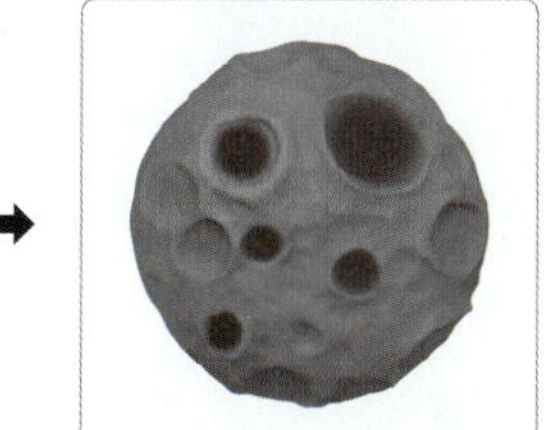

▲ 색점토를 둥글게 뭉　　▲ 만들기 도구를 이용하여　　▲ 다양한 방법으로 달 모형
　쳐 공 모양 만들기　　　　달의 표면 모습 표현하기　　　표현해 보기

(2) 달 모형과 실제 달의 비슷한 점과 다른 점

비슷한 점	• 둥근 공 모양임. • 어둡게 보이는 곳이 있음. • 표면이 울퉁불퉁함. • 표면에 움푹 파인 구덩이가 있고, 구덩이의 모양이 대체로 둥긂.
다른 점	• 달 모형보다 실제 달이 더 큼. • 달 모형의 표면 모습과 실제 달의 표면 모습이 다름.

✚ **달 모형 표현하기**
• 검은색 점토와 흰색 점토를 섞어서 달의 색깔을 표현합니다.
• 연필, 굵기가 다른 펜, 이쑤시개 등을 이용하면 크기가 다른 충돌 구덩이를 표현할 수 있습니다.
• 색점토 대신 알루미늄 포일을 둥글게 만들어 구긴 다음, 표면을 다양한 크기의 동전으로 눌러서 달 모형을 표현할 수도 있습니다.

1 단원

1회

✚ **달 표면의 충돌 구덩이 만들기**
• *체에 걸러 얇게 골고루 뿌린 밀가루가 덮인 모래 위에 다양한 크기의 쇠구슬을 일정한 높이에서 떨어뜨려 보고, 모래 표면의 변화 모습을 관찰해 봅니다.
• 떨어뜨리는 쇠구슬이 클수록 구덩이가 크게 생기는 것처럼, 달에도 크고 작은 운석의 충돌로 다양한 크기의 충돌 구덩이가 생겼습니다.

용어 사전

★ **체** 가루를 곱게 치거나 액체를 거르는 데 쓰는 기구로, 체에 거르는 알갱이의 크기에 따라 체를 통과한 것과 통과하지 못한 것으로 분리할 수 있음.

핵심만 **한번 더 쓰면서** 정리 !

등 근 공 　모양임. —— 전체 모양

밝게 보이는 부분과 어둡게 보이는 부분이 있음.

크고 작은 충 돌 구 덩 이 가 있음. —— 달의 생김새

달 표면에서 어둡게 보이는 부분임. —— 달의 바다

높거나 낮은 부분, 울퉁불퉁한 부분이 있음.

문제 학습

1 달은 어떤 모양입니까?

2 달의 표면은 (기체, 단단한 땅)(으)로 되어 있습니다.

3 달의 표면에는 크고 작은 (   ) 구덩이가 많습니다.

4 달의 표면에서 어둡게 보이는 부분을 무엇이라고 합니까?

동아, 미래엔, 천재(이), 천재(정)

5 달의 색깔에 대한 설명으로 옳은 것에 모두 ○표 하시오.

(1) 달은 전체적으로 회색빛을 띤다. (   )

(2) 달은 여름에는 붉은빛, 겨울에는 푸른빛을 띤다.
(   )

(3) 달은 상황에 따라 노란색이나 붉은색으로 보이기도 한다. (   )

■ 7종 공통

6 달 표면에 대한 설명으로 옳은 것을 〈보기〉에서 골라 기호를 쓰시오.

〔보기〕
ㄱ 달의 표면에는 밝게 보이는 부분이 있다.
ㄴ 달의 표면은 전체적으로 편평하고 매끈매끈하다.
ㄷ 달의 표면에서 어둡게 보이는 부분에는 물이 있다.

(   )

■ 7종 공통

7 오른쪽과 같이 달의 표면에 움푹 파인 부분을 무엇이라고 하는지 쓰시오.

(   )

■ 7종 공통

8 다음은 달 표면의 어두운 부분을 확대한 모습입니다. 이 부분에 대한 설명으로 옳은 것은 어느 것입니까? (   )

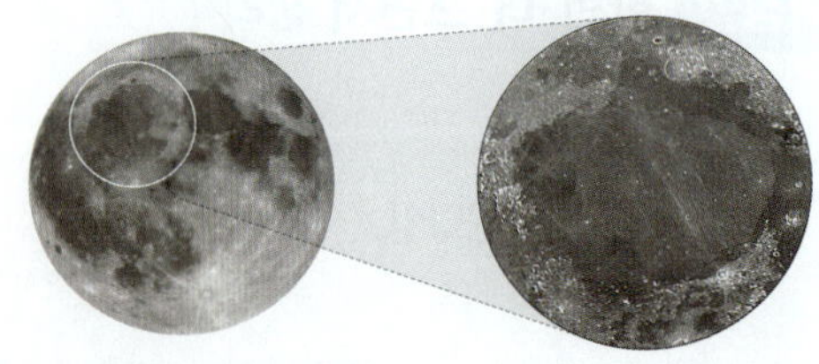

① 물이 있는 부분이다.
② 산소가 있는 부분이다.
③ 높이가 산처럼 높은 부분이다.
④ 이 부분을 달의 바다라고 부른다.
⑤ 달 표면에는 전체적으로 어두운 부분만 있다.

서술형 📖 7종 공통

9 달의 바다에는 실제로 물이 없는데 바다라는 이름이 붙여진 까닭은 무엇인지 쓰시오.

____

____

도움말 지구의 바다에는 어떤 특징이 있는지 떠올려 연관지어 보세요.

미래엔, 아이스크림

10 달에서 볼 수 있는 모습으로 옳은 것은 어느 것입니까? (   )

① 하늘이 파랗게 보인다.
② 물이 가득한 바다가 있다.
③ 풀과 나무가 자라고 있다.
④ 날아다니는 동물이 살고 있다.
⑤ 표면이 단단한 땅으로 되어 있다.

미래엔, 아이스크림

11 지구와 달을 비교한 내용을 옳게 말한 사람의 이름을 쓰시오.

> • 태산: 달은 반원 모양이야.
> • 수진: 달에는 물과 공기가 있어.
> • 민구: 지구에는 달에 비해 충돌 구덩이가 많지 않아.

(   )

디지털 문해력 📖 7종 공통

12 다음은 달 표면에 대한 인터넷 기사의 일부입니다. 기사 내용과 관련지어 아래 ㉠, ㉡에 들어갈 알맞은 말에 각각 ○표 하시오.

백점뉴스

뉴스홈 ▶ 최신기사

달의 바다에 숨겨진 비밀

일자: 2000-00-00 17 : 30

○○○ 기자

달의 표면에서 어둡게 보이는 부분을 달의 바다라고 한다. 달의 표면이 밝은 부분과 어두운 부분으로 보이는 까닭은 달 표면을 이루고 있는 암석이 부분적으로 다르기 때문이다.
달 표면은 주로 어두운색을 띠는 현무암과 밝은색을 띠는 사장석 등의 암석으로 이루어져 있다.

> 달 표면의 ㉠ (밝게 , 어둡게) 보이는 부분은 사장석 등으로 이루어져 있고, ㉡ (밝게 , 어둡게) 보이는 부분은 현무암과 같은 암석으로 이루어져 있다.

동아, 미래엔, 천재(이)

13 달 모형을 만드는 방법으로 알맞지 <u>않은</u> 것을 두 가지 고르시오. (   )

① 공처럼 둥글게 만든다.
② 산과 바다, 구름을 나타낸다.
③ 크고 작은 충돌 구덩이를 만든다.
④ 강과 바다 부분은 파란색 색점토를 사용하여 나타낸다.
⑤ 밝은 부분과 어두운 부분을 나타내고, 검은색 점토와 흰색 점토를 섞어서 달의 색깔을 표현한다.

학습 결과에 색칠하세요.   

1 여러 날 동안 보이는 달의 모양 관찰하기

(1) 여러 날 동안 보이는 달의 모양 관찰 계획하기

① 관찰 기간: 음력 2일부터 *음력 15일까지는 2일~3일에 한 번씩 관찰하며, 음력 15일 이후로는 *천체 관측 프로그램으로 관찰합니다. ➕

② 관찰 시각: 해가 진 뒤(오후 7시 무렵)에 관찰합니다.

③ 관찰 장소: 주변의 불빛이 적고, 높은 산이나 건물이 앞을 가리지 않아 하늘을 넓게 볼 수 있는 곳에서 관찰합니다. ➕

(2) 여러 날 동안 보이는 달의 모양 관찰 방법

① 같은 장소, 같은 시각에 관찰합니다.

② 나침반으로 남쪽 방향을 찾고, 남쪽을 향해 서서 관찰합니다.

③ 달을 직접 관찰하지 못했을 경우와 음력 15일 이후에는 천체 관측 프로그램으로 관찰합니다.

2 여러 날 동안 보이는 달의 모양 관찰 보고서 작성하기

과정

❶ 관찰 기간과 관찰 시각 쓰기 → 관찰 준비물이나 기록할 방법 등도 미리 정해요.

❷ 관찰 날짜를 쓰고, 그 아래에 음력 날짜 쓰기

❸ 달을 관찰한 뒤, 관찰한 달의 모양을 사진이나 그림으로 기록하기

❹ 이 과정을 반복하여 보고서 완성하기 → 관찰이 끝난 뒤 알게 된 점을 써요.

결과

[관찰 보고서] 예

관찰 주제	여러 날 동안 보이는 달의 모양 관찰하기		
관찰 기간	20○○년 ○월 ○일~○월 ○일		
관찰 시각	저녁 8시	관찰 장소	학교 운동장
주의할 점	너무 늦지 않은 시간에 보호자와 함께 관찰하기		

	○월 ○○일 (음력 3일)	○월 ○○일 (음력 4일)	○월 ○○일 (음력 5일)	○월 ○○일 (음력 6일)	○월 ○○일 (음력 7일)	○월 ○○일 (음력 8일)

	○월 ○○일 (음력 9일)	○월 ○○일 (음력 10일)	○월 ○○일 (음력 11일)	○월 ○○일 (음력 12일)	○월 ○○일 (음력 13일)	○월 ○○일 (음력 14일)	○월 ○○일 (음력 15일)

➕ **천체 관측 프로그램을 이용하면 좋은 점**

- '스텔라리움' 프로그램은 실제로 관찰하기 어려운 달의 모양을 알려 줍니다.
- '스카이 맵' 애플리케이션은 현재의 하늘에서 별이 어느 방향에 있는지 알려 줍니다.
- '스타 워크 2' 애플리케이션은 모르는 별자리의 이름을 알려 주고, 목성과 같은 행성의 위치도 알려 줍니다.

➕ **달의 모양 관찰 장소로 알맞은 곳**

관찰 장소를 정할 때에는 주변에 차가 다니지 않는 안전한 장소를 선택하며 학교 운동장, 넓은 공원, 마을 뒷동산 등 시야가 트인 곳이 알맞습니다.

용어 사전

★ **음력** 달의 모양이 변하는 주기를 기준으로 만든 달력으로, 우리가 주로 사용하는 달력(양력)의 날짜 주변에 작은 글씨로 쓰여 있기도 함.

★ **천체** 행성, 위성, 소행성, 인공위성, 혜성 등 우주에 존재하는 모든 물체를 통틀어 이르는 말.

3 여러 날 동안 보이는 달의 모양 변화

① 여러 날 동안 달을 관찰하면 달의 모양이 매일 조금씩 변합니다.

② 달은 밝게 보이는 부분이 왼쪽으로 점점 커지면서 둥근 원 모양이 되었다가 다시 오른쪽부터 밝은 부분이 점점 작아집니다.

③ 달의 모양은 초승달, 상현달, 보름달, 하현달, *그믐달 순서로 바뀝니다. ➕

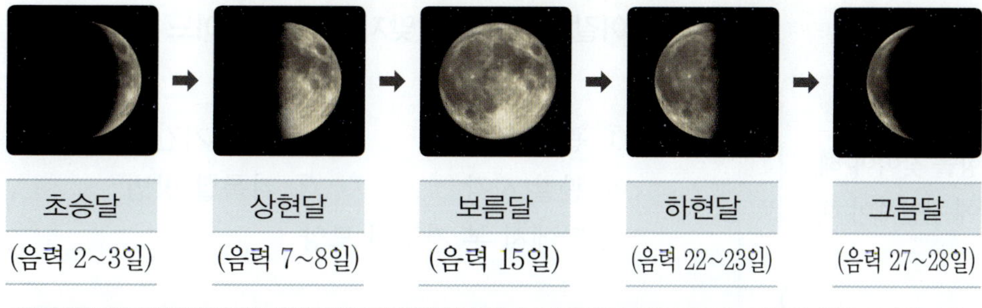

초승달 ➡ 밝은 부분이 점점 커짐. ➡ 상현달 ➡ 보름달 ➡ 밝은 부분이 점점 작아짐. ➡ 하현달 ➡ 그믐달 과정이 *주기적으로 반복됨.

④ 달의 모양 변화는 약 30일 주기로 반복됩니다. ➕

➕ **모양에 따른 달의 이름**

• 초승달: 오른쪽이 가느다란 눈썹 모양
• 상현달: 오른쪽 반달 모양
• 보름달: 둥근 원 모양
• 하현달: 왼쪽 반달 모양
• 그믐달: 왼쪽이 가느다란 눈썹 모양
 └ 초승달의 반대 모양이에요.

➕ **달의 모양 변화**

달의 모양 변화는 약 30일 주기로 반복되므로, 같은 모양의 달을 다시 보려면 약 30일이 걸립니다. 만약, 오늘 밤에 보름달을 보았다면 약 30일 후에 다시 보름달을 볼 수 있습니다.

용어 사전

★ **그믐달** 음력 27~28일 새벽부터 해 뜨기 직전까지 동쪽 하늘에서 볼 수 있는 눈썹 모양의 달.

★ **주기** 같은 현상이나 특징이 한 번 나타나고부터 다음번에 다시 나타나기까지의 기간.

1
단원
2회

핵심만 한번 더 쓰면서 정리!

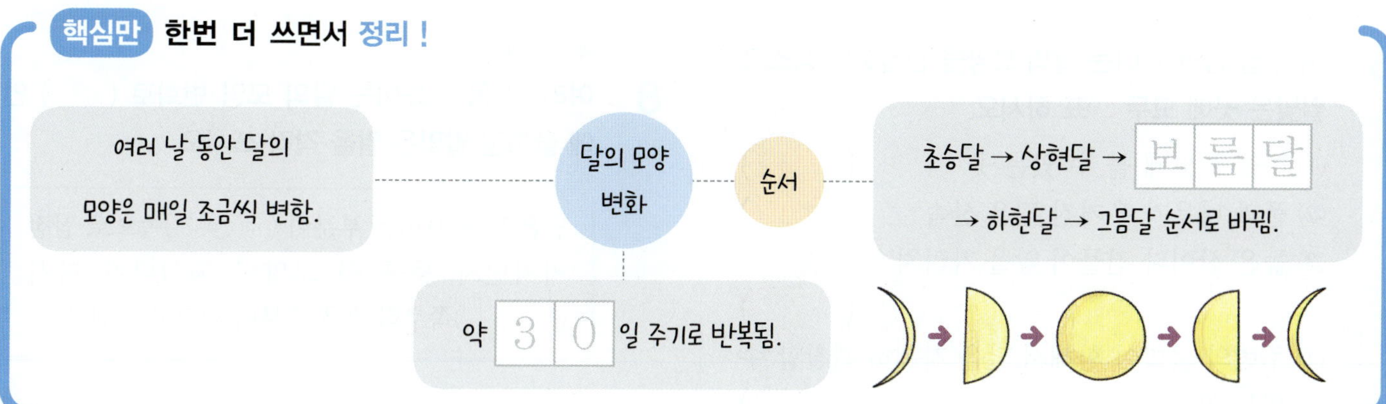

핵심 체크

1 여러 날 동안 달을 관찰하면 달의 모양이 (변하지 않습니다, 매일 조금씩 변합니다).

2 달의 밝게 보이는 부분은 (왼쪽, 오른쪽)으로 점점 커지면서 둥근 원 모양이 됩니다.

3 달의 모양은 초승달, 상현달, (　　), 하현달, 그믐달 순서로 바뀝니다.

4 달의 모양 변화는 약 며칠 주기로 반복됩니까?

▮7종 공통

5 여러 날 동안 보이는 달의 모양을 관찰하는 방법을 잘못 말한 사람의 이름을 쓰시오.

> • 율빈: 남쪽을 향해 서서 관찰해야 해.
> • 다인: 나침반을 이용하여 남쪽 방향을 찾아야 해.
> • 혁우: 일주일 동안 매일 다른 시각에 관찰해야 해.

(　　　　　　)

▮7종 공통

6 여러 날 동안 보이는 달의 모양을 관찰하는 장소로 알맞은 곳에 모두 ○표 하시오.

⑴ 하늘을 넓게 볼 수 있는 곳　　　　　　(　　)

⑵ 풀과 나무가 우거진 깊은 산속　　　　(　　)

⑶ 높은 산이나 건물이 앞을 가리지 않는 곳
　　　　　　　　　　　　　　　　(　　)

⑷ 주변의 불빛이 환해서 달을 자세히 관찰할 수 있는 곳　　　　　　　　　(　　)

▮7종 공통

7 여러 날 동안 보이는 달의 모양 관찰 보고서에 들어갈 내용으로 알맞지 <u>않은</u> 것은 어느 것입니까?
(　　　)

① 관찰 장소　　　　② 관찰 기간
③ 관찰 시각　　　　④ 기록할 방법
⑤ 달에서 본 지구의 모양

▮7종 공통

8 여러 날 동안 보이는 달의 모양 변화로 (　　) 안에 들어갈 알맞은 말을 각각 쓰시오.

> 달은 밝게 보이는 부분이 (　㉠　)쪽으로 점점 커지면서 둥근 원 모양이 되었다가 다시 (　㉡　)쪽부터 밝은 부분이 점점 작아진다.

㉠ (　　　　　　), ㉡ (　　　　　　)

9 다음은 여러 날 동안 관찰한 달의 모양입니다. (가)~(다)의 이름을 각각 빈칸에 써넣으시오.

(가)    (나)    (다) 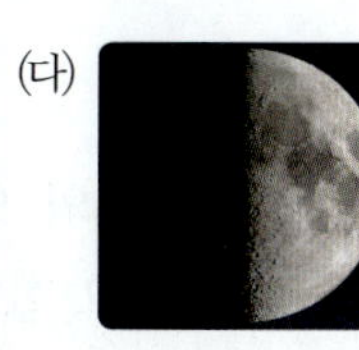

(가)	(나)	(다)

10 위 (나)의 달이 보인 후 약 7~8일 후에 볼 수 있는 달로 알맞은 것을 골라 기호를 쓰시오.

( )

11 오른쪽과 같은 모양의 달을 볼 수 있는 때는 언제입니까?

( )

① 음력 2~3일 무렵
② 음력 7~8일 무렵
③ 음력 15일 무렵
④ 음력 22~23일 무렵
⑤ 음력 27~28일 무렵

12 다음은 달의 모양에 따른 이름을 검색한 결과입니다. 달에 대한 설명이 <u>잘못된</u> 것은 어느 것입니까?

( )

① 초승달   ② 상현달   ③ 보름달
④ 하현달   ⑤ 그믐달

13 오늘 밤에 오른쪽과 같은 모양의 달을 보았다면 약 며칠을 기다려야 다시 같은 달을 볼 수 있는지 그렇게 생각한 까닭과 함께 쓰시오.

도움말 보름달은 음력 15일 무렵에 볼 수 있고, 그믐달은 음력 27~28일 무렵에 볼 수 있는 점을 들어 생각해 봐요.

학습 결과에 색칠하세요.     

개념 학습 3회

소행성과 혜성

- 소행성은 모양이 불규칙하고 주로 화성과 목성 사이에서 띠 모양을 이루며 행성처럼 태양 주위를 돌지만, 행성보다 크기가 작은 천체입니다.
- 혜성은 가스와 먼지로 이루어진 천체로, 태양과 가까워지면 꼬리가 생겨 눈으로 관찰할 수 있습니다. 혜성은 태양 주위를 타원이나*포물선 형태의 궤도로 돕니다.

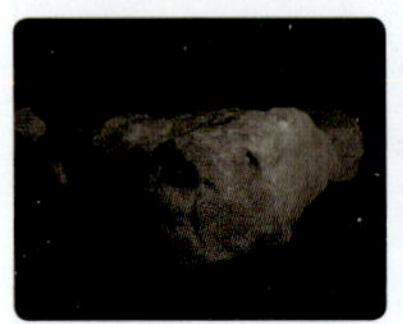

▲ 소행성

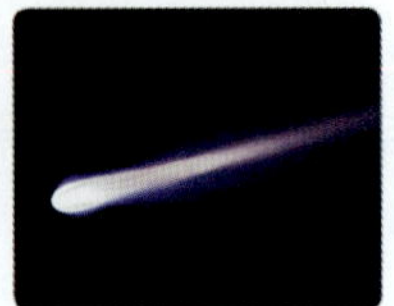

▲ 혜성

행성과 위성의 차이점

행성은 태양 주위를 돌면서 모양이 둥근 특징이 있습니다. 반면, 달은 태양 주위를 돌지 않고 지구의 주위를 돌고 있는데, 달과 같이 행성 주위를 도는 천체를 위성이라고 합니다. 수성과 금성을 제외한 지구, 화성, 목성, 토성, 천왕성, 해왕성에는 각각 한 개 이상의 위성이 있습니다.

용어 사전

★ **대기** 천체의 표면을 둘러싸고 있는 기체.

★ **포물선** 물체가 반원 모양을 그리며 날아가는 선.

---

1 태양계

(1) **태양계**: 태양을 중심으로 태양의 영향을 받는 천체와 태양의 영향이 미치는 공간을 통틀어 태양계라고 합니다.

(2) **태양계의 구성원**

① 태양계의 구성원에는 태양, 행성, 위성, 소행성, 혜성 등이 있습니다. ➕

② 지구처럼 태양의 주위를 도는 천체를 행성이라고 하며, 수성, 금성, 지구, 화성, 목성, 토성, 천왕성, 해왕성의 여덟 행성이 있습니다. ➕

2 태양과 태양계 행성의 특징

천체의 이름	태양	수성	금성
색깔	노란색, 붉은색	회색	노란색
표면의 상태	기체로 이루어짐.	암석으로 이루어짐.	암석으로 이루어짐.
고리	고리가 없음.	고리가 없음.	고리가 없음.
그 밖의 특징	• 태양계의 중심임. • 태양계의 구성원 중에서 유일하게 스스로 빛을 냄.	• 표면의 모습이 달과 비슷함. • 표면에 충돌 구덩이가 많음.	• 두꺼운*대기로 둘러싸여 있음. • 행성 중 가장 밝게 보임. → '샛별'이라고도 불러요.

천체의 이름	지구	화성	목성
색깔	파란색, 초록색	붉은색	흰색, 연한 갈색
표면의 상태	암석으로 이루어짐.	암석으로 이루어짐.	기체로 이루어짐.
고리	고리가 없음.	고리가 없음.	희미한 고리가 있음.
그 밖의 특징	• 물, 공기가 있음. • 많은 생물이 삶.	지구에서 우주 탐사선을 많이 보냈음.	표면에 줄무늬와 크고 붉은 점이 보임.

천체의 이름	토성	천왕성	해왕성
색깔	연한 갈색	청록색	파란색
표면의 상태	기체로 이루어짐.	기체로 이루어짐.	기체로 이루어짐.
고리	뚜렷한 고리가 있음.	희미한 고리가 있음.	희미한 고리가 있음.
그 밖의 특징	• 표면에 줄무늬가 보임. • 크고 선명한 고리가 있음.	• 희미한 줄무늬가 있음. • 망원경으로 발견한 최초의 행성임.	• 표면에 동그란 무늬가 있음. • 표면에 검은 점이 나타나기도 함.

① 태양은 태양계의 중심에 있으며, 스스로 빛을 냅니다. ➕

② 태양계 행성은 모두 태양 주위를 돌고 있고, 둥근 모양입니다.

③ 행성마다 색깔과 표면의 상태가 다르며, 고리가 있는 행성도 있습니다.
태양계 행성은 표면이 기체인 것과 암석인 것, 고리가 있는 것과 없는 것, 크기가 지구와 같거나 지구보다 큰 것과 지구보다 작은 것 등의 분류 기준으로 분류할 수 있어요.

3 태양계 행성의 순서와 크기

(1) **태양계 행성의 순서**: 태양계 행성은 태양으로부터 수성, 금성, 지구, 화성, 목성, 토성, 천왕성, 해왕성의 순서로 가깝습니다.

(2) **태양계 행성의 크기**

① 태양계 행성의 크기는 다양합니다. ➕

② 태양계 행성 중 크기가 가장 작은 행성은 수성이고, 크기가 가장 큰 행성은 목성입니다. → 태양계에서 가장 큰 천체는 태양이에요.

③ 태양계 행성을 크기가 큰 순서대로 나열하면 목성, 토성, 천왕성, 해왕성, 지구, 금성, 화성, 수성의 순서대로 큽니다.

➕ 태양이 소중한 까닭

• 태양은 지구의 모든 것에 영향을 미치며, 태양이 주는 에너지로 우리 생활이 유지되고 생물이 살아갈 수 있습니다.

• 태양에서 나오는 빛은 지구에서 생물이 살아가는 데 알맞은 환경을 만들어 줍니다.

1 단원 3회

➕ 태양계 행성의 상대적인 크기

• 수성, 금성, 지구, 화성은 상대적으로 크기가 작고, 목성, 토성, 천왕성, 해왕성은 상대적으로 크기가 큽니다.

• 태양계 행성 중에서 지구와 크기가 가장 비슷한 것은 금성입니다.

용어 사전

★ **상대적인** 서로 맞서거나 비교되는 관계에 있는.

핵심만 한번 더 쓰면서 정리 !

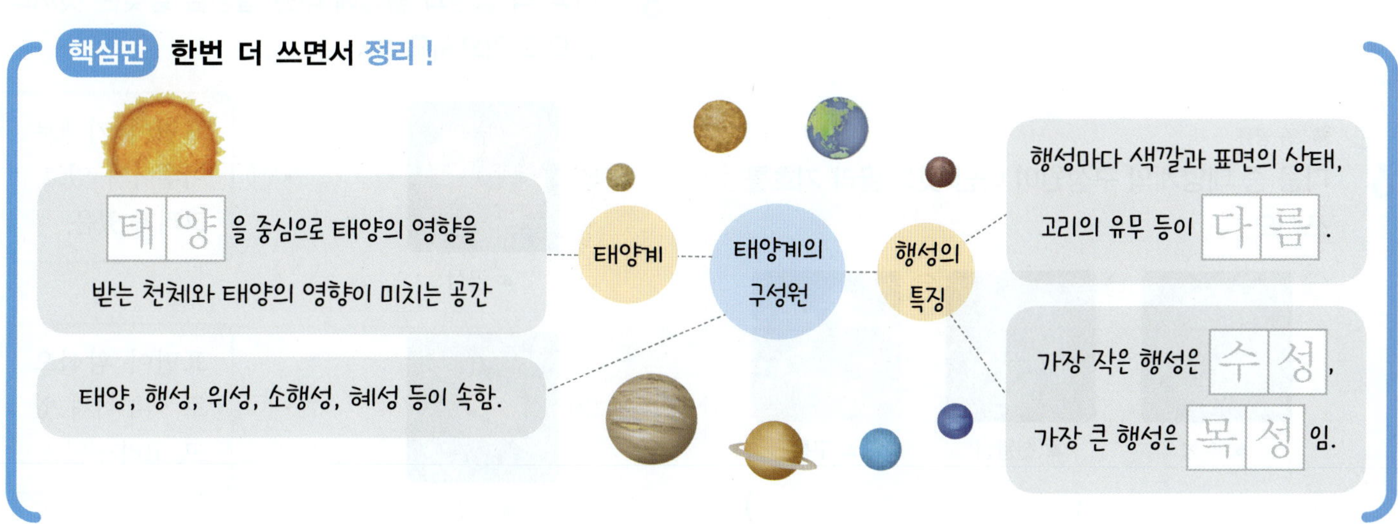

문제 학습

1 태양을 중심으로 태양의 영향을 받는 천체와 태양의 영향이 미치는 공간을 통틀어 무엇이라고 합니까?

2 태양계 천체 중에는 태양과 (여덟, 아홉)개의 행성이 있습니다.

3 (　　　)은/는 태양계의 중심에 있으며, 유일하게 스스로 빛을 냅니다.

4 태양계 행성들은 크기, 색깔, 고리의 유무 등이 서로 (비슷합니다, 다릅니다).

📖 7종 공통

5 태양계에 대하여 옳게 말한 사람의 이름을 쓰시오.

> • 진수: 지구는 태양계에 속하지 않아.
> • 해민: 태양계는 동물이나 식물과 같이 태양이 없으면 살 수 없는 모든 생물을 말해.
> • 재희: 태양을 중심으로 태양의 영향을 받는 천체와 태양의 영향이 미치는 공간을 통틀어 태양계라고 해.

(　　　　　　　　)

📖 7종 공통

6 다음 중 태양계의 구성원이 <u>아닌</u> 것을 골라 기호를 쓰시오.

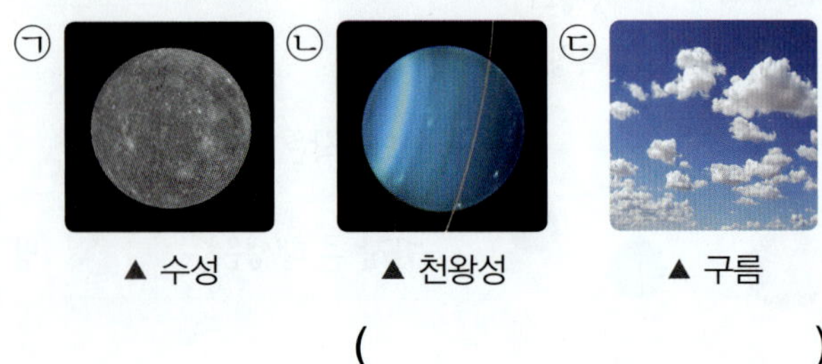

(　　　　　　　　)

📖 7종 공통

7 태양계에서 유일하게 스스로 빛을 내는 천체로 알맞은 것은 어느 것입니까? (　　　)

① 태양　　　　② 화성
③ 지구　　　　④ 목성
⑤ 혜성

📖 7종 공통

8 다음 각 행성과 행성에 대한 설명을 알맞은 것끼리 선으로 이으시오.

(1) 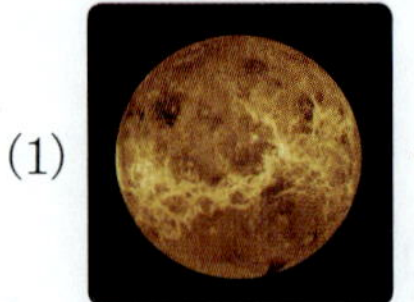
▲ 금성

• ㉠ 표면이 기체로 이루어져 있고, 고리가 있음.

(2) 
▲ 토성

• ㉡ 표면이 암석으로 이루어져 있고, 고리가 없음.

1 단원 / 3회

9 다음은 태양계 행성 중 하나를 골라 특징을 조사한 것입니다. 조사한 행성의 이름을 쓰시오.

행성의 모습	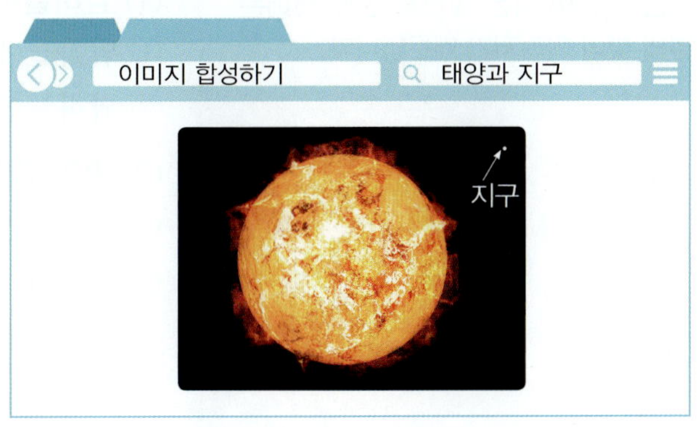
색깔	붉은색
표면의 상태	암석으로 이루어짐.
고리	없음.
그 밖의 특징	지구의 밤하늘에서 붉게 보이며, 우주 탐사선을 많이 보냈음.

(   )

서술형 ■ 7종 공통

10 태양계 행성을 두 무리로 분류할 수 있는 기준을 한 가지 쓰시오.

____

도움말 분류 기준은 누가 분류하더라도 똑같은 결과가 나오는 명확한 것이어야 해요.

동아, 미래엔, 지학사, 천재(정)

11 태양으로부터 가장 가까운 순서의 행성으로 알맞은 것을 골라 ○표 하시오.

수성	지구	화성	목성	천왕성

디지털 문해력   미래엔, 아이스크림, 천재(이), 천재(정)

12 다음은 태양과 지구가 비슷한 위치에 있는 상황을 가정하여 합성한 이미지입니다. 지구가 태양에 비해 작은 점처럼 보이는 까닭을 옳게 말한 댓글 작성자의 별명을 쓰시오.

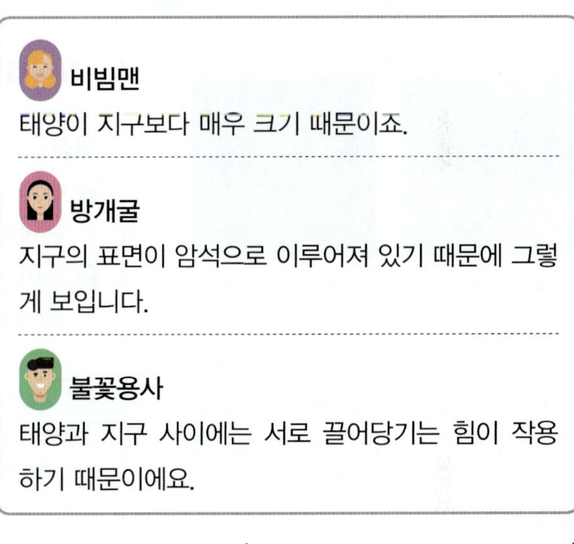

비빔맨
태양이 지구보다 매우 크기 때문이죠.

방개굴
지구의 표면이 암석으로 이루어져 있기 때문에 그렇게 보입니다.

불꽃용사
태양과 지구 사이에는 서로 끌어당기는 힘이 작용하기 때문이에요.

(   )

미래엔, 아이스크림, 천재(이), 천재(정)

13 다음 ㉠~㉢ 행성을 크기가 작은 행성부터 순서대로 기호를 쓰시오.

(   ) < (   ) < (   )

학습 결과에 색칠하세요.   

➕ 낮에는 별을 보기 어려운 까닭

별은 낮에도 하늘에 떠 있지만, 태양과 같은 주변의 밝은 빛으로 인해 낮에는 별의 빛이 가려지기 때문입니다.

➕ 별의 색깔

▲ 붉은색 별

▲ 청백색 별

밤하늘에 보이는 별들은 맨눈으로 보면 색깔이 똑같아 보이지만, 망원경으로 자세히 보면 각각 다른 색깔로 보입니다. 별의 온도가 낮을수록 붉은색으로 보이고 별의 온도가 높을수록 청백색을 띕니다.

용어 사전

★ 반사 일정한 방향으로 나아가던 빛 등이 어떤 물체의 표면에 부딪혀 나아가는 방향이 바뀌는 현상으로, 행성은 별의 빛을 반사하여 우리 눈에 밝게 빛나는 것으로 보임.

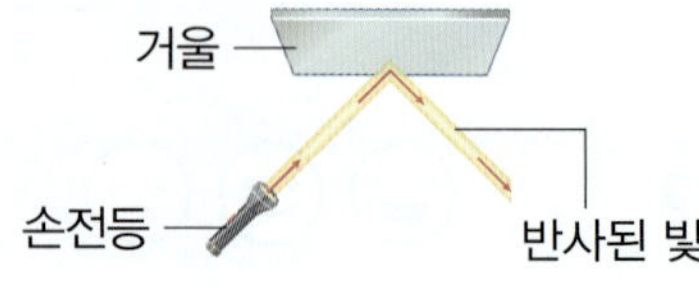

---

1 별과 행성

(1) 밤하늘에서 볼 수 있는 것

① 밤하늘에는 수많은 천체가 반짝입니다.

② 밤하늘에서 빛나는 천체 중에는 별도 있고 행성도 있습니다. ➕

(2) 별과 행성

① 별은 태양처럼 스스로 빛을 내는 천체입니다. ➕ ── 태양은 태양계의 유일한 별이에요.

② 금성과 같은 행성도 밝게 빛나서 별처럼 보이지만, 행성은 스스로 빛을 내지 못하는 천체입니다.

③ 별은 행성보다 지구에서 매우 먼 거리에 있으므로 지구에서는 작은 점처럼 보이고, 행성은 별보다 지구에 가까이 있어 또렷하게 보이기도 합니다.

(3) 밤하늘에서 행성을 관찰할 수 있는 까닭 알아보기

과정

❶ 막대 꽂이에 끼운 스타이로폼 공을 종이 상자 안에 두고, 상자 옆면의 작은 구멍으로 스타이로폼 공의 모습 관찰하기

❷ 종이 상자 안에 갓 없는 전등을 넣고, 전등과 스타이로폼 공의 모습을 관찰하여 ❶에서 관찰한 모습과 비교해 보기

결과

[전등과 스타이로폼 공이 나타내는 것]

전등은 별, 스타이로폼 공은 행성에 비교할 수 있습니다.

[전등이 없을 때와 있을 때 스타이로폼 공의 모습]

구분	전등이 없을 때	전등이 있을 때
스타이로폼 공의 모습	구멍 · 스타이로폼 공 보이지 않음.	전등 · 밝게 보임. 전등의 빛을 받아서 밝게 보임.

행성은 별과 달리 스스로 빛을 내는 것이 아니라 별의 빛을 *반사하여 밝게 보입니다.

(4) 별과 행성의 비슷한 점과 다른 점

비슷한 점	• 밤하늘에서 밝게 빛남. • 점으로 보임.
다른 점	• 별은 스스로 빛을 내지만 행성은 스스로 빛을 내지 못함. • 별은 행성보다 지구에서 매우 멀리 떨어져 있음.

2 별자리 ➕

① **별자리는 밤하늘에 무리 지어 있는 것처럼 보이는 몇 개의 별을 연결하여 이름을 붙인 것입니다.** → 사람이나 동물, 물건의 이름을 붙여요.

② 옛날 사람들은 별의 위치를 쉽게 기억하고, 밤하늘에서 별을 쉽게 찾으려고 별자리를 만들었습니다.

3 북극성 주변의 별자리

(1) 북극성

① 북극성은 북쪽 하늘에서 일 년 내내 거의 같은 위치에 있습니다.

② 밤하늘에서 북극성을 찾으면, 북극성이 있는 방향이 북쪽입니다. ➕

(2) 북극성 주변의 별자리

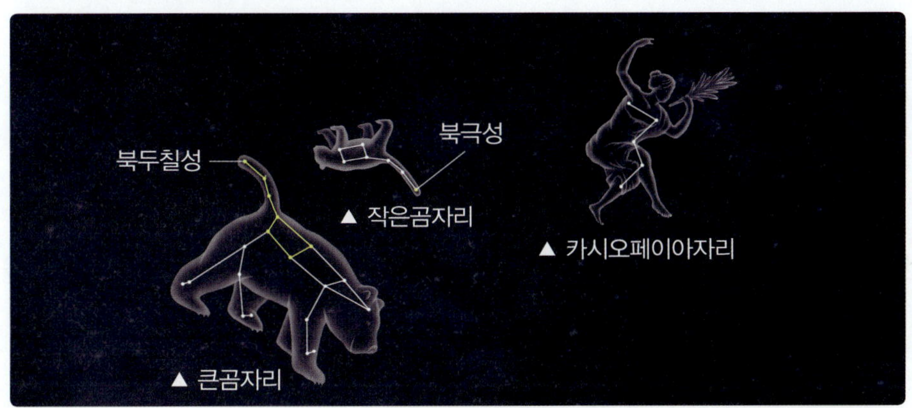

① **북극성 주변의 별자리에는 큰곰자리, 작은곰자리, 카시오페이아자리** 등이 있습니다. → 큰곰자리(북두칠성)와 카시오페이아자리 사이에 작은곰자리(북극성)가 있어요.

② 우리나라에서는 큰곰자리의 꼬리 부분에 있는 일곱 개의 별을 북두칠성이라고 하며, 북두칠성은 국자 모양처럼 보입니다.

③ 작은곰자리는 국자 모양처럼 보이며, 꼬리에는 북극성이 있습니다.

④ 카시오페이아자리는 알파벳 엠(M) 또는 더블유(W) 자 모양처럼 보입니다.

➕ 별자리의 이름과 모양

옛날에는 별자리의 모습이나 이름이 지역에 따라 달랐으며, 시간이 지나면서 바뀌기도 했습니다. 이를 통일하기 위해 ★천문학자들이 공통으로 사용할 별자리의 이름과 모양을 정했고, 오늘날 우리가 사용하는 별자리가 되었습니다.

➕ 옛날 사람들이 방향을 찾았던 방법

★나침반이 발명되기 전 낮에는 태양의 움직임을 보고 방향을 알 수 있었고, 밤에는 별과 별자리를 보고 방향을 찾을 수 있었습니다. 북극성을 바라보고 섰을 때 북극성이 있는 방향이 북쪽이고, 오른쪽은 동쪽, 왼쪽은 서쪽입니다.

1 단원
4회

용어 사전

★ **천문학자** 우주의 구조, 천체의 기본적인 성질이나 상태 등을 전문적으로 연구하는 학자.

★ **나침반** 자석으로 된 바늘이 움직이면서 남쪽과 북쪽을 가리켜 방향을 알 수 있게 하는 도구.

핵심만 한번 더 쓰면서 정리 !

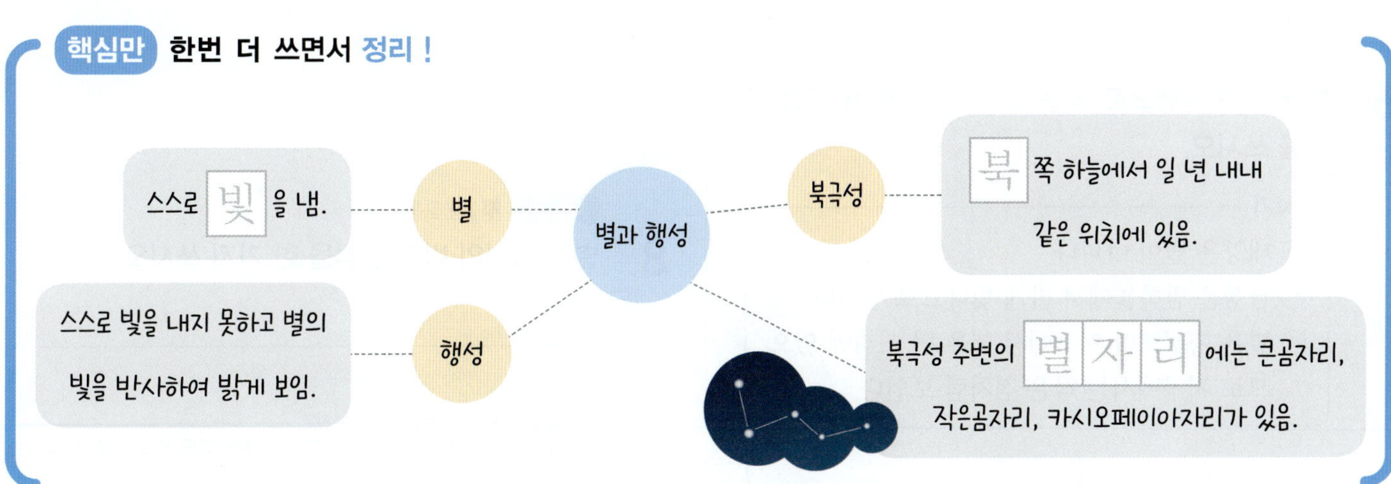

핵심 체크

1 (　　　　)은/는 태양처럼 스스로 빛을 내는 천체입니다.

2 (별, 행성)은 스스로 빛을 내지 못하는 천체입니다.

3 밤하늘에 무리 지어 있는 것처럼 보이는 몇 개의 별을 연결하여 이름을 붙인 것을 무엇이라고 합니까?

4 (큰곰, 작은곰)자리의 꼬리에는 북극성이 있습니다.

📖 7종 공통

5 태양과 같이 스스로 빛을 내는 천체를 무엇이라고 합니까? (　　　　)

① 별　　　　　　② 행성
③ 위성　　　　　④ 혜성
⑤ 소행성

📖 7종 공통

6 별에 대한 설명으로 옳은 것을 〈보기〉에서 골라 기호를 쓰시오.

〈보기〉
㉠ 태양은 별이 아니다.
㉡ 금성은 밤하늘에서 밝게 빛나므로 별이다.
㉢ 별은 행성보다 지구에서 매우 먼 거리에 있으므로 지구에서는 작은 점처럼 보인다.

(　　　　　　　　　　)

📖 7종 공통

7 별과 행성에 대한 설명으로 옳은 것에 ○표, 옳지 <u>않은</u> 것에 ×표 하시오.

⑴ 별은 태양의 빛을 반사하여 밝게 보인다.
(　　　)

⑵ 모든 별이 스스로 빛을 내는 것은 아니다.
(　　　)

⑶ 행성 중에는 스스로 빛을 내는 것도 있다.
(　　　)

⑷ 금성이나 화성과 같은 행성은 태양의 빛을 반사하여 밝게 보인다.
(　　　)

서술형 📖 7종 공통

8 별과 행성의 비슷한 점을 한 가지 쓰시오.

____

____

도움말　밤하늘에서 볼 수 있는 천체 중에는 별도 있고 행성도 있다는 점을 떠올려 보세요.

9 다음에서 공통으로 설명하는 것으로 알맞은 것을 (보기)에서 골라 기호를 쓰시오.

> • 작은곰자리, 카시오페이아자리 등이 있다.
> • 밤하늘에 무리 지어 있는 것처럼 보이는 몇 개의 별을 연결하여 이름을 붙인 것이다.

─(보기)─
㉠ 위성   ㉡ 행성   ㉢ 혜성   ㉣ 별자리

(   )

10 다음은 옛날에 길을 찾던 방법에 대한 질문의 답변 내용입니다. (   ) 안에 들어갈 말로 알맞은 것은 어느 것입니까? (   )

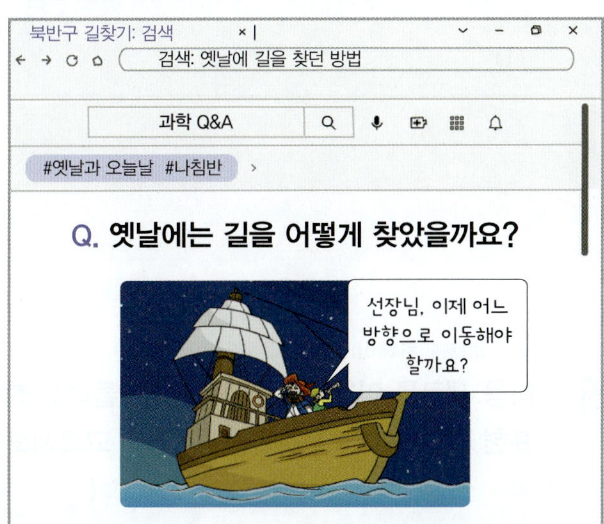

① 북극성을 보고 방향을 찾는 것이었다.
② 바람이 불어오는 쪽으로 찾는 것이었다.
③ 밤하늘에서 가장 큰 별을 보고 찾는 것이었다.
④ 밤하늘에서 가장 어두운 별을 보고 찾는 것이었다.
⑤ 물고기가 이동하는 방향을 기준으로 찾는 것이었다.

11 다음 중 북극성 주변의 별자리에 대하여 옳게 말한 사람의 이름을 쓰시오.

> • 예준: 북극성 주변의 별자리에는 큰곰자리, 북극곰자리, 카시오페이아자리가 있어.
> • 은호: 카시오페이아자리는 별자리가 알파벳 엠(M) 자 모양처럼 보여.
> • 노아: 북극곰자리와 카시오페이아자리를 이용하면 북극성을 찾을 수 있어.

(   )

12 오른쪽 별자리는 어떤 동물의 모양을 따서 이름을 붙인 것인지 (보기)에서 골라 쓰시오.

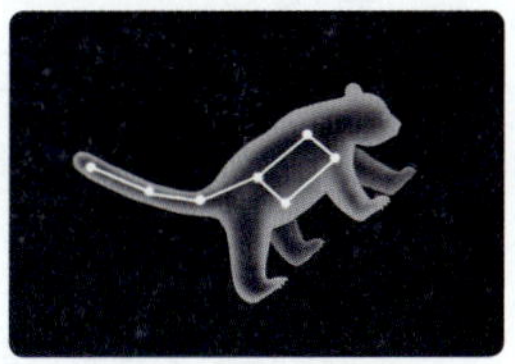

─(보기)─
양   사자   백조   독수리   작은 곰

(   )

13 다음 (   ) 안에 공통으로 들어갈 알맞은 말을 쓰시오.

> • 북극성 주변의 별자리 중에서 큰곰자리의 꼬리 부분에 있다.
> • (   )은/는 국자 모양처럼 보이는 일곱 개의 별을 말한다.

(   )

학습 결과에 색칠하세요. 

1 달의 모습에 대한 설명으로 옳지 <u>않은</u> 것은 어느 것입니까? (　　　)

① 둥근 공 모양이다.

② 표면이 땅으로 되어 있다.

③ 표면에 다양한 식물이 산다.

④ 표면에 크고 작은 구덩이가 많다.

⑤ 높거나 낮은 부분과 울퉁불퉁한 부분이 있다.

2 오른쪽은 달 표면의 모습입니다. ㉠ 부분은 어떻게 생긴 것인지 (보기)에서 알맞은 것을 골라 기호를 쓰시오.

(보기)

㉠ 우주선이 착륙한 흔적이다.

㉡ 달에 오랫동안 비가 내린 흔적이다.

㉢ 옛날에 달에 살았던 생물에 의해서 생겼다.

㉣ 우주 공간을 떠돌던 운석이 달 표면에 충돌하면서 만들어졌다.

(　　　　　　　　)

3 다음 (　　　) 안에 들어갈 알맞은 말을 각각 쓰시오.

달의 표면에서 어둡게 보이는 부분을 달의 (　㉠　)(이)라고 하지만, 실제로 이곳에 (　㉡　)이/가 있는 것은 아니다.

㉠ (　　　　　　), ㉡ (　　　　　　)

4 다음은 달과 지구에서 볼 수 있는 모습을 순서 없이 나타낸 것입니다. 달의 모습과 지구의 모습으로 각각 구분하여 기호를 쓰시오.

(가)

▲ 파란 바다와 하늘, 물을 볼 수 있음.

(나)

▲ 파란 바다와 하늘, 물을 볼 수 없음.

달의 모습	지구의 모습
(1)	(2)

5 다음 재료를 이용하여 달 모형을 만들려고 합니다. 표현 방법으로 알맞은 것을 두 가지 고르시오.

(　　　　　　)

▲ 색점토　　　　　▲ 알루미늄 포일

① 지구보다 크게 만든다.

② 재료를 뭉쳐서 둥근 공 모양으로 만든다.

③ 달의 바다는 다른 부분보다 어둡게 만든다.

④ 표면의 대부분을 물이 가득한 바다로 나타낸다.

⑤ 파란색, 초록색, 갈색, 하얀색 등 여러 가지 색깔을 이용하여 표현한다.

7종 공통

6 여러 날 동안 보이는 달의 모양 관찰 방법으로 알맞은 것을 (보기)에서 골라 기호를 쓰시오.

(보기)

㉠ 매일 다른 장소에서 관찰한다.
㉡ 새벽(오전 3시 무렵)에 관찰한다.
㉢ 매일 다른 방향을 향해 서서 관찰한다.
㉣ 음력 15일 이후에는 천체 관측 프로그램으로 관찰한다.

(　　　　　　　　)

|**7~8**| 다음은 여러 날 동안 볼 수 있는 달의 모양입니다. 물음에 답하시오.

(가) 　(나) 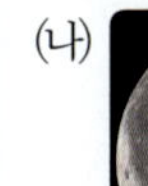　(다) 

(라) 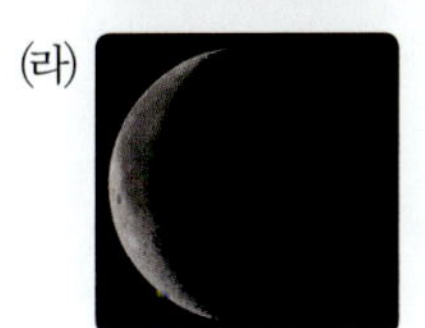　(마) 

7종 공통

7 위 달을 볼 수 있는 순서대로 기호를 쓰시오.

(가) → (　　) → (　　) → (　　) → (　　)

비상, 아이스크림, 지학사, 천재(이), 천재(정)

8 위 (라)와 같은 달을 볼 수 있는 때는 언제입니까?

(　　)

① 음력 2~3일 무렵
② 음력 7~8일 무렵
③ 음력 15일 무렵
④ 음력 22~23일 무렵
⑤ 음력 27~28일 무렵

서술형 비상, 아이스크림, 지학사, 천재(이), 천재(정)

9 오른쪽 달에 대한 설명으로 옳지 않은 것을 (보기)에서 골라 기호를 쓰고, 옳게 고쳐 쓰시오.

(보기)

㉠ 하현달이라고 부른다.
㉡ 음력 7~8일 무렵에 볼 수 있다.
㉢ 오늘 밤에 위 달을 보았다면, 약 일주일 뒤에는 보름달을 볼 수 있다.

(1) 옳지 않은 것: (　　　　　　)

(2) 옳게 고쳐 쓰기: ______________________

____

7종 공통

10 태양계의 구성원에 대한 설명으로 옳은 것에 ◯표 하시오.

(1) 지구는 태양계의 구성원이 아니다. (　　)
(2) 태양계에는 여덟 개의 행성이 있다.

(　　)

(3) 태양 주위를 돌면서 모양이 둥근 특징이 있는 천체를 별이라고 한다. (　　)

7종 공통

11 태양계의 중심에 있으며, 태양계에서 유일하게 스스로 빛을 내는 천체로 알맞은 것은 어느 것입니까? (   )

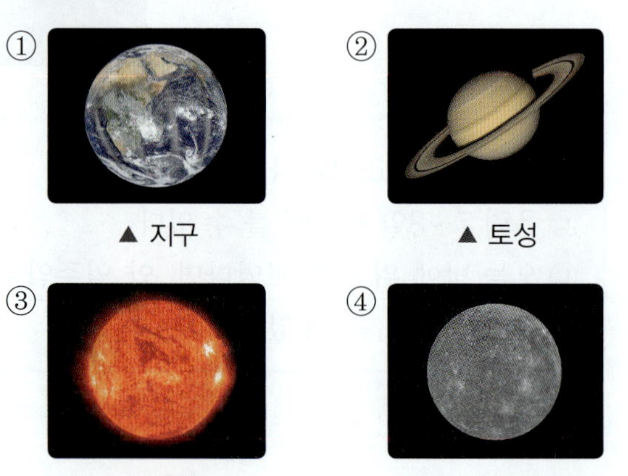

7종 공통

12 다음과 같은 특징이 있는 태양계 행성끼리 옳게 짝지은 것은 어느 것입니까? (   )

> • 고리가 없다.
> • 표면이 암석으로 이루어져 있다.

① 수성, 목성
② 지구, 화성
③ 목성, 토성
④ 토성, 천왕성
⑤ 천왕성, 해왕성

동아, 미래엔, 지학사, 천재(정)

13 태양으로부터의 순서에 대한 설명으로 옳은 것을 (보기)에서 골라 기호를 쓰시오.

> (보기)
> ㉠ 태양에서 가장 먼 행성은 목성이다.
> ㉡ 태양에서 가장 가까운 행성은 지구이다.
> ㉢ 수성에서 가장 가까운 행성은 화성이다.
> ㉣ 태양으로부터 지구 사이에 있는 행성은 수성과 금성이다.

(   )

미래엔, 아이스크림, 천재(이), 천재(정)

14 태양계 행성 중에서 지구와 가장 크기가 비슷한 행성으로 알맞은 것을 골라 이름을 쓰시오.

(   )

서술형   7종 공통

15 태양계 행성을 다음과 같이 분류한 기준 ㉠으로 알맞은 것을 한 가지 쓰시오.

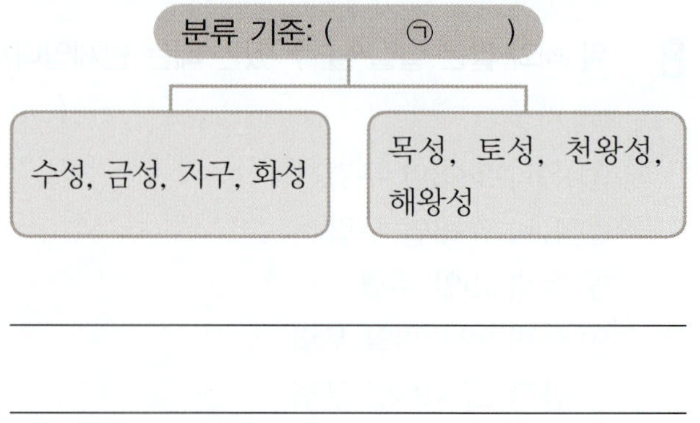

____

____

7종 공통

16 별과 행성에 대해 옳게 말한 사람의 이름을 쓰시오.

> • 윤서: 별은 행성보다 지구에서 매우 먼 거리에 있어.
> • 진호: 행성은 스스로 빛을 내지만 별은 스스로 빛을 내지 못해.
> • 은별: 별과 행성의 표면은 모두 기체로 이루어 져 있고, 고리가 있어.

(   )

7종 공통

17 다음은 밤하늘에서 행성을 관찰할 수 있는 까닭을 알아보는 실험 과정과 결과입니다. (   ) 안에 들 어갈 알맞은 말을 쓰시오.

> [실험 과정]
> ❶ 막대 꽂이에 끼운 스타이로폼 공을 종이 상자 안에 두고, 상자 옆면의 구멍으로 관찰한다.
> ❷ 종이 상자 안에 갓 없는 전등을 넣고, 전등과 스타이로폼 공의 모습을 관찰하여 ❶에서 관 찰한 모습과 비교해 본다.
> [실험 결과] 전등이 없을 때 스타이로폼 공은 보이지 않지만, 전등이 있을 때 스타이로폼 공은 전등의 (   )을/를 받아서 밝게 보인다.

(   )

동아, 아이스크림, 지학사

18 북극성에 대한 설명으로 옳지 <u>않은</u> 것을 두 가지 고르시오. (   )

① 낮에도 밝게 보인다.
② 북쪽 밤하늘에서 볼 수 있다.
③ 일 년 내내 거의 같은 위치에 있다.
④ 알파벳 엠(M) 자 또는 더블유(W) 자 모양처 럼 보인다.
⑤ 나침반이 발명되기 전, 사람들이 방향을 찾는 데 이용되었다.

| **19~20** | 다음은 태양계 행성들을 태양으로부터 가 까운 순서에 따라 나타낸 모습입니다. 물음에 답하시오.

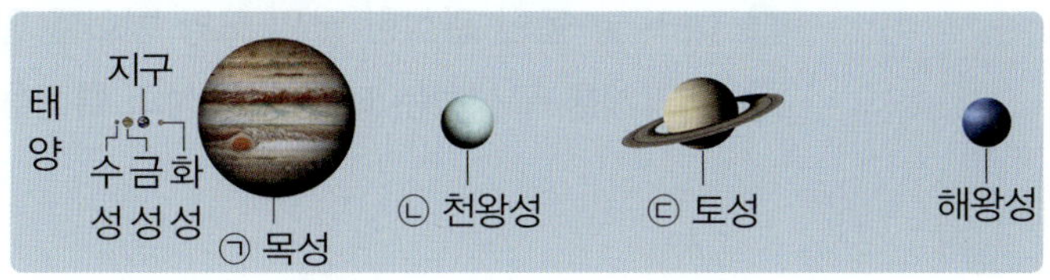

동아, 미래엔, 지학사, 천재(정)

19 위 ㉠~㉢ 중 순서가 <u>잘못된</u> 행성 두 개를 골라 기 호를 쓰시오.

(   )

서술형 **동아, 미래엔, 지학사, 천재(정)**

20 태양에서 출발하여 위의 모든 행성에 갈 수 있는 우주선이 있을 때, 도착하기까지 가장 오랜 시간이 걸릴 것으로 예상되는 행성의 이름을 쓰고, 그렇게 생각한 까닭을 쓰시오. (단, 우주선의 속도는 항상 같습니다.)

(1) 행성의 이름: (   )

(2) 그렇게 생각한 까닭: ___________________

____

____

학습 결과에 색칠하세요.   

태양계 구성원의 특징 살펴보기

- 여러 날 동안 관찰한 달의 모양 변화를 알아봅니다.
- 태양계를 구성하는 태양과 행성의 특징을 알아봅니다.

| 여러 날 동안 보이는 달의 모양 변화 |

초승달

오른쪽이 가느다란 눈썹 모양입니다.

상현달

오른쪽으로 불룩한 반달 모양입니다.

보름달

둥근 원 모양으로 달의 모습이 모두 보입니다.

하현달

왼쪽으로 불룩한 반달 모양입니다.

그믐달

초승달의 반대 모양으로 왼쪽이 가느다란 눈썹 모양입니다.

태양과 태양계 행성의 특징

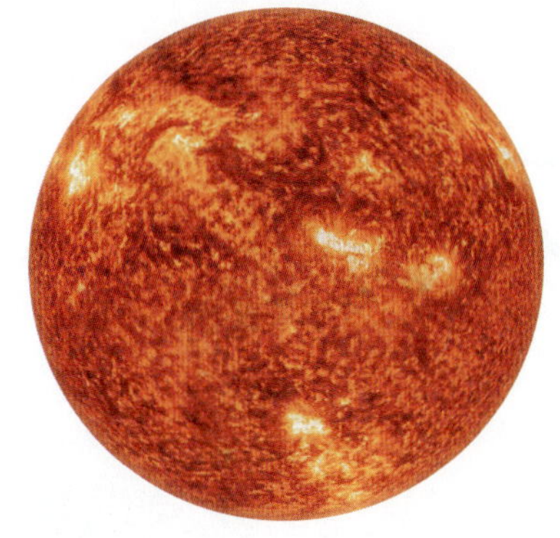

태양

태양계의 중심이며, 스스로 빛을 냅니다.

수성

표면의 모습이 달과 비슷합니다.

금성

태양계 행성 중 가장 밝게 보입니다.

지구

물과 공기가 있어 생물이 살 수 있습니다.

화성

붉게 보이고, 지구에서 탐사선을 많이 보냈습니다.

목성

표면에 줄무늬와 크고 붉은 점이 보입니다.

토성

연한 갈색을 띠며, 크고 선명한 고리가 있습니다.

천왕성

청록색을 띠며, 희미한 고리가 있습니다.

해왕성

파란색을 띠며, 태양으로부터 가장 먼 행성입니다.

2 생물과 환경

● 문해력을 높이는 어휘

생태계

어떤 곳에서 서로 영향을 주고받는 생물과 이를 둘러싼 환경 전체

먹이 사슬

생태계에서 생물들의 먹고 먹히는 관계가 사슬처럼 연결된 것

환경오염

인간의 활동으로 동식물이나 생태계의 환경이 더럽혀지거나 훼손되는 일

보전

온전하게 보호하여 유지함. 생태계가 훼손되면 회복하는 데 많은 노력과 시간이 들므로 생태계 보전이 필요함.

개념 학습

1회

1 다양한 생태계

(1) 생태계

① 어떤 곳에서 서로 영향을 주고받는 생물과 이를 둘러싼 환경 전체를 생태계라고 합니다.

② 화단, 연못, 어항처럼 크기가 작은 생태계부터 숲, 하천, 갯벌, 바다처럼 큰 생태계까지 생태계의 종류는 다양합니다.

③ 지구에는 숲, 강, 바다 이외에도 갯벌, 초원, 사막, *극지방 등 다양한 종류의 생태계가 있습니다.

(2) 생태계의 종류 ➕

▲ 화단 생태계

▲ 연못 생태계

▲ 어항 생태계

▲ 숲 생태계

▲ 강 생태계

▲ 갯벌 생태계

▲ 바다 생태계

▲ 사막 생태계

▲ 남극 생태계

2 생태계 구성 *요소

① 생태계는 생물 요소와 비생물 요소로 이루어져 있습니다.

생물 요소	비생물 요소
생태계를 이루는 요소들 중 동물과 식물처럼 살아 있는 것	햇빛, 공기, 온도, 물, 흙 등과 같이 살아 있지 않은 것

② 생태계를 이루는 요소들은 서로 영향을 주고 받습니다. ➕

➕ **텃밭 생태계**

텃밭은 상추, 고추, 딸기 등의 생물 요소와 햇빛, 흙, 공기 등의 비생물 요소를 모두 포함하고 있기 때문에 생태계라고 할 수 있습니다.

➕ **생물 요소와 비생물 요소가 서로 주고받는 영향**

• 생물 요소인 동물은 비생물 요소인 공기가 없으면 숨을 쉴 수 없습니다.
• 생물 요소인 동물의 *배출물은 비생물 요소인 흙을 비옥하게 해 줍니다.
• 생물 요소인 식물은 비생물 요소인 햇빛이 있어야 잘 자랍니다.
• 생물 요소인 동물과 식물은 공기, 햇빛, 흙, 물 등의 비생물 요소가 있어야 살 수 있습니다.

용어 사전

✱ **극지방** 남극과 북극을 중심으로 한 그 주변 지역.

✱ **요소** 무엇을 이루는 데 반드시 있어야 할 물질이나 조건.

✱ **배출물** 사람이나 동물이 몸 밖으로 내보내는 똥이나 오줌, 땀 등의 물질.

3 생태계 관찰하기 ➕

강 생태계

생물 요소
왜가리, 물방개, 부들, 붕어
비생물 요소
공기, 흙

숲 생태계

생물 요소
소나무, 버섯, 메뚜기, 직박구리, 노루
비생물 요소
햇빛, 온도

바다 생태계

생물 요소
미역, 고래, 산호, 불가사리, 문어
비생물 요소
물, 햇빛, 돌

➕ **동물이나 식물이 아닌 생물**

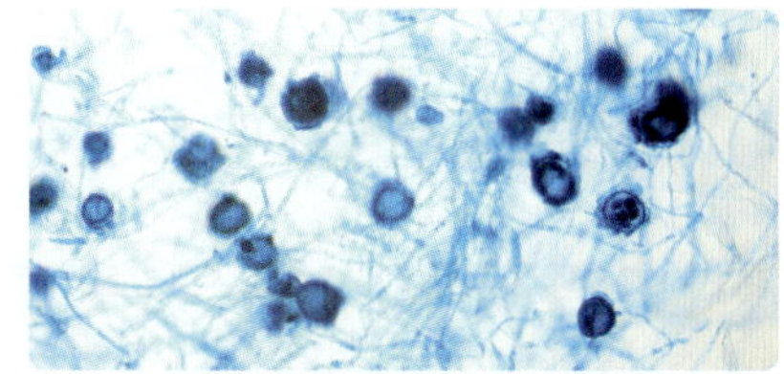

▲ 곰팡이(균류)✱

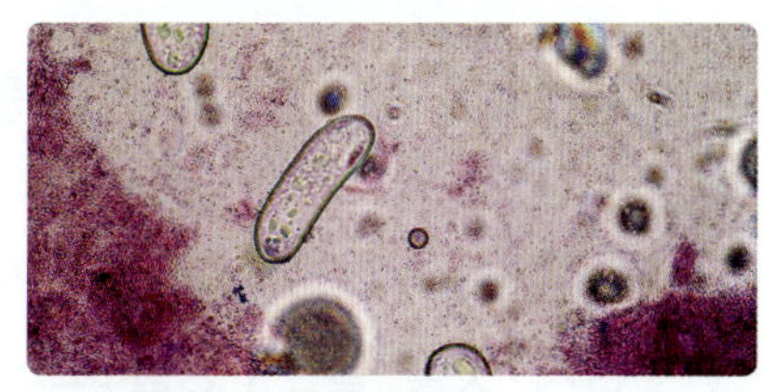

▲ 세균

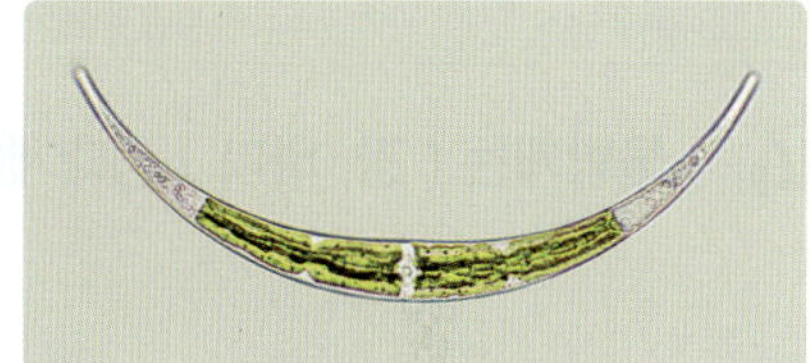

▲ 반달말(원생생물)✱

용어 사전

✱ **균류** 대부분 몸 전체가 가늘고 긴 실 모양의 균사로 이루어져 있으며 포자로 번식하는 버섯과 곰팡이 같은 생물.

✱ **원생생물** 동물과 식물, 균류 등으로 분류되지 않는 해캄이나 짚신벌레와 같은 생물.

핵심만 한번 더 쓰면서 정리 !

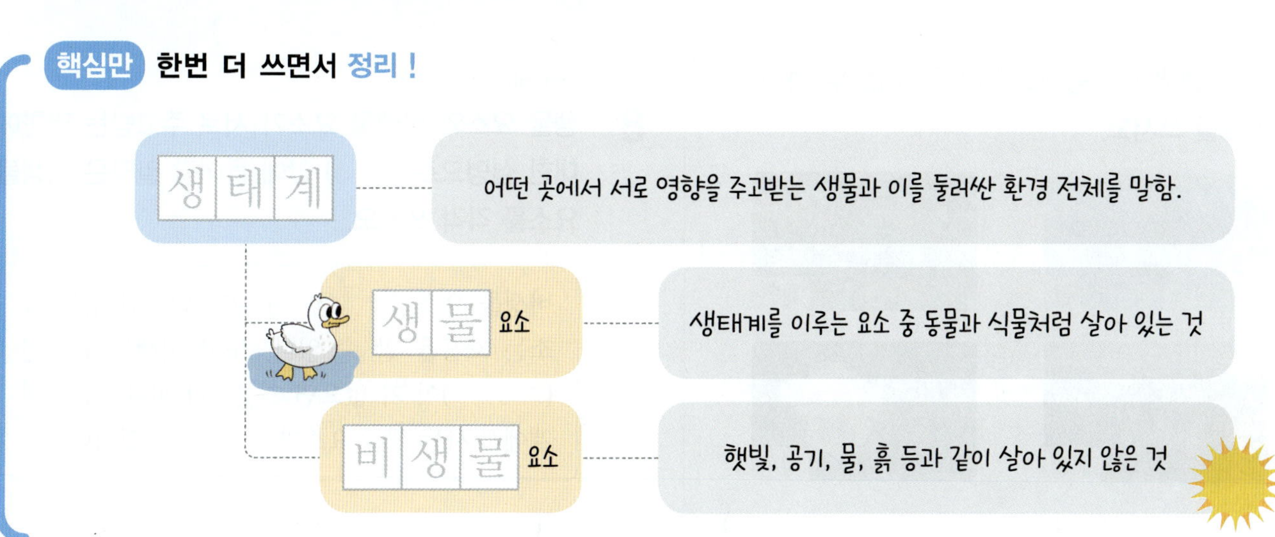

생 태 계	어떤 곳에서 서로 영향을 주고받는 생물과 이를 둘러싼 환경 전체를 말함.
생 물 요소	생태계를 이루는 요소 중 동물과 식물처럼 살아 있는 것
비 생 물 요소	햇빛, 공기, 물, 흙 등과 같이 살아 있지 않은 것

문제 학습

1 어떤 곳에서 서로 영향을 주고받는 생물과 이를 둘러싼 환경 전체를 무엇이라고 합니까?

2 생태계를 이루는 요소들 중 동물과 식물처럼 살아 있는 것을 (   )(이)라고 합니다.

3 공기, 햇빛, 물은 (생물 요소, 비생물 요소)입니다.

4 물방개는 (강, 바다) 생태계에서 볼 수 있는 생물입니다.

■ 7종 공통

5 생태계에 대한 설명으로 옳지 <u>않은</u> 것을 〈보기〉에서 골라 기호를 쓰시오.

> 〈보기〉
> ㉠ 생태계의 종류는 다양하다.
> ㉡ 동물과 식물처럼 살아 있는 것만 해당한다.
> ㉢ 서로 영향을 주고받는 생물과 이를 둘러싼 환경 전체를 말한다.

(   )

■ 7종 공통

6 다음 중 생태계의 종류로 알맞은 것을 두 가지 골라 기호를 쓰시오.

㉠ 

㉡ 

㉢ 

㉣ 

(   )

■ 7종 공통

7 생태계의 구성 요소에 대한 설명으로 옳은 것에 ○표, 옳지 <u>않은</u> 것에 ×표 하시오.

(1) 곰팡이와 세균은 생물 요소이다. (   )

(2) 식물은 움직일 수 없으므로 비생물 요소이다. (   )

(3) 미역과 산호는 살아 있으므로 생물 요소이다. (   )

(4) 나무와 꽃은 살아 있지 않으므로 비생물 요소이다. (   )

동아, 비상, 아이스크림

8 생물 요소와 비생물 요소가 서로 주고받는 영향에 대한 설명으로 (   ) 안에 들어갈 알맞은 비생물 요소를 각각 쓰시오.

> 비생물 요소인 (㉠)이/가 없으면 생물 요소는 호흡을 할 수 없다. 또한 비생물 요소인 (㉡)이/가 없으면 연못이나 바다, 강 생태계에서 사는 생물 요소가 살 수 없을 것이다.

㉠ (   ), ㉡ (   )

9

다음 설명의 밑줄 친 **이것**에 대해 옳게 말한 사람의 이름을 쓰시오.

> 생태계는 어떤 곳에서 서로 영향을 주고받는 이것과 이를 둘러싼 환경 전체를 말한다.

> • 혜민: 물에 사는 동물만 해당해.
> • 성범: 숲 생태계의 식물만을 의미해.
> • 하영: 동물과 식물처럼 살아 있는 거야.

(   )

10

다음 (보기)에서 생물 요소로 알맞은 것을 모두 골라 기호를 쓰시오.

> (보기)
> ㉠ 물   ㉡ 흙   ㉢ 개미
> ㉣ 연꽃   ㉤ 온도   ㉥ 애벌레

(   )

11

다음 연못 생태계에서 볼 수 있는 생물 요소와 비생물 요소를 각각 분류하여 쓰시오.

(1) 생물 요소:

(   )

(2) 비생물 요소: (   )

12

다음은 인터넷 질문 게시판 화면입니다. 질문에 옳은 답변을 한 것을 골라 기호를 쓰시오.

> **Q. 생물 요소와 비생물 요소가 서로 주고받는 영향에 대하여 설명해 주세요.**
>
> 3개 답변
>
> ㉠ '나 또한 생물'님의 답변
> 생물 요소인 동물에게 비생물 요소는 없어도 되는 존재예요.
>
> ㉡ '적자생존'님의 답변
> 비생물 요소인 흙이 없어도 산이나 들의 민들레와 소나무는 살 수 있습니다.
>
> ㉢ '지구 생태계 주민'님의 답변
> 비생물 요소인 공기가 없으면 생물 요소들이 호흡할 수 없어요.

(   )

13

다음은 공원 생태계에서 볼 수 있는 구성 요소입니다. 비생물 요소를 모두 골라 쓰고, 생물 요소와 비생물 요소의 다른 점을 쓰시오.

> (보기)
> 물, 흙, 돌, 개, 벌, 공기, 사람, 민들레

(1) 비생물 요소: (   )

(2) 다른 점: _______________________

____

도움말 생물 요소와 비생물 요소의 차이를 떠올려 보세요.

학습 결과에 색칠하세요.   

개념 학습 2회

숲 생태계를 구성하는 생물 요소 분류하기

- 스스로 양분을 만드는 생물: 질경이, 강아지풀, 소나무
- 다른 생물을 먹이로 하여 양분을 얻는 생물: 직박구리, 노루, 다람쥐
- 죽은 생물이나 배출물을 분해하여 양분을 얻는 생물: 곰팡이, 세균, 버섯

▲ 질경이

▲ 직박구리

1 배추밭 생태계를 구성하는 생물 요소

(1) 배추밭을 이루는 생물 요소 찾아보기

① 배추, 배추흰나비, 배추흰나비*애벌레, 곰팡이, 느티나무, 참새, 세균, 개망초 등의 생물 요소를 찾을 수 있습니다.

② 생태계를 구성하는 생물은*양분을 얻는 방법에 따라 분류할 수 있습니다.

(2) 양분을 얻는 방법에 따라 배추밭을 이루는 생물 요소 분류하기

① 스스로 양분을 만드는 생물 ➡ 생산자

▲ 배추

▲ 느티나무

▲ 개망초

② 다른 생물을 먹이로 하여 양분을 얻는 생물 ➡ 소비자

▲ 배추흰나비 애벌레

▲ 배추흰나비

▲ 참새

③ 죽은 생물이나 배출물을*분해하여 양분을 얻는 생물 ➡ 분해자

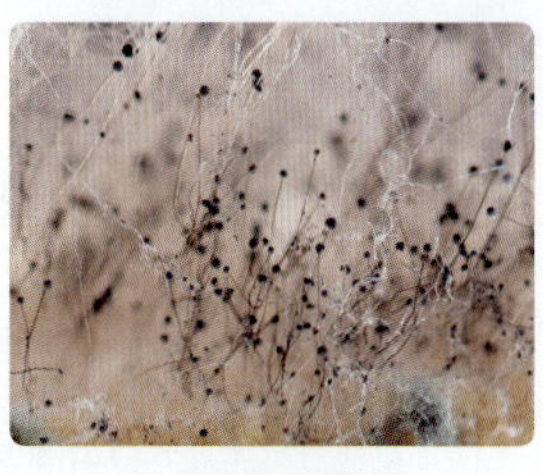
▲ 곰팡이

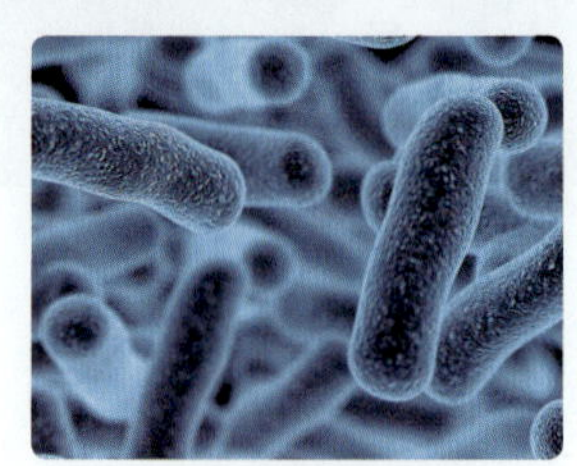
▲ 세균

▲ 버섯

용어 사전

* **애벌레** 알에서 나온 후 아직 다 자라지 않은 벌레.

* **양분** 생물이 살아가려고 스스로 만들거나 외부로부터 얻는 것.

* **분해** 여러 부분이 합쳐져 이루어진 것을 낱낱으로 나눔.

② 역할에 따른 생태계의 생물 요소 분류 ➕

모든 생물이 생산자, 소비자, 분해자 중 하나에만 속하는 것은 아니에요. 식충 식물은 생산자이면서 소비자도 될 수 있어요.

생산자
- 햇빛 등을 이용해 스스로 양분을 만듦.
- 다른 생물의 먹이가 됨.
- 풀과 나무 등의 대부분의 식물이 속해 있음.

▲ 수련

▲ *검정말

▲ 개나리

소비자
- 다른 생물을 먹이로 하여 양분을 얻음.
- 많은 동물이 속해 있음.

▲ 박새

▲ 달팽이

▲ 토끼

▲ 뱀

▲ 잠자리

▲ 개구리

분해자 ➕
- 죽은 생물체나 배출물을 분해해 양분을 얻음.
- 분해된 양분은 다시 생산자가 양분을 만드는 데 이용됨.
- 곰팡이나 세균 등이 있음.

▲ 곰팡이

▲ 버섯

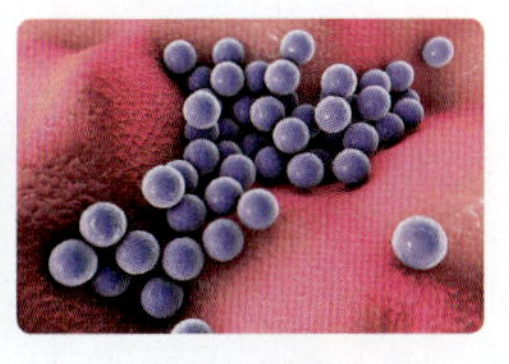
▲ 세균

➕ 어항 생태계의 역할에 따른 생물 요소 분류

생산자는 검정말, 소비자는 생이새우, 분해자는 물곰팡이입니다.

➕ 생태계에서 분해자가 사라지면 일어나는 일

죽은 생물체나 배출물 등이 분해되지 않고 계속 쌓여 생태계가 죽은 생물체와 배출물로 가득 차게 될 것입니다.

용어 사전

＊ **검정말** 연못이나 개울에서 자라는 여러해살이 물풀.

핵심만 한번 더 쓰면서 정리 !

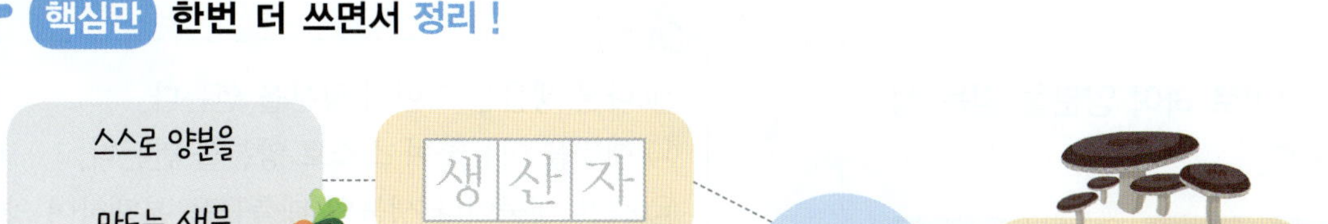

핵심 체크

1 생산자, 소비자, 분해자는 생태계의 생물 요소가 (　　　)을/를 얻는 방법에 따라 분류한 것입니다.

2 분해자가 분해한 양분은 다시 (　　　)이/가 양분을 만드는 데 이용됩니다.

3 스스로 양분을 만들지 못하고 다른 생물을 먹이로 하여 양분을 얻는 생물은 생산자, 소비자, 분해자 중 어느 것입니까?

4 죽은 생물이나 배출물을 분해하여 양분을 얻는 생물은 (배추흰나비 , 버섯)입니다.

📖 7종 공통

5 생태계의 생물 요소에 대한 설명으로 옳은 것에 ○표 하시오.

(1) 양분을 얻는 방법에 따라 생산자, 소비자, 분해자로 분류할 수 있다. (　　　)

(2) 곰팡이, 세균 등은 광합성을 통해 스스로 양분을 만드는 생산자이다. (　　　)

📖 7종 공통

6 다음 중 다른 생물을 먹이로 하여 양분을 얻는 생물을 골라 기호를 쓰시오.

㉠ 　㉡ 　㉢ 

▲ 부들　　▲ 버섯　　▲ 잠자리

(　　　　　　　)

📖 7종 공통

7 생태계를 구성하는 생물을 다음과 같이 분류하는 기준으로 알맞은 것은 어느 것입니까? (　　　)

생산자	소비자	분해자

① 몸의 크기
② 생활하는 곳
③ 번식하는 방법
④ 양분을 얻는 방법
⑤ 생물의 표면을 이루는 것

📖 7종 공통

8 다음 (1)～(3)의 생물 요소가 양분을 얻는 방법을 (보기)에서 각각 골라 기호를 쓰시오.

(보기)
㉠ 다른 생물을 먹어서 양분을 얻는다.
㉡ 햇빛을 이용하여 스스로 양분을 만든다.
㉢ 죽은 생물이나 생물의 배출물을 분해하여 양분을 얻는다.

(1) 배추: (　　　　　　　)
(2) 곰팡이: (　　　　　　　)
(3) 배추흰나비 애벌레: (　　　　　　　)

📖 7종 공통

9 양분을 얻는 방법에 따라 생물 요소를 분류할 때 밤나무와 같은 무리로 분류할 수 있는 것에 대해 옳게 말한 사람의 이름을 쓰시오.

▲ 밤나무

- 소영: 소비자로 분류하면 돼.
- 재혁: 생물의 배출물을 분해하는 생물의 무리야.
- 예빈: 햇빛을 이용해 스스로 양분을 만드는 생물 요소야.

(   )

📖 7종 공통

10 다음 생물 중 ㉠~㉢에 들어갈 알맞은 것을 골라 각각 이름을 쓰시오.

▲ 토끼

▲ 곰팡이

▲ 강아지풀

- (㉠)은/는 스스로 양분을 만든다.
- (㉡)은/는 다른 생물을 먹이로 하여 양분을 얻는다.
- (㉢)은/는 죽은 생물이나 배출물을 분해하여 양분을 얻는다.

㉠ (   ), ㉡ (   )
㉢ (   )

서술형   미래엔, 비상, 아이스크림, 천재(정)

11 생태계에서 분해자가 모두 사라진다면 어떤 일이 생길지 쓰시오.

____

도움말   생산자나 소비자와는 다른 분해자의 역할을 생각해 보세요.

디지털 문해력   📖 7종 공통

12 다음은 배추밭 주변 생태계를 조사한 내용입니다. 밑줄 친 단어가 이 글에서 쓰인 뜻으로 알맞은 것을 골라 기호를 쓰시오.

> 배추밭 주변 생태계의 생물 요소로는 배추, 배추흰나비, 개망초, 곰팡이가 있다. 생물 요소는 하는 역할에 따라 분류할 수 있다. 배추와 개망초는 생산자의 역할을 한다. 생산자는 …

생산-자
명사
㉠ 물건의 생산에 종사하는 사람.
㉡ 스스로 양분을 만들 수 있는 생물.

(   )

📖 7종 공통

13 다음 중 살아가는 데 필요한 양분을 얻는 방법이 나머지와 다른 하나를 고르시오.

㉠
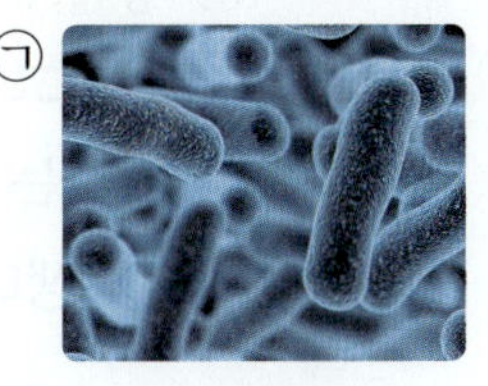
▲ 세균

㉡

▲ 수련

㉢

▲ 소나무

㉣

▲ 검정말

(   )

학습 결과에 색칠하세요.     

개념 학습 · 생물 요소의 먹고 먹히는 관계

➕ 다양한 생물들의 먹이 관계

- 거미는 메뚜기를 먹습니다.
- 들쥐는 벼, 메뚜기를 먹습니다.
- 뱀은 메뚜기, 토끼, 개구리, 들쥐, 참새를 먹습니다.
- 다람쥐, 청설모, 참새, 토끼는 도토리를 먹습니다.
- 배추흰나비는 개구리, 참새, 쥐에게 먹힙니다.
- 황조롱이는 개구리, 참새, 쥐를 먹습니다.

1 생물 사이의 먹고 먹히는 관계 ➕

2 먹이 *사슬과 먹이 그물

(1) 먹이 사슬

① 생태계에서 생물들의 먹고 먹히는 관계가 사슬처럼 연결된 것을 먹이 사슬이라고 합니다.

② 먹히는 쪽에서 먹는 쪽으로 화살표를 그어 표현합니다.

[숲 생태계의 먹이 사슬]

[바다 생태계의 먹이 사슬]

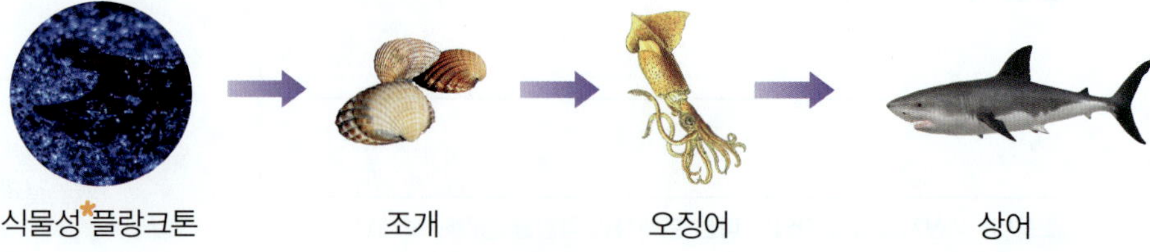

용어 사전

✱ **사슬** 고리를 여러 개 죽 이어서 만든 줄.

✱ **플랑크톤** 물속에서 물결에 따라 떠다니는 작은 생물을 통틀어 이르는 말. 식물성 플랑크톤과 동물성 플랑크톤이 있음.

(2) 먹이 그물

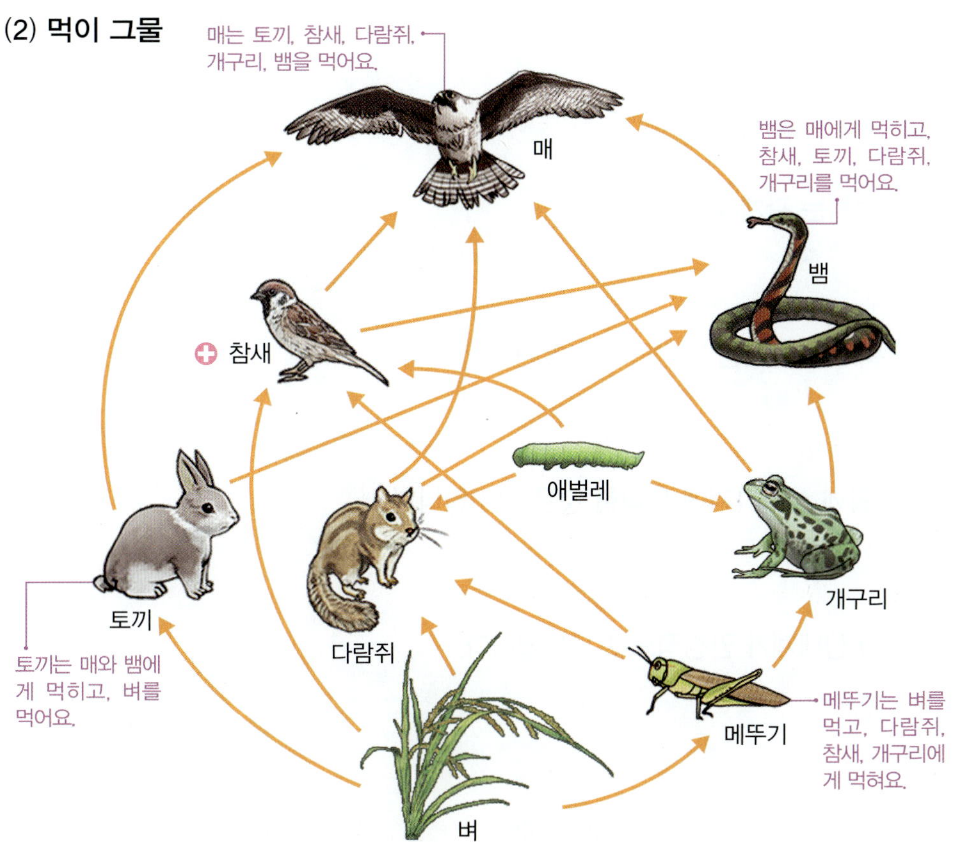

① 여러 개의 먹이 사슬이 *얽혀 그물처럼 복잡하게 연결되어 있는 것을 먹이 그물이라고 합니다.

② 생태계를 이루는 생물의 종류가 많을수록 먹이 관계가 복잡합니다.

③ 먹이 사슬과 먹이 그물 중 여러 생물이 함께 살아가기에 유리한 것은 먹이 그물입니다.

④ 먹이 그물이 복잡할수록 생태계가 안정적으로 *유지됩니다. ➕

(3) 먹이 사슬과 먹이 그물의 같은 점과 다른 점

구분	먹이 사슬	먹이 그물
같은 점	생물들의 먹고 먹히는 먹이 관계가 나타남.	
다른 점	한 방향으로만 연결되어 있음.	여러 방향으로 연결되어 있음.

➕ **참새가 사라지면 일어나는 일**
- 참새의 먹이가 되는 메뚜기와 애벌레의 수가 늘어납니다.
- 참새를 먹이로 하는 뱀, 매는 참새 대신 다람쥐, 개구리와 같은 다른 동물을 먹이로 합니다.

➕ **먹이 그물이 복잡할수록 생태계가 안정적으로 유지되는 데 도움이 되는 까닭**

먹이 그물이 복잡하면 어떤 생물이 사라지거나 부족하더라도 또 다른 먹이를 먹고 살아갈 수 있습니다. 따라서 환경 변화의 영향을 덜 받고 쉽게 파괴되지 않습니다.

2단원 3회

용어 사전

★ **얽히다** 이리저리 관련이 되다.

★ **유지되다** 어떤 상태나 상황을 그대로 보존하거나 변함없이 계속하여 지탱하다.

핵심만 한번 더 쓰면서 정리 !

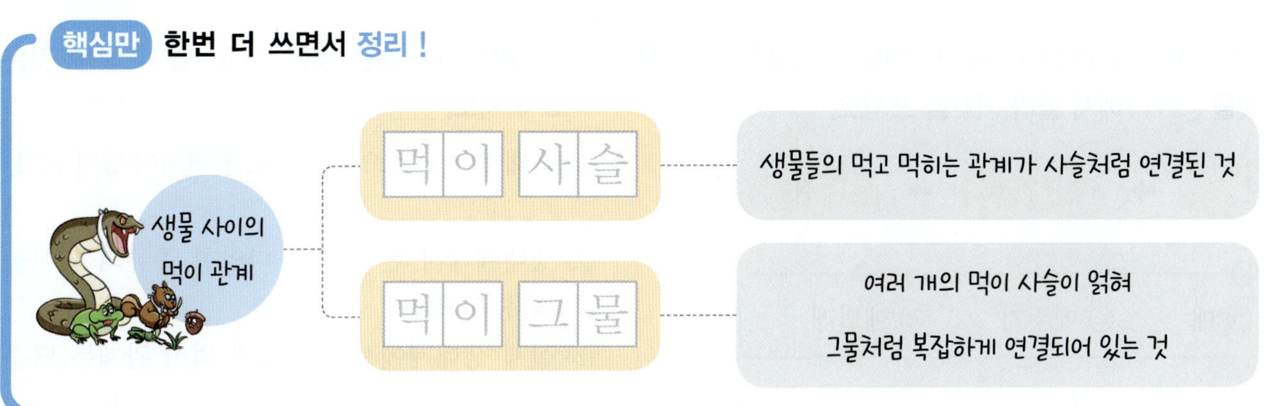

문제 학습

1 생태계에서 (   ) 요소는 서로 먹고 먹히는 관계에 있습니다.

2 먹이 그물은 여러 개의 (   )이/가 얽혀 그물처럼 복잡하게 연결된 것입니다.

3 먹이 사슬과 먹이 그물 중 여러 생물이 함께 살아가기에 유리한 것은 무엇입니까?

4 먹이 그물이 (단순할수록 , 복잡할수록) 생태계가 안정적으로 유지됩니다.

📖 7종 공통

5 다음과 같이 생물들의 먹이 관계가 사슬처럼 연결되어 있는 것을 무엇이라고 하는지 쓰시오.

(   )

📖 7종 공통

6 다음 먹이 사슬의 빈칸에 들어갈 생물로 알맞지 <u>않은</u> 것을 (보기)에서 골라 기호를 쓰시오.

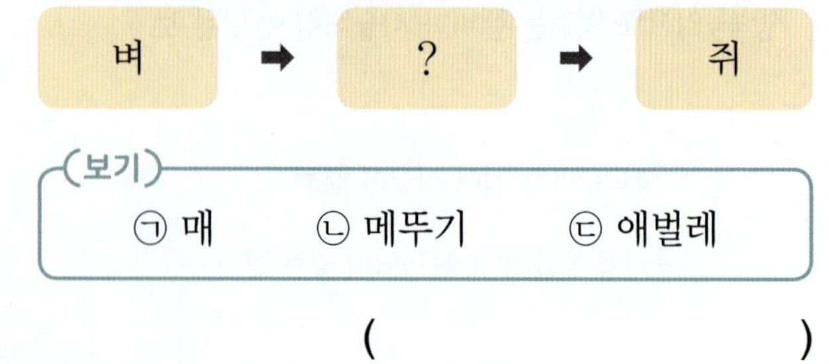

(보기)
ㄱ 매   ㄴ 메뚜기   ㄷ 애벌레

(   )

📖 7종 공통

7 다음 중 먹이 사슬이 바르게 연결된 것은 어느 것입니까? (   )

① 벼 → 매 → 개구리
② 개구리 → 메뚜기 → 벼
③ 뱀 → 개구리 → 메뚜기
④ 벼 → 메뚜기 → 개구리 → 매
⑤ 메뚜기 → 벼 → 개구리 → 매

📖 7종 공통

8 다음 설명으로 옳은 것은 ○표, 옳지 <u>않은</u> 것은 ×표 하시오.

(1) 생태계의 구성 요소는 서로 관련되어 있지 않다.   (   )

(2) 생태계에서 한 생물은 다양한 종류의 먹이를 먹을 수 있다.   (   )

(3) 실제 생태계에서 생물들의 먹이 관계는 단순하게 연결되어 있다.   (   )

| **9~10** | 다음은 생물들 사이의 먹고 먹히는 관계를 화살표로 나타낸 것입니다. 물음에 답하시오.

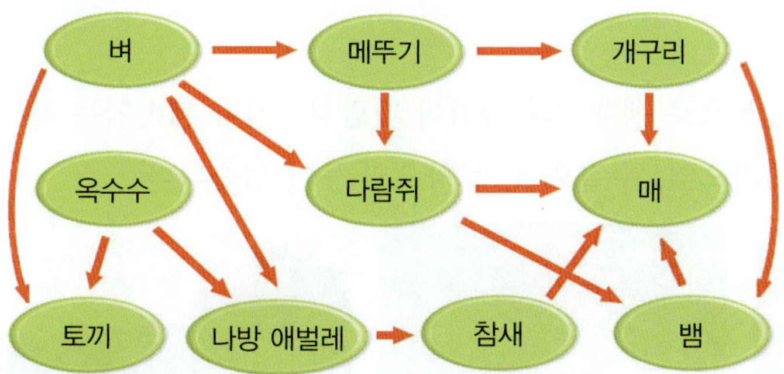

📖 7종 공통

9 위 먹이 관계에 대한 설명으로 옳지 <u>않은</u> 것은 어느 것입니까? (   )

① 옥수수는 먹이 관계가 이어져 있지 않다.
② 다람쥐는 벼를 먹고, 메뚜기도 벼를 먹는다.
③ 매는 개구리, 다람쥐, 참새, 뱀을 잡아먹는다.
④ 개구리는 메뚜기를 먹고, 뱀은 개구리를 먹는다.
⑤ 참새는 나방 애벌레를 먹고, 매에게 잡아먹힌다.

서술형 📖 7종 공통

10 위 먹이 관계에서 벼로부터 시작하는 먹이 사슬을 찾아 화살표를 이용하여 한 가지 쓰시오.

____

____

도움말 벼에서 시작한 화살표를 따라가 보세요.

📖 7종 공통

11 생태계에서 먹이 그물이 복잡할 때 일어날 수 있는 일에 대해 바르게 설명한 사람을 쓰시오.

> • 진영: 환경 변화의 영향을 심하게 받게 돼.
> • 지수: 한 생물이 한 종류의 생물에게만 먹혀.
> • 아란: 먹이가 부족해지면 다른 먹이를 먹을 수 있어.

(   )

디지털 문해력 📖 7종 공통

12 다음은 생물의 먹이 관계를 설명하는 영상의 일부 화면입니다. 먹이 관계에 맞게 영상에 들어갈 생물 사진을 (보기)에서 골라 순서대로 기호를 쓰시오.

(보기)

ⓒ   ⓛ

ⓒ   ⓔ

(   ) → (   ) → (   ) → (   )

동아, 비상, 아이스크림, 지학사, 천재(이)

13 먹이 사슬과 먹이 그물의 같은 점으로 옳은 것을 (보기)에서 골라 기호를 쓰시오.

(보기)

> ㉠ 생물의 종류를 알 수 없다.
> ㉡ 한 방향으로만 연결되어 있다.
> ㉢ 생물들의 먹고 먹히는 관계가 나타난다.

(   )

학습 결과에 색칠하세요.     

2 단원 / **3**회

📝 인간 활동이 생태계에 미치는 영향

- 인간의 활동이 쓰레기, 매연, 폐수 등 다양한 환경오염의 원인을 만들어 내기도 합니다.
- 인간의 활동이 때로는 생태계에 해로운 영향을 미치기도 합니다.

1 환경오염

(1) **환경오염**: 인간의 활동으로 생태계의 환경이 더럽혀지거나 훼손되는 것

(2) **환경오염의 종류**: 대기오염, 수질오염, 토양오염 등이 있습니다.

▲ 대기오염(공기 오염)　　▲ 수질오염(물 오염)　　▲ 토양오염(흙 오염)

2 환경오염에 영향을 미치는 인간 활동 📝

(1) **일상생활 속에서 환경오염을 일으킬 수 있는 행동** 예

① 음식물을 많이 남깁니다.

② 샴푸 등과 같은 합성 세제를 많이 사용합니다.

③ 가까운 거리를 이동할 때 자동차를 이용합니다.

④ 종이컵, 나무젓가락, 물휴지 등과 같은 일회용품을 많이 사용합니다.

(2) **환경오염의 여러 가지 원인**

📝 플라스틱의 과도한 사용이 생태계에 미치는 영향

- 플라스틱을 생산하고 운반하고 폐기하는 과정에서 환경이 오염됩니다.
- 플라스틱은 오랜 시간 썩지 않기 때문에 생태계에 장기간 좋지 않은 영향을 줍니다.
- 물속에 사는 생물들이 먹이로 생각하고 미세 플라스틱을 먹어 소화 장애를 일으킬 수 있습니다.

미세 플라스틱을 먹은 물고기를 인간이 먹으면 미세 플라스틱이 우리 몸속에 들어올 수 있어요.

대기오염

- 미세 먼지
- 자동차에서 나오는 매연
- 공장 굴뚝에서 나오는 매연
- 쓰레기를 태울 때 나오는 연기

수질오염

- 가정의 *생활 하수
- 공장에서 배출되는 폐수
- 오염된 물질이 섞인 하천
- *유조선에서 흘러나온 기름

토양오염

- *폐기물 배출
- 지나친 농약 사용
- 플라스틱의 과도한 사용 📝
- 땅에 묻힌 많은 양의 쓰레기

- ★ **생활 하수**　일상생활을 하는 데에 쓰이고 난 뒤 하천으로 내려오는 물.
- ★ **유조선**　석유를 운반하는 배.
- ★ **폐기물**　못 쓰게 되어 버리는 물건.

3 환경오염이 생태계에 미치는 영향

(1) 대기오염이 미치는 영향

① *산성비가 내려 식물이 잘 자라지 못합니다.

② 폐암과 같은 질병에 걸릴 위험이 높아집니다.

③ 동물이 숨 쉬기 어려워지거나 병에 걸릴 수 있습니다.

④ 이산화 탄소가 많이 배출되면 지구의 평균 온도가 높아져 생물의 *서식지가 파괴됩니다.

▲ 녹아서 크기가 작아지는 빙하

(2) 수질오염이 미치는 영향 ➕

① 물고기가 병에 걸리거나 죽을 수 있습니다.

② 물이 더러워지고 좋지 않은 냄새가 납니다.

③ 서식지가 파괴되어 물에 사는 생물이 살기 어려워집니다.

④ 물고기가 오염된 물을 먹고 병에 걸리거나 모습이 이상해지기도 합니다.

▲ 기름으로 오염된 해변

(3) 토양오염이 미치는 영향

① 서식지가 파괴되어 동물이 살아갈 곳을 잃습니다. → 땅속 생물의 수와 종류가 줄어들어요.

② 지하수가 오염되어 지하수를 사용하기 어려워집니다.

③ 식물에 오염 물질이 점점 쌓여 식물을 먹는 다른 생물에게도 나쁜 영향을 미칩니다.

④ 흙 속에 살면서 식물이 자라는 데 도움을 주는 이로운 생물들이 살기 어려워집니다.

▲ 땅에 묻힌 쓰레기

➕ 바다에 유출된 기름이 미치는 영향

바닷물 표면에 기름 막을 만들어 햇빛을 막아 바닷속 식물이 잘 자라지 못합니다.

2단원 4회

용어 사전

★ **산성비** 화학 물질 등을 강하게 포함하는 비. 토양의 성질을 변하게 하고 숲과 나무를 말라 죽게 함.

★ **서식지** 생물 등이 일정한 곳에 자리를 잡고 사는 곳.

핵심만 한번 더 쓰면서 정리 !

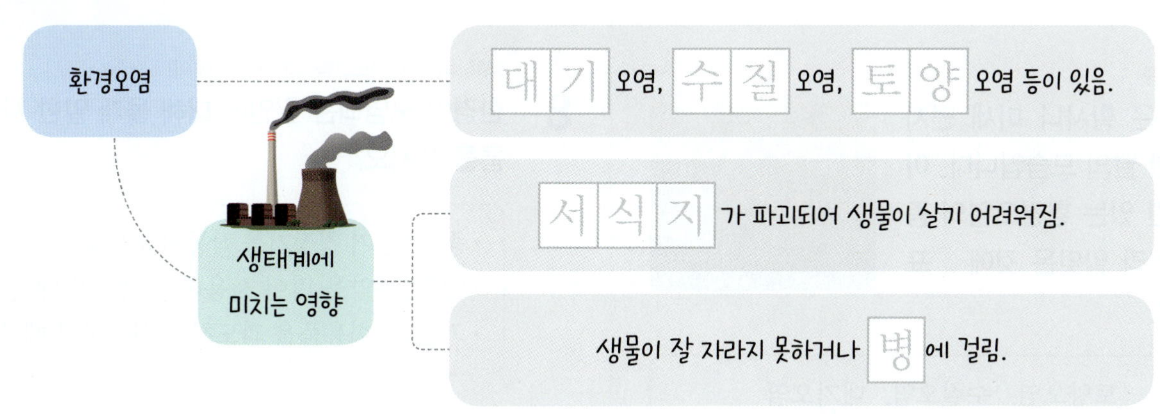

핵심 체크

1 (　　　　)은/는 인간의 활동으로 생태계의 환경이 더럽혀지거나 훼손되는 것입니다.

2 (대기 , 토양)오염은 자동차의 배기가스나 공장의 매연 등이 원인이 되어 생깁니다.

3 가정의 생활 하수, 공장 폐수, 기름 유출 사고 등은 무엇을 오염시키는 직접적인 원인입니까?

4 쓰레기 매립, 농약이나 비료의 지나친 사용 등이 원인이 되어 발생하는 환경오염은 (수질 , 토양)오염입니다.

📖 7종 공통

5 환경오염에 대한 설명으로 옳은 것을 (보기)에서 골라 기호를 쓰시오.

(보기)
ㄱ 환경이 오염되면 생물이 숨을 쉬기가 어려워진다.
ㄴ 사람들의 활동으로 자연환경이 깨끗해지는 것이다.
ㄷ 환경이 오염되면 그곳에 사는 생물의 수가 최대로 늘어난다.

(　　　　　　　　　)

📖 7종 공통

6 오른쪽은 황사나 미세 먼지가 심한 날의 모습입니다. 이와 관련 있는 환경오염의 종류를 골라 알맞은 것에 ◯표 하시오.

토양오염, 수질오염, 대기오염

📖 7종 공통

7 환경오염과 그 원인으로 알맞은 것끼리 선으로 이으시오.

(1) 토양오염　•　　•ㄱ　생활 쓰레기, 농약과 비료의 지나친 사용

(2) 수질오염　•　　•ㄴ　자동차의 배기가스, 공장의 매연

(3) 대기오염　•　　•ㄷ　공장 폐수, 생활 하수

동아, 비상, 아이스크림, 지학사, 천재(이)

8 환경이 오염되는 원인에 대해 옳게 말한 사람의 이름을 쓰시오.

• 종민: 공기 청정기를 작동시켰기 때문이야.
• 연주: 농약을 많이 사용하지 않았기 때문이야.
• 기정: 일회용품을 과도하게 사용하기 때문이지.

(　　　　　　　　　)

▤ 7종 공통

9 일상생활 속에서 환경오염을 일으킬 수 있는 행동으로 옳지 <u>않은</u> 것은 어느 것입니까? (   )

① 음식물을 남긴다.
② 쓰레기를 분리하여 배출한다.
③ 샴푸 등과 같은 합성 세제를 많이 사용한다.
④ 가까운 거리를 이동할 때 자동차를 이용한다.
⑤ 종이컵, 나무젓가락, 물휴지 등과 같은 일회용품을 많이 사용한다.

▤ 7종 공통

10 오른쪽은 물고기가 오염된 물을 먹고 죽은 모습입니다. 이와 같은 일이 일어난 직접적인 원인으로 알맞은 것을 골라 기호를 쓰시오.

▲ 물고기가 죽음.

ㄱ

▲ 자동차의 배기가스

ㄴ

▲ 공장의 폐수

ㄷ

▲ 많은 양의 생활 쓰레기

(   )

서술형 **▤ 7종 공통**

11 위 **10**번과 가장 관련 있는 환경오염의 종류는 무엇인지 쓰고, 이 오염이 생물이나 환경에 미치는 영향을 한 가지 쓰시오.

____

도움말 물과 가장 관련된 환경오염의 종류는 무엇인지 생각해 보세요.

디지털 문해력 **▤ 7종 공통**

12 아래 뉴스 내용과 관련된 환경오염이 우리 생활에 미치는 영향으로 알맞지 <u>않은</u> 것은 어느 것입니까? (   )

① 동물이 숨 쉬기 어려워진다.
② 깨끗하고 선명한 하늘을 보기 어렵다.
③ 산성비로 인해 식물이 잘 자라지 못한다.
④ 폐암과 같은 질병에 걸릴 위험이 높아진다.
⑤ 오염된 물을 먹은 생물의 모습이 이상해진다.

동아, 아이스크림, 지학사, 천재(이), 천재(정)

13 공기를 오염시키는 원인과 대기오염이 생물에 미치는 영향을 옳게 연결한 것은 어느 것입니까?

(   )

① 쓰레기 배출: 땅속 생물 수가 줄어든다.
② 농약의 지나친 사용: 물에서 냄새가 난다.
③ 비료의 지나친 사용: 지하수를 사용하기 어려워진다.
④ 자동차의 배기가스: 동물의 호흡 기관에 이상이 생긴다.
⑤ 유조선의 기름 유출: 바다 생물의 성장에 피해를 주기도 한다.

학습 결과에 색칠하세요.   

개념 학습

생태계 파괴가 우리에게 미치는 영향

- 우리가 사는 식량의 종류에 영향을 미칠 수 있습니다.
- 우리가 사는 환경이 훼손되어 우리의 삶도 피해를 받을 수 있습니다.

생태계 보전을 위한 국가나 사회의 노력

- 공익 광고로 생태계 보전의 중요성을 홍보합니다.
- 국가 간에 오염 물질을 줄이자는 협약을 맺습니다.
- 환경오염 물질의 배출을 제한하는 법을 만들어 시행합니다.
- 생태계 보전이 필요한 갯바위에 생태 *휴식년제를 도입해 갯바위를 보호합니다.
- 생태계 훼손의 우려가 있는 국립 공원에 자연 휴식년제를 도입해 일정 기간 동안 사람들의 출입을 통제합니다.

---

1 생태계 보전의 중요성

(1) **생태계 보전**: 원래 상태의 생태계를 보호하고 유지하는 것입니다.

(2) **생태계를 보전해야 하는 까닭**

① 생태계와 생물은 서로 영향을 주고받기 때문입니다.

② 생태계가 훼손되면 회복하는 데 많은 노력과 시간이 필요하기 때문입니다.

③ 생태계는 사람뿐만 아니라 여러 생물이 함께 살아가는 곳이기 때문입니다.

2 우리 주변에서의 생태계 보전 실천하기

- 산 입구에 안내 팻말을 만들어 세우기
- 등산객을 대상으로 정해진 길이 아닌 곳으로는 다니지 않도록 하는 캠페인 진행하기
- 길이 무너지고 풀이 없어진 곳을 흙으로 덮고 관리하기

- 가까운 거리는 걸어 다니거나 자전거 이용하기
- 지정된 주차 공간에만 주차하도록 안내 팻말 세우기
- 차가 진입한 장소 주변의 꽃을 꺾거나 풀을 밟지 않도록 하기

3 생태계 보전을 위한 노력

(1) **국가나 사회의 활동**

- 동물이 이동할 수 있도록 생태 통로를 만듭니다.
- 하수는 처리 시설에서 깨끗하게 *정화해서 배출합니다.
- 멸종 위기에 처한 야생 생물을 조사하여 보호하고 관리합니다.
- 생태계 보전이 필요한 곳을 생태계 보호 구역이나 국립 공원으로 정합니다.
- 강이나 바닷물을 주기적으로 검사하여 깨끗하게 유지하고 관리합니다.
- 새들이 투명한 시설물에 충돌하는 것을 막기 위해 조류 충돌 방지 스티커를 붙이거나, 색깔이나 무늬를 활용하도록 하는 지침을 만듭니다.

▲ 생태 통로

▲ 하수 처리 시설

▲ 보호 구역 지정 (우포늪)

▲ 조류 충돌 방지 스티커

(2) 개인이 실천할 수 있는 활동 ➕

▲ 생물 보호하기

▲ 일회용품 사용 줄이기

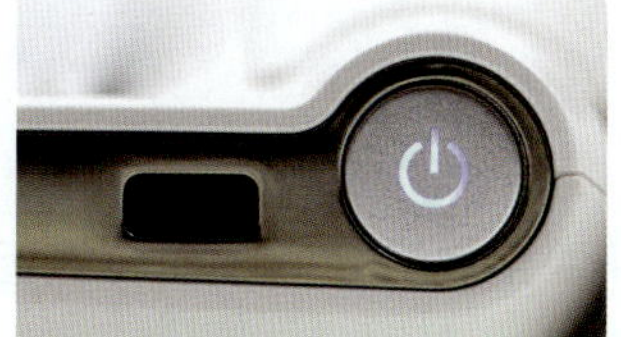

▲ 에너지 절약하기

생물 보호하기	• 함부로 생물을 *채집하지 않습니다. • 산에서 열매나 식물을 함부로 가져오지 않습니다. • 꽃을 꺾거나 잔디를 밟지 않고 식물을 보호합니다. • 농작물을 재배할 때 농약은 가능한 한 적게 사용합니다.
일회용품 사용 줄이기	• 플라스틱 빨대 사용을 줄입니다. • 물휴지 대신 손수건을 사용합니다. • 비닐봉지 대신 장바구니를 사용합니다. • 플라스틱병에 담긴 음료를 사지 않습니다. • 일회용 그릇이나 종이컵을 사용하지 않습니다. • 안 쓰는 물건은 다른 사람에게 팔거나 나누어 줍니다. → 꼭 필요한 물건만 사요.
에너지 절약하기	• 쓰지 않는 플러그는 뽑아 놓습니다. • 사용하지 않는 곳의 조명을 끕니다. • 엘리베이터 대신 계단을 이용합니다. • 스마트 기기의 *절전 모드를 사용합니다. • 에어컨 사용 시 적정 온도를 유지합니다. • 양치할 때 컵을 사용하고 샤워 시간을 줄입니다. ➕ • 음식을 남기지 않고 쓰레기를 함부로 버리지 않습니다. • 가까운 거리를 걷거나 자전거를 타고 이동하고, 먼 거리는 대중교통을 타고 이동합니다.

➕ 쓰레기를 줄이고 분리배출하기

• 쓰레기 줍기 캠페인을 합니다.
• 쓰레기를 분리배출하고, 재활용합니다.
• 산책하거나 길을 달리면서 쓰레기를 줍습니다.

➕ 친환경 용품 사용하기

샴푸와 같은 합성 세제 사용을 줄이고 친환경 비누나 친환경 세제를 사용합니다.

용어 사전

★ **채집**　널리 찾아서 얻거나 캐거나 잡아 모으는 일.

★ **절전**　전기를 아껴 씀. 또는 전력을 절약함.

핵심만 **한번 더 쓰면서 정리 !**

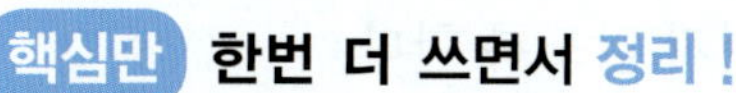

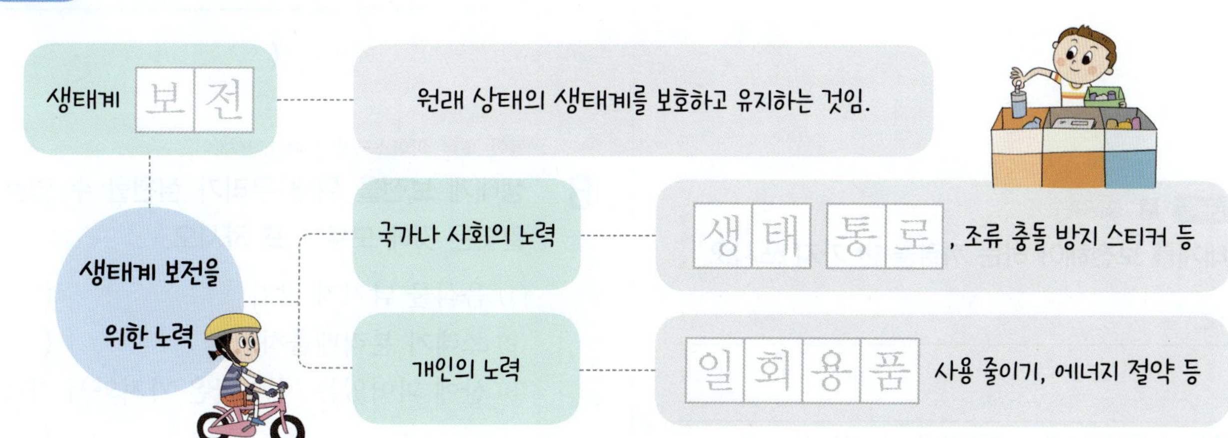

핵심 체크

1 (　　　　)은/는 원래 상태의 생태계를 보호하고 유지하는 것을 말합니다.

2 생태계가 (파괴 , 보전)되면 인간이 사는 환경이 훼손되어 인간의 삶도 피해를 받을 수 있습니다.

3 생태계 보전이 필요한 곳을 생태계 보호 구역으로 정하고, 생태 통로를 만드는 것은 생태계 보전을 위한 노력 중 (국가나 사회 , 개인)의 활동에 속합니다.

4 가까운 거리는 걷거나 자전거를 타고, 먼 거리는 무엇을 타고 이동해야 생태계를 보전할 수 있습니까?

📖 7종 공통

5 다음 (　　　) 안에 들어갈 알맞은 말에 ○표 하시오.

> 훼손된 생태계는 회복하는 데 ㉠(많은 , 적은) 노력과 시간이 필요하다. 따라서 우리는 생태계가 ㉡(훼손되기 전 , 훼손된 후)에 생태계를 보전하도록 노력해야 한다.

서술형 📖 7종 공통

6 생태계를 보전해야 하는 까닭을 한 가지 쓰시오.

____

____

도움말 생태계가 파괴되면 어떤 일이 일어나는지 떠올려 보세요.

동아, 아이스크림, 지학사

7 오른쪽은 생태계 보전이 필요한 장소의 모습입니다. 이 곳을 보전하기 위한 방법으로 옳지 **않은** 것을 (보기)에서 골라 기호를 쓰시오.

▲ 망가진 등산로

(보기)
> ㉠ 등산로 보전을 위해 나무를 베어 낸다.
> ㉡ 풀이 없어진 곳을 흙으로 덮어 주고 관리한다.
> ㉢ 등산객을 대상으로 정해진 길이 아닌 곳으로는 다니지 않도록 한다.

(　　　　　　　　　)

동아, 비상, 아이스크림, 지학사, 천재(이)

8 생태계 보전을 위해 우리가 실천할 수 있는 일로 알맞은 것에 모두 ○표 하시오.

(1) 음식물 남기지 않기　　　　　(　　　)

(2) 쓰레기 분리배출하기　　　　　(　　　)

(3) 산에 피어있는 예쁜 꽃은 가져와서 기르기

(　　　)

📖 7종 공통

9 생태계 보전을 위한 노력으로 옳은 것을 〈보기〉에서 모두 골라 기호를 쓰시오.

〈보기〉

㉠ 물을 절약한다.
㉡ 오염된 물을 처리하는 하수 처리 시설을 만든다.
㉢ 투명한 방음벽에 새의 충돌을 막는 스티커를 붙인다.
㉣ 생태계 보전이 필요한 곳을 개발하여 아파트 단지로 만든다.

(   )

동아, 비상, 아이스크림, 천재(이), 천재(정)

10 다음 중 생태계 보전을 위한 국가나 사회의 노력에는 '국', 개인이 실천할 수 있는 노력에는 '개'라고 쓰시오.

⑴ 오염 물질을 줄이자는 협약을 맺는다.

(   )

⑵ 안 쓰는 물건은 다른 사람에게 팔거나 나눠 준다.

(   )

⑶ 생태계 보전이 필요한 곳을 생태계 보호 구역으로 정한다.

(   )

📖 7종 공통

11 생태계를 보전하기 위한 방법을 옳게 말한 사람의 이름을 쓰시오.

• 석영: 일회용품의 사용을 늘려야 해.
• 지희: 안 쓰는 가전제품의 전원은 꺼두는 게 좋아.
• 윤아: 멸종 위기 동물을 보호하기 위해 야생 동물을 개인적으로 길러야 해.

(   )

📖 7종 공통

12 사람들의 활동으로 환경이 오염되어 생물에게 해로운 영향을 주는 일이 <u>아닌</u> 것은 어느 것입니까?

(   )

① 생태 하천을 만든다.
② 산을 깎아 골프장을 짓는다.
③ 난방과 냉방을 과도하게 한다.
④ 산을 관통하는 터널을 뚫는다.
⑤ 일회용품을 적극적으로 사용한다.

2
단원
5회

디지털 문해력   📖 7종 공통

13 다음은 생태계 보전 캠페인 활동으로 SNS에 올린 카드 뉴스입니다. (   ) 안에 들어갈 내용으로 가장 알맞은 것은 어느 것입니까? (   )

① 생태 보호 구역이 궁금해?
② 매일 유리창에 부딪히는 새들
③ 분리배출, 이것만 기억하세요.
④ 올바르게 농약을 사용하는 방법
⑤ 스마트 기기 절전 모드 사용하기

학습 결과에 색칠하세요.     

📖 7종 공통

1 다음 ( ) 안에 들어갈 알맞은 말을 쓰시오.

> 생태계는 어떤 곳에서 서로 영향을 주고받는 생물과 이를 둘러싼 ( ) 전체를 통틀어 말한다.

( )

| 2~3 | 다음 생태계의 모습을 보고, 물음에 답하시오.

㉠ 
▲ 화단 생태계

㉡ 
▲ 바다 생태계

㉢ 
▲ 산 생태계

㉣ 
▲ 연못 생태계

📖 7종 공통

2 위 생태계에 대해 <u>잘못</u> 말한 사람의 이름을 쓰시오.

> • 예린: 화단 생태계의 모든 구성 요소는 서로 영향을 주고받지.
> • 재훈: 생물이 살기 어려운 바다나 산은 생태계라고 할 수 없어.
> • 세현: 생태계의 종류는 다양하며, 규모가 작은 생태계도 있고 규모가 큰 생태계도 있어.

( )

동아, 아이스크림, 지학사, 천재(이), 천재(정)

3 위 ㉠~㉣ 중 비교적 규모가 큰 생태계끼리 옳게 짝 지은 것은 어느 것입니까? ( )

① ㉠, ㉣   ② ㉡, ㉢
③ ㉡, ㉣   ④ ㉠, ㉡, ㉢
⑤ ㉠, ㉢, ㉣

📖 7종 공통

4 생태계의 구성 요소를 다음과 같이 분류한 기준으로 알맞은 것을 (보기)에서 골라 기호를 쓰시오.

| 낙타, 선인장, 곰팡이 | 햇빛, 흙, 물, 온도 |

> (보기)
> ㉠ 식물과 동물
> ㉡ 생산자와 소비자
> ㉢ 생물 요소와 비생물 요소

( )

| 5~6 | 다음은 호수 생태계의 모습입니다. 물음에 답하시오.

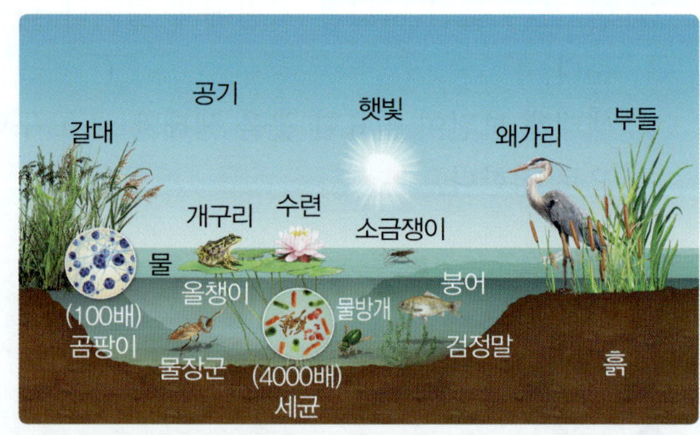

동아, 아이스크림, 지학사, 천재(이)

5 위 호수 생태계를 이루고 있는 구성 요소를 생물과 생물이 아닌 것으로 분류하였습니다. <u>잘못</u> 분류한 것을 골라 쓰시오.

생물인 것	생물이 아닌 것
수련, 소금쟁이, 붕어, 곰팡이, 올챙이	물, 흙, 세균, 공기, 햇빛

( )

동아, 아이스크림, 지학사, 천재(이)

6 앞 호수 생태계에서 다른 생물을 먹이로 하여 양분을 얻는 생물을 찾아 두 가지 이상 쓰시오.

( )

서술형 📖 7종 공통

7 다음 생물들의 공통점을 한 가지 쓰시오.

▲ 참새

▲ 다람쥐

▲ 배추흰나비

____

____

📖 7종 공통

8 다음 ( ) 안에 들어갈 말로 알맞은 것은 어느 것입니까? ( )

> 생태계를 구성하는 생물 요소는 ( )에 따라 생산자, 소비자, 분해자로 구분한다.

① 서식지
② 호흡 방법
③ 몸의 크기
④ 천적의 종류
⑤ 양분을 얻는 방법

동아, 지학사, 천재(이)

9 오른쪽과 같은 어항 생태계의 구성 요소에 대한 설명으로 옳은 것에 ○표, 옳지 <u>않은</u> 것에 ×표 하시오.

(1) 햇빛, 세균 등의 생물 요소가 있다. ( )

(2) 물, 돌, 공기 등의 비생물 요소가 있다.

( )

(3) 물풀은 소비자이고, 금붕어는 분해자이다.

( )

📖 7종 공통

10 다음 생물들을 먹고 먹히는 관계에 따라 옳게 나타낸 것은 어느 것입니까? ( )

▲ 참새

▲ 매

▲ 옥수수

▲ 애벌레

① 매 → 참새 → 애벌레 → 옥수수
② 참새 → 매 → 옥수수 → 애벌레
③ 옥수수 → 애벌레 → 참새 → 매
④ 애벌레 → 참새 → 옥수수 → 매
⑤ 애벌레 → 옥수수 → 참새 → 매

2
단원

6회

서술형 ▌7종 공통

11 먹이 그물에 대한 설명으로 옳지 <u>않은</u> 것을 〈보기〉에서 골라 기호를 쓰고, 바르게 고쳐 쓰시오.

〈보기〉
㉠ 생물의 먹고 먹히는 관계가 나타난다.
㉡ 먹이 관계가 한 방향으로 연결되어 있다.
㉢ 생물 사이의 먹고 먹히는 관계가 그물처럼 복잡하게 얽혀 있다.

____

____

| 12~14 | 다음 먹이 그물을 보고, 물음에 답하시오.

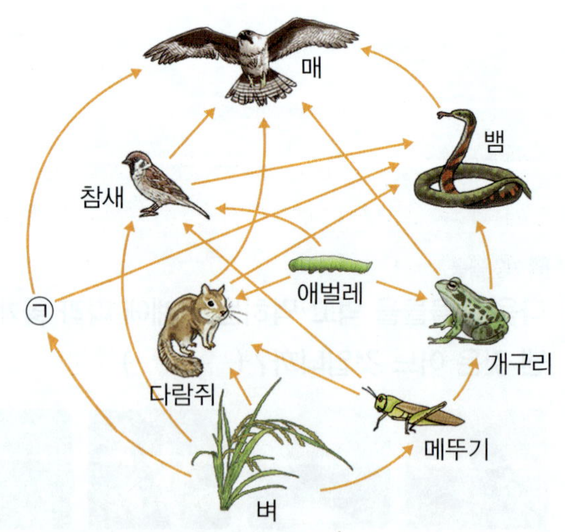

▌7종 공통

12 다음 먹이 그물의 ㉠에 들어갈 생물로 가장 알맞은 것은 어느 것입니까? (   )

① 토끼 ② 고양이
③ 개망초 ④ 강아지풀
⑤ 무당벌레

▌7종 공통

13 앞 먹이 그물을 보고 알 수 있는 다람쥐의 먹이 관계를 옳게 설명한 것은 어느 것입니까? (   )

① 메뚜기만 먹는다.
② 참새에게 잡아먹힌다.
③ 개구리의 먹이가 된다.
④ 벼를 먹고 매의 먹이가 된다.
⑤ 벼가 사라지면 먹을 것이 없어서 다람쥐는 살지 못한다.

▌7종 공통

14 다음은 앞 먹이 그물을 보고 알 수 있는 사실입니다. (   ) 안의 알맞은 말에 각각 ◯표 하시오.

생태계에서 생물은 ㉠(한 , 여러) 생물을 먹이로 하고, ㉡(한 , 여러) 생물에게 잡아먹힌다.

▌7종 공통

15 다음 설명과 관계있는 환경오염의 종류를 쓰시오.

• 자동차의 배기가스나 공장의 매연 등에 의해 발생한다.
• 이 오염으로 인해 생물들이 숨 쉬기 어려워지고, 깨끗하고 선명한 하늘을 보기 어려워진다.

(   )

동아, 비상, 아이스크림, 천재(이)

16 다음은 어떤 환경오염이 생물에게 미치는 영향인지 (보기)에서 골라 각각 기호를 쓰시오.

(보기)
ㄱ 대기오염　　ㄴ 수질오염　　ㄷ 토양오염

(1) 호흡 기관에 이상이 생겨 질병에 걸린다.
(　　　)

(2) 강, 호수, 바다 등에 사는 생물이 살기 어려워진다.
(　　　)

(3) 식물이나 동물이 살 곳을 잃게 되고, 지하수가 오염되어 지하수를 사용하기 어려워진다.
(　　　)

📖 7종 공통

17 생태계를 지키기 위해 개인이 직접 실천할 수 있는 일과 거리가 먼 것은 어느 것입니까? (　　　)

① 물을 아껴 쓰기
② 친환경 세제 사용하기
③ 자전거나 대중교통 이용하기
④ 쓰레기 분리배출을 철저히 하기
⑤ 매연과 폐수는 깨끗이 정화해서 배출하기

동아, 미래엔, 비상, 지학사, 천재(이)

18 ㄱ～ㄹ 중 생태계를 지키기 위한 노력의 예로 옳지 <u>않은</u> 것을 골라 기호를 쓰시오.

ㄱ 
▲ 생태 통로

ㄴ 
▲ 하수 처리 시설

ㄷ 
▲ 쓰레기 매립지

ㄹ 
▲ 전기 자동차

(　　　)

|19～20| 다음은 환경오염의 여러 가지 원인입니다. 물음에 답하시오.

ㄱ 
▲ 공장의 매연

ㄴ 
▲ 공장의 폐수

ㄷ 
▲ 유조선의 기름 유출

ㄹ
▲ 지나친 농약의 사용

📖 7종 공통

19 ㄱ～ㄹ 중 대기오염을 일으키는 직접적인 원인으로 알맞은 것을 골라 기호를 쓰시오.

(　　　)

2 단원 6회

서술형　📖 7종 공통

20 대기오염이 생물에게 미치는 영향을 쓰고, 위 **19**번 답과 관련지어 개인이 실천할 수 있는 생태계 보전 활동을 한 가지 쓰시오.

(1) 미치는 영향: ______________________

____

(2) 개인이 실천할 수 있는 생태계 보전 활동:

____

____

학습 결과에 색칠하세요.   

생태계를 구성하는 요소 살펴보기

● 다양한 생태계를 구성하는 요소를 알아보고, 생태계의 생물요소를 어떻게 분류할 수 있는지 알아봅니다.

│ 생태계를 구성하는 요소 │

텃밭 생태계

상추, 고추 등의 생물 요소와 햇빛, 흙, 공기 등의 비생물 요소로 이루어져 있습니다.

연못 생태계

개구리, 부레옥잠 등의 생물 요소와 공기, 물, 흙 등의 비생물 요소로 이루어져 있습니다.

사막 생태계

선인장, 낙타 등의 생물 요소와 모래, 공기, 햇빛 등의 비생물 요소로 이루어져 있습니다.

남극 생태계

펭귄, 바다사자 등의 생물 요소와 물, 공기, 햇빛 등의 비생물 요소로 이루어져 있습니다.

생태계를 이루는 생물 요소 분류

생산자

개망초

배추

검정말

햇빛 등을 이용해 스스로 양분을 만드는 생물로, 풀과 나무 등 대부분의 식물이 속합니다.

소비자

잠자리

개구리

박새

다른 생물을 먹이로 하여 양분을 얻는 생물로, 많은 동물들이 속해 있습니다.

분해자

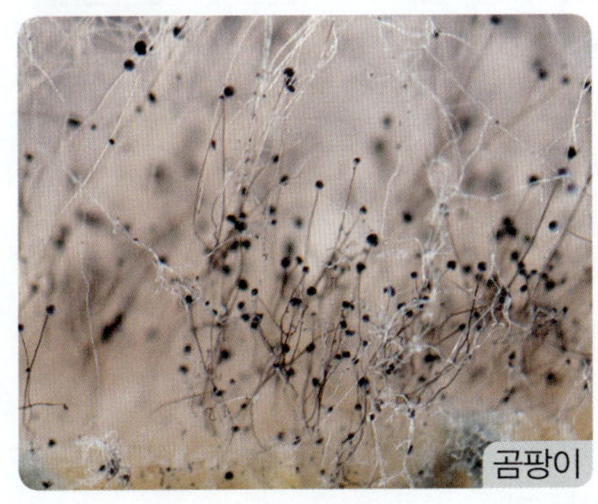

곰팡이

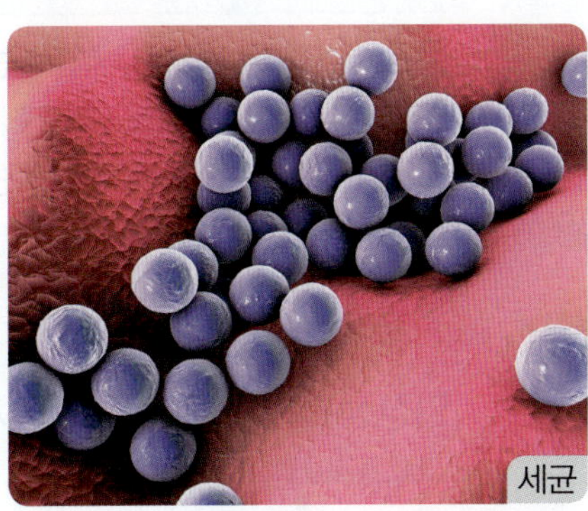

세균

버섯

죽은 생물체나 배출물을 분해해 양분을 얻는 생물로, 분해된 양분은 다시 생산자가 이용합니다.

3 여러 가지 기체

● **문해력을 높이는 어휘**

기체

일정한 모양과 부피를 가지지 않고 용기를 채우려는 성질이 있는 물질의 상태

온도

따뜻함과 차가움의 정도 또는 그것을 나타내는 수치

압력

두 물체가 닿은 면을 경계로 하여 서로 그 면에 수직으로 누르는 힘의 크기

이산화 탄소

색깔과 냄새가 없고 다른 물질이 타는 것을 막는 성질이 있는 기체로, 기후 변화의 원인이 되기도 함.

1 기체에 무게가 있는지 알아보기

탐구 팩트 공기 주입 마개와 감압 용기는 어떤 역할을 할까?

공기 주입 마개를 누르면 연결된 용기 안으로 공기가 들어가고, 감압 용기의 펌프를 당기면 용기 안에 들어 있던 공기가 용기 밖으로 빠져나가.

➕ **전자저울 사용 방법**

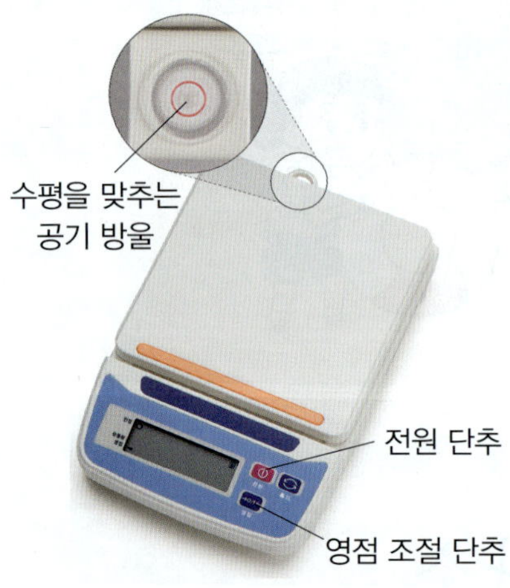

수평을 맞추는 공기 방울

전원 단추

영점 조절 단추

① 전자저울을 평평한 곳에 놓고, 저울의 수평을 맞추는 공기 방울이 빨간색 원 안의 한가운데에 오도록 합니다.
② 전원 단추를 눌러 전자저울을 작동시킨 후, 영점 조절 단추를 눌러 영점을 맞춥니다.
③ 물체를 전자저울 위에 올려놓고 물체의 무게를 측정합니다.

교과서 대표 탐구

***공기를 넣거나 뺄 때의 무게 변화 관찰하기**

활동 1. 공기를 넣을 때의 무게 변화 관찰하기

| 과정 |

❶ *공기 주입 마개를 끼운 페트병의 공기를 넣기 전 무게와 공기 주입 마개를 여러 번 눌러 공기를 넣은 뒤 페트병의 무게를 각각 전자저울로 측정해 봅니다. ➕
❷ 공기를 더 넣기 전과 넣은 후에 측정한 페트병의 무게를 비교해 봅니다.

▲ 공기 주입 마개

| 결과 |

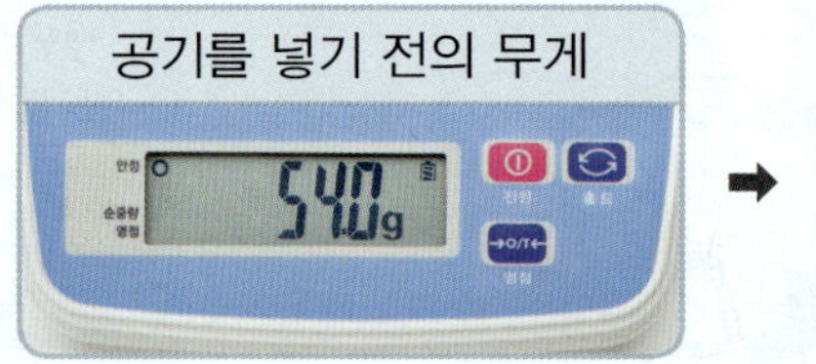

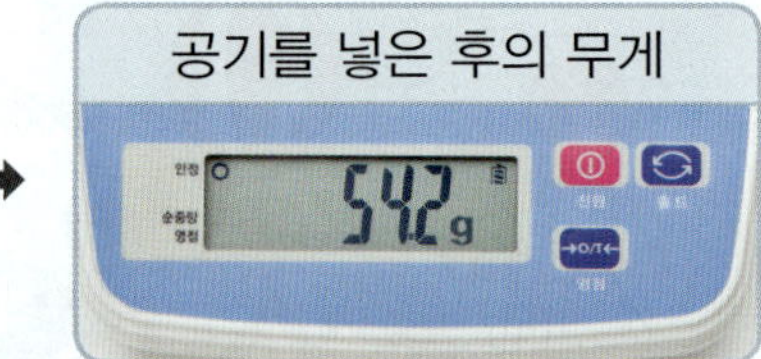

· 공기 주입 마개를 여러 번 누른 뒤 페트병의 무게가 늘어났습니다.
· 공기를 더 넣은 뒤 페트병이 더 무거워졌습니다.

활동 2. 공기를 뺄 때의 무게 변화 관찰하기

| 과정 |

❶ 공기를 빼기 전 *감압 용기의 무게와 펌프를 여러 번 당겨 용기 안의 공기를 빼낸 뒤 감압 용기의 무게를 각각 전자저울로 측정해 봅니다.
❷ 공기를 빼기 전과 뺀 후에 측정한 감압 용기의 무게를 비교해 봅니다.

▲ 감압 용기와 펌프

| 결과 |

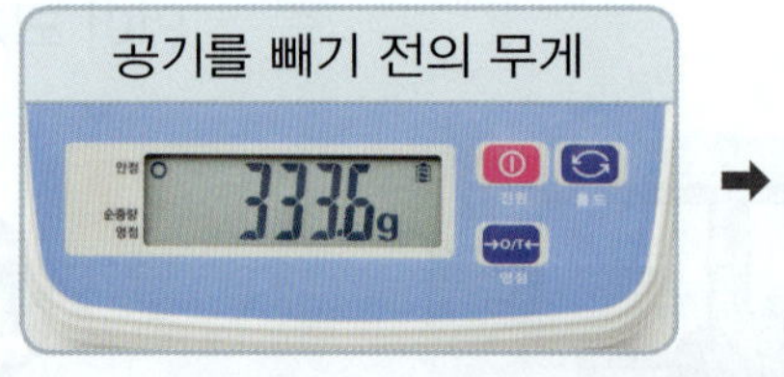

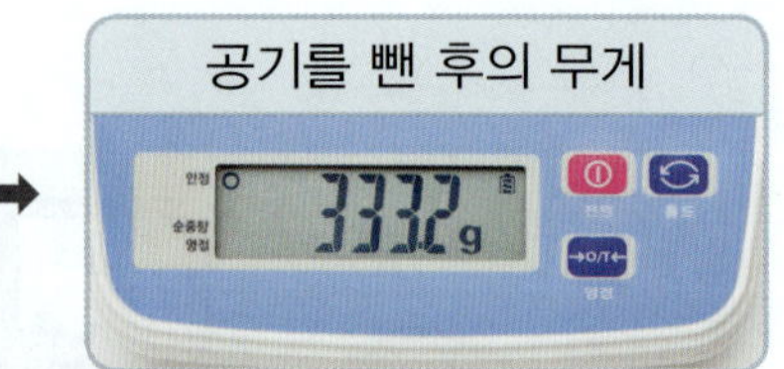

· 펌프를 여러 번 당긴 뒤 감압 용기의 무게가 줄어들었습니다.
· 공기를 뺀 뒤 감압 용기가 더 가벼워졌습니다.

정리

부피가 같은 용기에 공기를 더 넣으면 무게가 늘어나고, 용기에서 공기를 빼면 무게가 줄어듭니다.

2 기체의 무게

① 용기에 공기를 넣으면 용기의 무게가 늘어납니다.

② 용기에서 공기를 빼면 용기의 무게가 줄어듭니다.

③ 공기와 같이 눈에 보이지 않는 기체도 무게가 있습니다. ➕

3 우리 주변 기체의 무게 ➕

① 쭈그러든 고무보트에 공기를 가득 넣어 고무보트가 팽팽해지면 공기를 넣기 전보다 무거워집니다.

② 찌그러진 축구공에 공기를 넣어 팽팽해진 축구공은 공기를 넣기 전보다 무겁습니다.

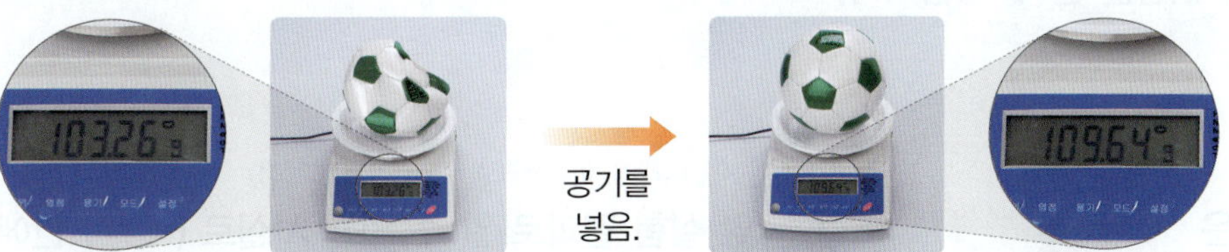

③ ＊잠수부가 사용하고 난 뒤 공기통의 무게가 사용하기 전보다 가볍습니다.

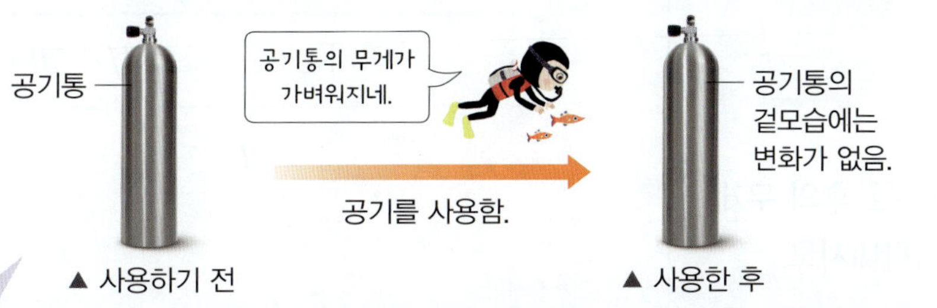

모양과 크기가 똑같은 두 개의 공기통에 들어 있는 공기의 양을 비교할 때, 각 공기통의 무게를 측정하면 공기가 더 많이 들어 있는 공기통을 알 수 있음.

➕ **교실 안 공기의 무게**

우리가 공부하는 교실 안에 있는 공기의 무게는 약 200 kg입니다. 이는 4학년 학생 다섯 명의 무게와 비슷합니다.

➕ **바람이 빠진 자전거＊타이어에 공기를 넣었을 때**

바람이 빠진 자전거 타이어에 공기를 넣으면 자전거 타이어 안의 공기가 더 많아지므로 타이어가 더 무거워집니다.

용어 사전

★ **잠수부** 물속으로 들어가 작업하는 것을 전문으로 하는 사람.

★ **타이어** 자동차 등의 바퀴 바깥 둘레에 끼워져 있는 고무.

핵심만 한번 더 쓰면서 정리!

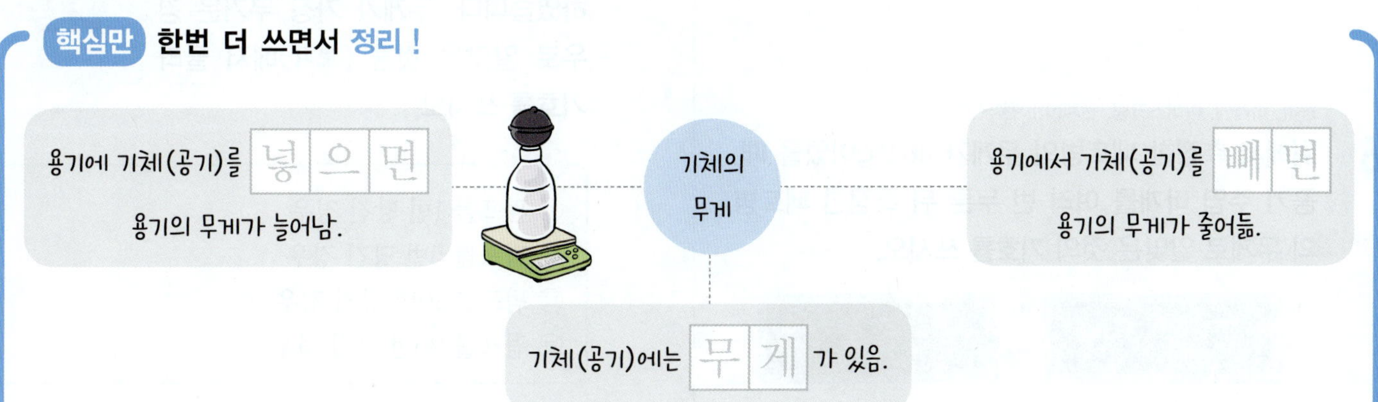

1 페트병 입구에 공기 주입 마개를 끼운 뒤 공기 주입 마개를 누르면, 페트병 안에 (　　　)이/가 들어갑니다.

2 페트병 안에 공기를 더 넣으면 페트병의 무게가 (늘어납니다 , 줄어듭니다).

3 감압 용기의 펌프를 이용해 용기 안의 공기를 빼내면 용기의 무게는 어떻게 됩니까?

4 부피가 같은 용기에 공기를 더 넣으면 무거워지고, 공기를 빼면 가벼워지는 것을 통해 공기와 같은 기체도 (　　　)이/가 있음을 알 수 있습니다.

|5~7| 다음은 공기 주입 마개를 끼운 페트병의 무게를 전자저울로 측정하는 모습입니다. 물음에 답하시오.

동아, 미래엔, 아이스크림, 천재(이), 천재(정)

5 위 공기 주입 마개를 누르기 전과 누른 후의 무게를 비교하여 ◯ 안에 >, =, <로 나타내시오.

| 공기 주입 마개를 누르기 전의 무게 | ◯ | 공기 주입 마개를 누른 후의 무게 |

동아, 미래엔, 아이스크림, 천재(이), 천재(정)

6 위에서 측정한 페트병의 무게가 46.9 g이었을 때, 공기 주입 마개를 여러 번 누른 뒤 측정한 페트병의 무게로 알맞은 것의 기호를 쓰시오.

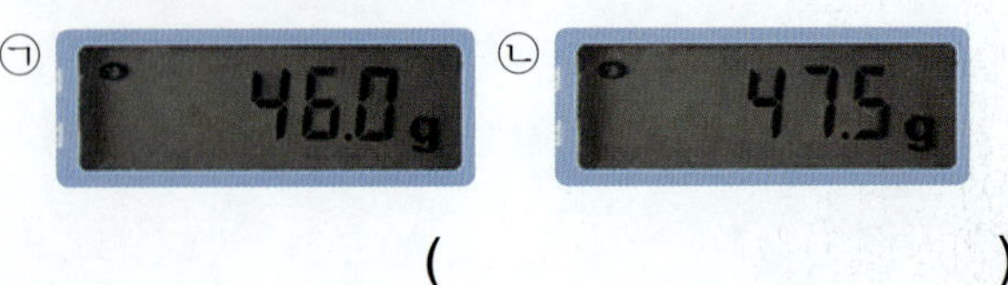

(　　　　　　　　　)

동아, 미래엔, 아이스크림, 천재(이), 천재(정)

7 앞 실험 결과로 알 수 있는 사실로 (　　　) 안에 들어갈 알맞은 말을 쓰시오.

| 공기는 (　　　　)이/가 있다. |

(　　　　　　　　　)

■ 7종 공통

8 감압 용기의 펌프를 당겨 용기 안의 공기를 빼낸 뒤, 용기의 무게를 측정하였습니다. 무게가 가장 무거운 경우로 알맞은 것을 (보기)에서 골라 기호를 쓰시오.

(보기)

㉠ 펌프를 1번 당긴 경우
㉡ 펌프를 5번 당긴 경우
㉢ 펌프를 10번 당긴 경우
㉣ 펌프를 20번 당긴 경우

(　　　　　　　　　)

📖 7종 공통

9 앞 **8**번 실험을 통해 알 수 있는 사실로 옳은 것은 어느 것입니까? (   )

① 공기는 색깔이 있다.
② 공기는 무게가 있다.
③ 공기는 무게가 없다.
④ 공기는 눈에 보인다.
⑤ 공기는 모양이 일정하다.

📖 7종 공통

10 공기에 대한 설명으로 옳은 것에 ○표 하시오.

⑴ 공기는 눈에 보이지 않지만 무게가 있다.
(   )

⑵ 우리가 공부하는 교실 안에 있는 공기의 무게는 약 1 kg 정도이다. (   )

⑶ 공기가 들어 있는 용기에서 공기를 빼내어도 용기의 무게는 변하지 않는다. (   )

디지털 문해력 **📖 7종 공통**

11 다음 대화를 읽고, 기체의 무게를 느낄 수 있는 경우에 대해 **잘못** 말한 사람의 이름을 쓰시오.

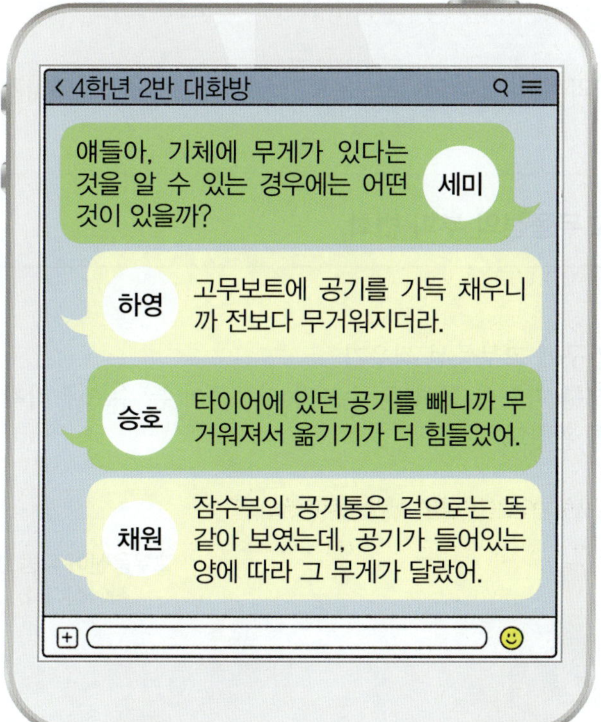

(   )

동아, 비상, 천재(이)

12 쭈그러든 고무보트보다 공기를 가득 채워 팽팽해진 고무보트를 옮기는 것이 더 어려운 까닭으로 (   ) 안에 들어갈 알맞은 말을 〔보기〕에서 각각 골라 쓰시오.

> 공기는 (㉠   )이/가 있기 때문에 공기를 많이 넣을수록 고무보트의 무게가 (㉡   ) 때문이다.

〔보기〕
모양, 무게, 색깔, 늘어나기, 줄어들기

㉠ (   ), ㉡ (   )

서술형 **동아, 비상, 지학사, 천재(정)**

13 똑같은 두 개의 축구공 중 ㉠은 공기가 빠졌고 ㉡은 공기가 가득 차 있습니다. ㉠과 ㉡ 중 더 가벼운 축구공을 골라 기호를 쓰고, 그렇게 생각한 까닭을 쓰시오.

⑴ 더 가벼운 축구공: (   )

⑵ 그렇게 생각한 까닭: ____________________

____

도움말 축구공 안에 든 공기의 양은 어떻게 다를지 생각해요.

학습 결과에 색칠하세요.   

1 온도에 따른 기체의 부피 변화

(1) 온도 변화에 따른 *포일 풍선의 부피 변화 ✚

탐구 팩트 머리 말리개의 바람이 포일 풍선 안으로 들어가서 풍선이 커진 것은 아닐까?

> 풍선의 입구를 닫고 실험했기 때문에 풍선 안으로 머리 말리개의 바람이 들어갈 수 없어. 머리 말리개의 따뜻한 바람으로 인해 포일 풍선의 온도가 높아지면서 풍선 속 기체의 부피가 늘어나 풍선이 부풀어 오른 거야.

교과서 대표 탐구

실험동영상

온도에 따른 기체의 부피 변화 관찰하기

| 과정 |

❶ 공기를 넣고 입구를 잘 닫은 포일 풍선을 *수조에 넣고 머리 말리개로 따뜻한 바람을 쏘이면서 풍선의 변화를 관찰해 봅니다.

❷ 과정 ❶의 포일 풍선을 얼음이 담긴 수조에 넣고 변화를 관찰해 봅니다.

| 결과 |

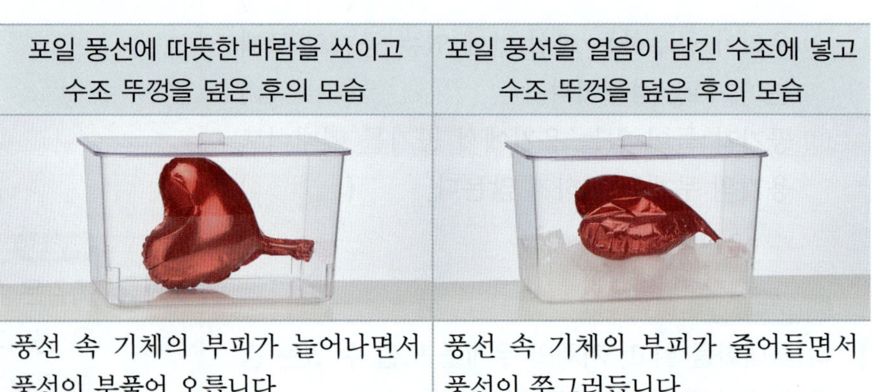

포일 풍선에 따뜻한 바람을 쏘이고 수조 뚜껑을 덮은 후의 모습	포일 풍선을 얼음이 담긴 수조에 넣고 수조 뚜껑을 덮은 후의 모습
풍선 속 기체의 부피가 늘어나면서 풍선이 부풀어 오릅니다.	풍선 속 기체의 부피가 줄어들면서 풍선이 쭈그러듭니다.

정리

온도가 높아지면 기체의 부피가 늘어나고, 온도가 낮아지면 기체의 부피가 줄어듭니다.

✚ 온도 변화에 따른 풍선의 부피 변화

▲ 추운 바깥에 있는 풍선   ▲ 따뜻한 실내로 가져온 풍선

- 추운 겨울날 풍선을 바깥에 두면 풍선 안 기체의 온도가 낮아져 풍선의 부피가 줄어듭니다.
- 따뜻한 실내로 풍선을 가져오면 풍선 안 기체의 온도가 높아져 풍선의 부피가 다시 늘어납니다.

(2) 온도 변화에 따른 고무풍선의 부피 변화

과정

❶ *삼각 플라스크의 입구에 고무풍선 씌우기

❷ ❶의 삼각 플라스크를 따뜻한 물이 든 수조와 얼음물이 든 수조에 각각 넣고 고무풍선의 변화 관찰하기

결과

▲ 따뜻한 물에 넣었을 때

▲ 얼음물에 넣었을 때

용어 사전

★ **포일** 금, 알루미늄 같은 금속을 종이같이 얇게 편 것.

★ **수조** 물을 담아 두는 큰 통.

★ **삼각 플라스크** 바닥이 넓고 편평하며, 목이 좁은 원뿔 모양의 실험용 유리 기구.

(3) 온도 변화에 따른 물방울의 위치 변화 ➕

과정
❶ 색소를 탄 물에 *스포이트를 넣고 살짝 눌렀다가 놓아 스포이트관 가운데에 물방울이 오도록 하기
❷ 물방울이 든 스포이트를 거꾸로 들고 둥근 부분을 뜨거운 물과 얼음물에 각각 넣었을 때 물방울의 위치 관찰하기

결과

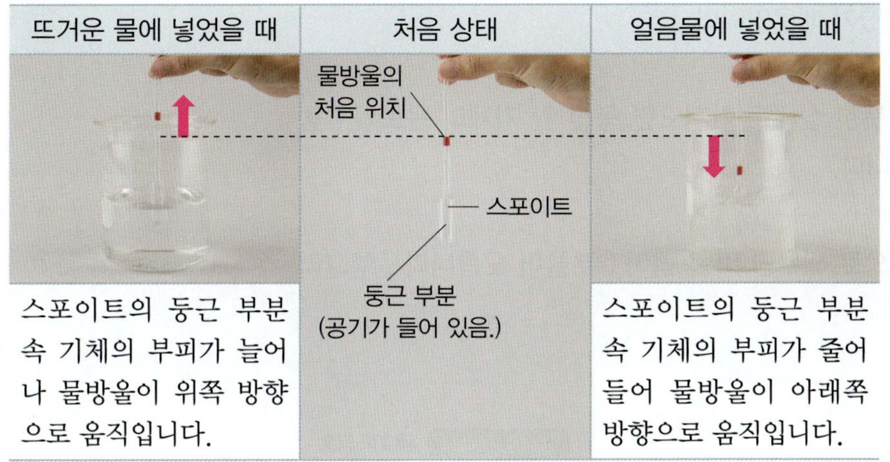

뜨거운 물에 넣었을 때	처음 상태	얼음물에 넣었을 때
스포이트의 둥근 부분 속 기체의 부피가 늘어나 물방울이 위쪽 방향으로 움직입니다.	물방울의 처음 위치 / 스포이트 / 둥근 부분(공기가 들어 있음.)	스포이트의 둥근 부분 속 기체의 부피가 줄어들어 물방울이 아래쪽 방향으로 움직입니다.

2 온도에 따라 기체의 부피가 달라지는 예 ➕

찌그러진 탁구공을 뜨거운 물에 넣으면 탁구공 안 온도가 높아져 기체의 부피가 늘어나기 때문에 찌그러진 탁구공이 다시 펴짐.

물이 조금 남은 페트병의 뚜껑을 닫아 냉장고에 넣은 뒤, 시간이 지나면 온도가 낮아지면서 페트병 속 기체의 부피가 줄어들기 때문에 페트병이 찌그러짐.

➕ 물의 온도에 따른 비누막의 변화

• 시험관을 따뜻한 물에 넣으면 시험관 속 기체의 온도가 높아져 부피가 늘어나므로 비누막이 부풀어 오릅니다.
• 시험관을 얼음물에 넣으면 시험관 속 기체의 온도가 낮아져 부피가 줄어들므로 비누막이 밑으로 내려갑니다.

➕ 온도 변화에 따라 기체의 부피가 변하는 예

• 뜨거운 모래사장 위에 비치 볼을 놓아두면 부풀어 오릅니다.
• 더운 여름날 과자 봉지를 햇빛이 비치는 곳에 오랫동안 놓아두면 과자 봉지가 부풀어 오릅니다.
• 열기구의 입구를 *가열하면 열기구가 부풀어 오릅니다.
• 뜨거운 음식이 담긴 그릇을 비닐 랩으로 씌우면 비닐 랩이 부풀어 오릅니다.

용어 사전

★ **스포이트** 잉크, 물약 등의 액체를 옮겨 넣을 때 사용하는, 위쪽에 고무 주머니가 달린 유리관.
★ **가열** 어떤 물질에 열을 가함.

핵심만 한번 더 쓰면서 정리 !

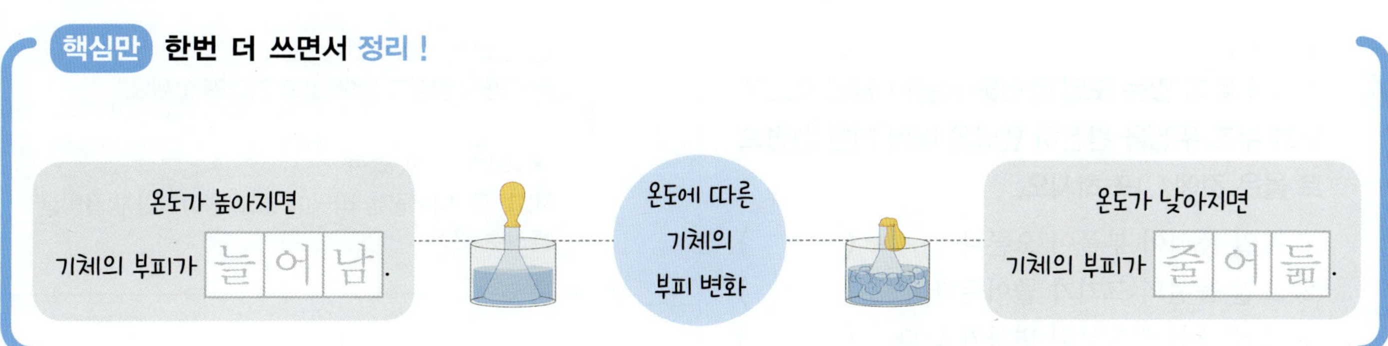

문제 학습

1 온도가 낮아지면 기체의 부피는 어떻게 변합니까?

2 열기구의 입구를 가열하면 열기구가 부풀어 오르는 까닭은 열기구 속 기체의 온도가 높아지면서 기체의 (　　　)이/가 커졌기 때문입니다.

3 추운 겨울날 바깥에 있던 풍선을 따뜻한 실내로 가져오면 풍선 안 기체의 온도가 (높아져 , 낮아져) 풍선의 크기가 커집니다.

4 뜨거운 음식이 담긴 그릇을 비닐 랩으로 씌우면 비닐 랩이 (부풀어 오릅니다 , 쭈그러듭니다).

7종 공통

5 포일 풍선에 따뜻한 바람을 쏘이고 수조 뚜껑을 완전히 덮었을 때 포일 풍선이 부풀어 오르는 까닭을 설명한 것으로 (　　) 안에 들어갈 알맞은 말을 각각 쓰시오.

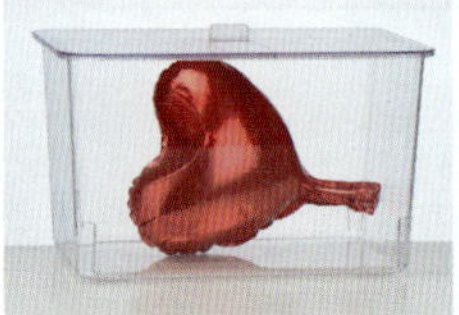

> 포일 풍선에 따뜻한 바람을 쏘이면 풍선 안 기체의 온도가 (　㉠　), 풍선 안 기체의 부피가 (　㉡　) 때문이다.

㉠ (　　　　　　　　), ㉡ (　　　　　　　　)

7종 공통

6 공기가 들어 있는 포일 풍선을 얼음이 담긴 수조에 넣고 수조 뚜껑을 완전히 덮었을 때에 대한 설명으로 옳은 것에 ○표 하시오.

(1) 포일 풍선이 부풀어 오른다. (　　　　)

(2) 포일 풍선의 크기가 줄어든다. (　　　　)

(3) 포일 풍선에 아무런 변화가 없다. (　　　　)

디지털 문해력　7종 공통

7 다음은 인터넷 질문 게시판 화면입니다. 질문에 옳은 답변을 한 사람을 골라 기호를 쓰시오.

> **Q.** 탁구 경기를 하다가 공이 찌그러졌어요. 찌그러진 탁구공을 펴려면 어떻게 해야 할까요?
>
> 
>
> 3개 답변
>
> ㉠ '아프지망고'님의 답변
> 탁구공을 얼음 속에 묻히게 두면 원래대로 돌아올 거예요.
>
> ㉡ '자두자두졸려'님의 답변
> 뜨거운 물에 찌그러진 탁구공을 넣어보세요. 손 데이지 않도록 조심하시고요.
>
> ㉢ '빵터짐'님의 답변
> 탁구공을 냉장고 안에 넣고 기다려 보세요.
>
> ㉣ '속았다'님의 답변
> 찌그러진 탁구공을 바닥에 놓고 팽이처럼 빙글빙글 돌려보세요.

(　　　　　　　　　　　　　　)

| 8~10 | 다음과 같이 삼각 플라스크 입구에 고무풍선을 씌운 뒤 따뜻한 물과 얼음물에 각각 넣어보는 실험을 했습니다. 물음에 답하시오.

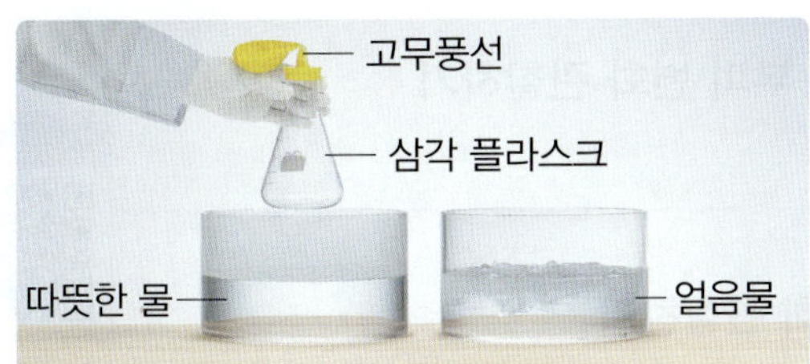

미래엔, 비상, 아이스크림, 지학사, 천재(정)

8 위 실험 결과, 고무풍선의 크기가 더 큰 경우로 알맞은 것의 기호를 쓰시오.

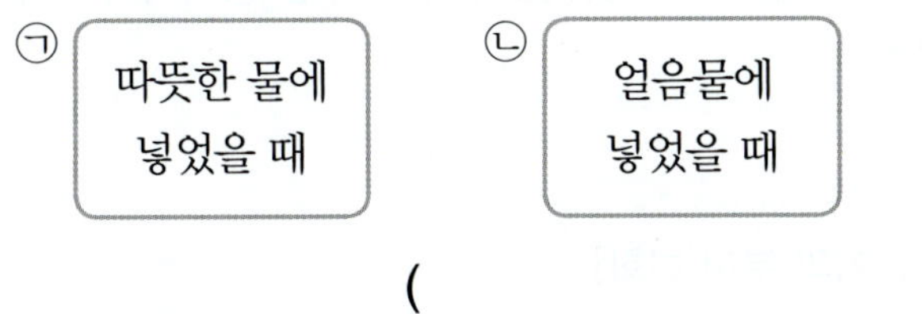

( )

미래엔, 비상, 아이스크림, 지학사, 천재(정)

9 위 실험에서 고무풍선을 씌운 삼각 플라스크를 얼음물에 넣었을 때와 관련 있는 경우로 옳은 것에 ○표 하시오.

(1) 뜨거운 모래사장 위에 놓아둔 비치 볼이 부풀어 오른다. ( )

(2) 뜨거운 음식이 담긴 그릇을 비닐 랩으로 씌우면 비닐 랩이 부풀어 오른다. ( )

(3) 물이 조금 담긴 페트병을 냉장고에 넣은 뒤 시간이 지나면 페트병이 찌그러진다. ( )

서술형 미래엔, 비상, 아이스크림, 지학사, 천재(정)

10 위 실험 결과를 통해 알 수 있는 온도 변화와 기체의 부피 사이의 관계를 쓰시오.

____

____

____

도움말 온도 변화에 따라 변하는 풍선의 크기와 연관지어 생각해 보세요.

동아, 미래엔

11 시험관의 입구에 비누막을 만든 뒤, 이 시험관을 따뜻한 물과 얼음물에 각각 넣으면서 비누막의 변화를 관찰했습니다. 이때 나타나는 현상으로 옳은 것을 (보기)에서 골라 기호를 쓰시오.

(보기)

㉠ 뜨거운 물과 얼음물에서 모두 변화가 없다.

㉡ 뜨거운 물에서는 비누막이 부풀어 오르고, 얼음물에서는 비누막이 내려간다.

㉢ 뜨거운 물에서는 비누막이 내려가고, 얼음물에서는 비누막이 부풀어 오른다.

( )

동아, 아이스크림, 천재(이)

12 물방울이 든 스포이트의 둥근 부분을 뜨거운 물에 넣었을 때의 결과로 ㉠, ㉡에 들어갈 알맞은 말을 각각 골라 ○표 하시오.

뜨거운 물에 넣은 스포이트 속의 물방울은 뜨거운 물에 넣지 않았을 때보다 ㉠(위쪽 , 아래쪽) 방향으로 움직인다. 온도가 높아지면서 스포이트 안에 든 공기의 부피가 ㉡(늘어났기 , 변하지 않기 , 줄어들었기) 때문이다.

▣ 7종 공통

13 다음 ( ) 안에 들어갈 알맞은 말을 쓰시오.

따뜻한 차가 든 컵을 비닐 랩으로 씌워 냉장고에 넣어 두면 비닐 랩이 오목하게 들어간다. 이것은 컵 안 기체의 ( )이/가 변하면서 부피가 달라졌기 때문에 볼 수 있는 현상이다.

( )

학습 결과에 색칠하세요. 

3회

압력에 따른 기체의 부피 변화

➕ 피스톤을 누르고 당기는 활동과 압력의 관계
- 주사기 마개로 입구를 막은 주사기의 피스톤을 누르면 주사기 안 기체에 가해지는 압력이 높아집니다.
- 주사기 마개로 입구를 막은 주사기의 피스톤을 당기면 주사기 안 기체에 가해지는 압력이 낮아집니다.

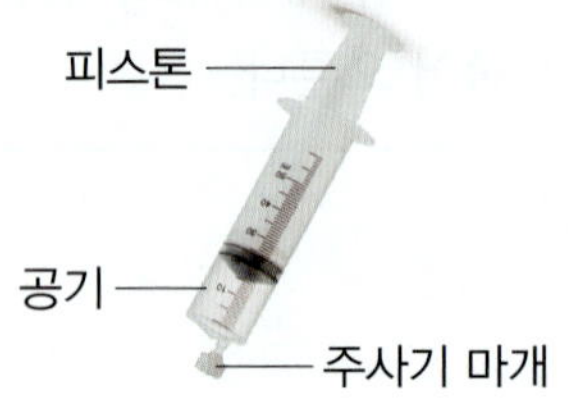

1 ✱압력에 따른 기체의 부피 변화

(1) 주사기를 이용하여 기체의 부피 변화 관찰하기 ➕

실험동영상

교과서 대표 탐구

압력에 따른 기체의 부피 변화 관찰하기

| 과정 |
- ❶ 2개의 주사기에 각각 공기 30 mL와 공기가 든 작은 고무풍선을 넣고 입구를 주사기 마개로 막습니다. → 주사기 마개가 없다면 손가락으로 주사기 끝을 막거나 고무마개를 사용할 수 있어요.
- ❷ 2개의 주사기 ✱피스톤을 눌렀을 때와 당겼을 때 주사기 안 공기의 부피 변화를 각각 관찰해 봅니다.

| 결과 |

[압력에 따른 주사기 안 공기의 부피 변화]

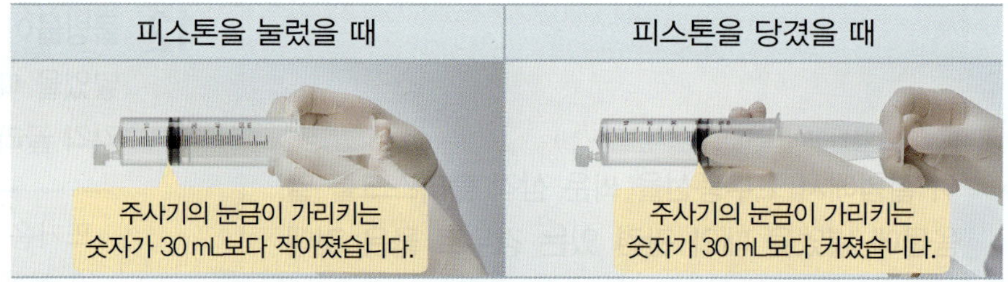

- 주사기의 피스톤을 눌렀을 때, 주사기 안 공기의 부피가 줄어들었습니다.
- 주사기의 피스톤을 당겼을 때, 주사기 안 공기의 부피가 늘어났습니다.

[압력에 따른 주사기 안 풍선의 부피 변화]

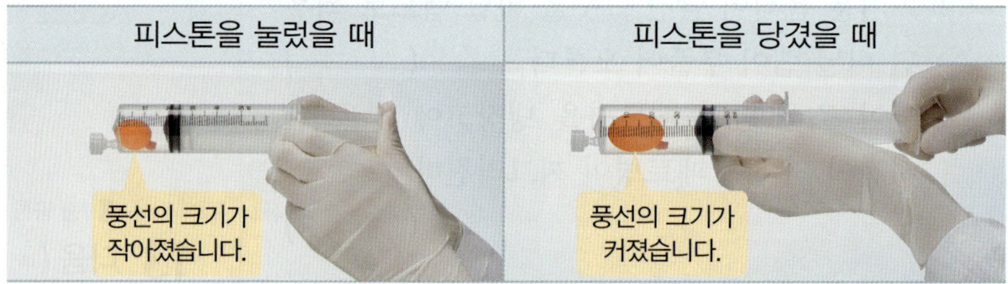

- 주사기의 피스톤을 눌렀을 때, 풍선의 부피가 줄어들었습니다.
- 주사기의 피스톤을 당겼을 때, 풍선의 부피가 늘어났습니다.

정리
- 기체에 미치는 압력이 높아지면 기체의 부피는 줄어듭니다.
- 기체에 미치는 압력이 낮아지면 기체의 부피는 늘어납니다.

탐구 팩트 주사기 안 기체의 압력과 고무풍선의 크기는 어떤 관계일까?

피스톤을 눌렀을 때 주사기 안 기체에 가해지는 압력이 높아지면 고무풍선을 누르는 힘이 커지므로 고무풍선의 크기가 작아지고, 피스톤을 당겼을 때 주사기 기체에 가해지는 압력이 낮아지면 고무풍선을 누르는 힘이 작아져서 고무풍선의 크기가 커져.

① 기체는 압력에 따라 부피가 변합니다.
② 기체에 가하는 압력이 높아지면 기체의 부피는 줄어들고, 압력이 낮아지면 기체의 부피는 늘어납니다.

용어 사전
- ✱ **압력** 일정한 넓이에 수직으로 누르는 힘.
- ✱ **피스톤** 주사기에서 위아래로 움직이는 원통 모양으로 된 부품.

(2) 감압 용기를 이용하여 기체의 부피 변화 관찰하기

과정

❶ 공기를 넣은 고무풍선을 감압 용기에 넣은 뒤 펌프로 공기를 빼내면서 고무 풍선에서 일어나는 변화 관찰하기 → 감압 용기 속 공기를 빼내면 공기의 양이 줄어들므로 풍선에 가해지는 압력이 낮아져요.

❷ 감압 용기의 단추를 열어 감압 용기에 공기를 넣으면서 고무풍선에서 일어 나는 변화 관찰하기 → 용기에 공기를 넣으면 풍선에 가해지는 압력이 높아져요.

결과

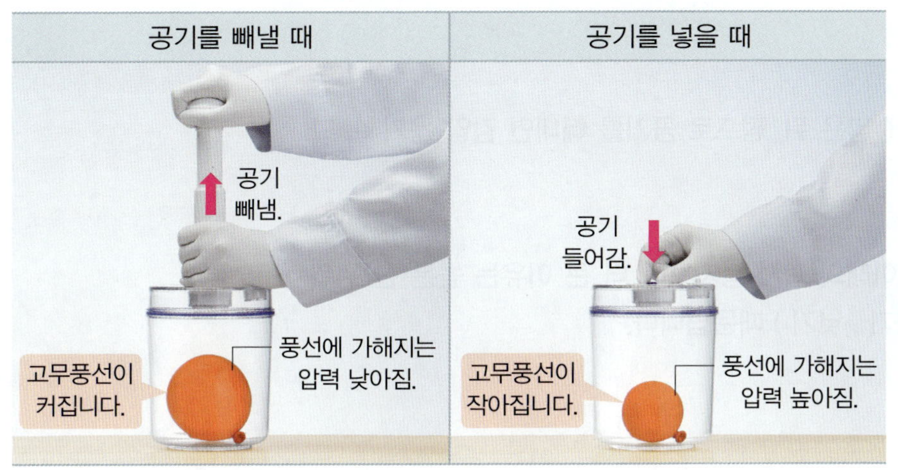

2 압력에 따라 기체의 부피가 달라지는 예 ➕

높은 산 위는 산 아래보다 과자 봉지에 가해지는 압력이 낮아 과자 봉지의 크기가 더 커짐.

운동화 바닥의 공기 주머니는 발이 땅에 닿을 때 가해지는 압력에 의해 부피가 줄어듦. ➕

➕ **압력 변화에 따라 기체의 부피가 변하는 예**

- 공기가 든 공을 힘주어 누르면 공의 부피가 줄어듭니다.
- 고무풍선이 하늘로 올라가면 점점 커지다가 터집니다.
- 발로 세게 찬 축구공이 찌그러집니다.
- 펌프식 용기의 *꼭지를 누르면 용기 속 액체가 밀려 나옵니다.

➕ **압력에 따른 호핑볼의 부피 변화**

- 호핑볼 위에 사람이 앉으면 호핑볼 속 공기에 미치는 압력이 높아지면서 호핑볼의 부피가 줄어듭니다.
- 호핑볼을 타고 위로 뛰어오르는 순간 에는 호핑볼 속 공기에 미치는 압력이 낮아지면서 호핑볼의 부피가 늘어납니다.

▲ 호핑볼 위에 앉았을 때   ▲ 호핑볼을 타고 뛰어 올랐을 때

용어 사전

★ **꼭지** 그릇의 뚜껑이나 기구 등에 붙은 볼록한 손잡이.

핵심만 한번 더 쓰면서 정리 !

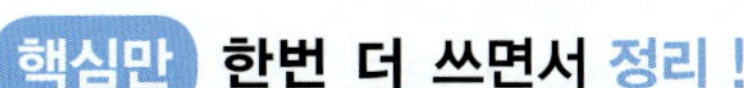

기체에 가하는 압력이 높아지면 기체의 부피는 | 줄 | 어 | 듦 |.

압력에 따른 기체의 부피 변화

기체에 가하는 압력이 낮아지면 기체의 부피는 | 늘 | 어 | 남 |.

핵심 체크

1 기체에 가하는 압력이 낮아지면 기체의 부피는 어떻게 변합니까?

2 공기를 넣은 주사기의 입구를 막고, 피스톤을 누르면 주사기 속 공기의 부피는 (늘어납니다 , 줄어듭니다).

3 공기를 넣은 고무풍선을 감압 용기에 넣은 뒤, 펌프로 공기를 빼내면 감압 용기 속 고무풍선의 부피는 (   ).

4 높은 산 위의 과자 봉지 크기가 산 아래의 과자 봉지보다 더 큰 이유는 높은 산 위의 압력이 산 아래에서의 압력보다 (높기 , 낮기) 때문입니다.

📖 7종 공통

5 다음 (   ) 안에 공통으로 들어갈 알맞은 말을 쓰시오.

> • 기체는 (   )에 따라 부피가 달라진다.
> • 기체에 가하는 (   )이/가 높아지면 기체의 부피가 줄어들고, (   )이/가 낮아지면 기체의 부피가 늘어난다.

(   )

동아, 미래엔, 비상, 지학사, 천재(이), 천재(정)

6 입구를 막은 주사기 안에 공기가 든 고무풍선을 넣고 피스톤을 눌렀을 때와 당겼을 때, 풍선의 부피 변화로 알맞은 것끼리 선으로 이으시오.

(1) | 피스톤을 눌렀을 때 | • | • ㉠ | 풍선의 부피가 줄어든다.

(2) | 피스톤을 당겼을 때 | • | • ㉡ | 풍선의 부피가 늘어난다.

|7~8| 주사기 안에 공기를 넣고 주사기 마개로 입구를 막은 뒤, 주사기의 피스톤을 누르는 실험을 하였습니다. 물음에 답하시오.

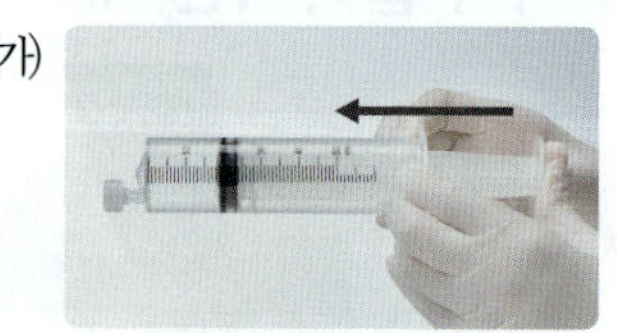

▲ 피스톤을 눌렀을 때   ▲ 피스톤을 당겼을 때

동아, 미래엔, 비상, 지학사, 천재(이), 천재(정)

7 위의 두 주사기 중에서 주사기 안 공기의 압력이 높아진 것의 기호를 쓰시오.

(   )

동아, 미래엔, 비상, 지학사, 천재(이), 천재(정)

8 위 실험에 대한 설명으로 옳은 것은 어느 것입니까? (   )

① (가)에서 피스톤은 움직이지 않는다.
② (나)에서 피스톤은 움직이지 않는다.
③ (가)의 주사기 안 공기의 부피가 줄어든다.
④ (나)의 주사기 안 공기의 부피가 줄어든다.
⑤ (나)의 주사기 안 공기의 압력이 높아진다.

| 9~10 | 오른쪽과 같이 공기를 넣은 고무풍선을 감압 용기에 넣은 뒤, 감압 용기 속 공기를 빼내거나 공기를 넣는 실험을 하였습니다. 물음에 답하시오.

📖 7종 공통

9 위 실험에 관한 설명으로 옳은 것을 (보기)에서 골라 기호를 쓰시오.

(보기)
- ㉠ 펌프로 공기를 빼내면 고무풍선의 크기가 커진다.
- ㉡ 펌프로 공기를 빼내면 고무풍선에 작용하는 압력이 높아진다.
- ㉢ 펌프로 공기를 빼냈을 때의 고무풍선의 크기가 감압 용기의 단추를 열어 공기를 넣었을 때의 고무풍선의 크기보다 작다.

(   )

서술형 📖 7종 공통

10 위 실험 결과를 통해 알 수 있는 압력에 따른 기체의 부피 변화에 대해 쓰시오.

____

____

도움말 누르는 힘이 높아지거나 낮아지면 기체의 부피가 어떻게 변할지 생각해요.

📖 7종 공통

11 땅에서 하늘로 올라가는 고무풍선의 크기 변화에 대한 설명으로 옳은 것에 ◯표 하시오.

(1) 풍선이 점점 커진다.　　　　　　(   )

(2) 풍선이 점점 작아진다.　　　　　(   )

(3) 풍선의 크기는 변하지 않는다.　(   )

동아, 아이스크림, 지학사, 천재(이)

12 산 아래에서 높은 산 위로 과자 봉지를 가지고 올라가면 과자 봉지가 부풀어 오릅니다. 이와 같은 결과가 나타나는 까닭으로 (   ) 안에 들어갈 알맞은 말에 각각 ◯표 하시오.

과자 봉지를 누르는 기체의 ㉠ (압력 , 온도)이/가 산 아래에서보다 산 위에서 더 ㉡ (높기 , 낮기) 때문이다.

디지털 문해력 📖 7종 공통

13 다음 (보기)는 기체의 부피가 달라지는 예입니다. ㉠~㉢을 아래와 같은 분류 기준으로 분류했을 때 (1)과 (2)에 들어갈 알맞은 예를 (보기)에서 모두 골라 각각 기호를 쓰시오.

(보기)
- ㉠ 발로 세게 찬 축구공
- ㉡ 운동화 바닥의 공기 주머니
- ㉢ 비닐 랩으로 씌운 뜨거운 음식이 담긴 그릇

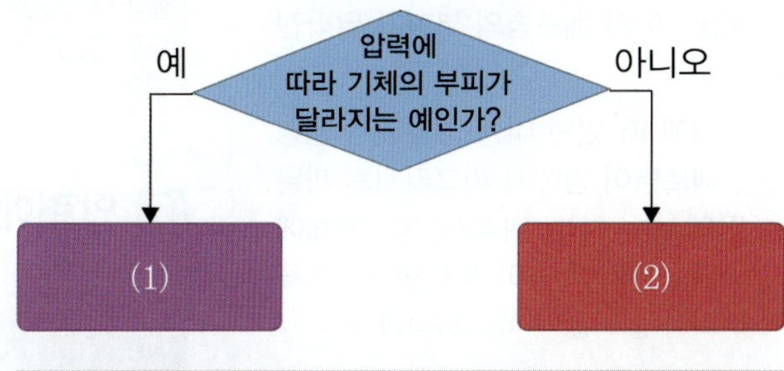

(1) '예'로 분류	(2) '아니오'로 분류

학습 결과에 색칠하세요. 

개념 학습

생활 속 기체의 부피 변화

+ **계절에 따라 다른 타이어에 넣는 공기의 양**

여름철에는 타이어에 공기를 조금 적게 넣습니다. 그 까닭은 여름철과 같이 *기온이 높은 계절에 타이어에 공기를 가득 넣은 채 뜨거운 도로를 달리면 높은 온도로 인해 타이어 속 공기의 부피가 늘어나서 타이어가 터질 수 있기 때문입니다.

+ **바닥이 움푹 들어간 그릇이 식탁에서 움직이는 까닭**

뜨거운 국을 그릇에 넣으면 그릇 전체가 따뜻해지고 움푹 들어간 부분의 공기의 부피가 늘어나면서 그릇을 살짝 들어 올립니다. 이때 공기가 빠져나가면서 그릇이 미끄러지듯 움직입니다.

+ **비행기에서 페트병의 부피가 달라진 까닭**

하늘 위에 떠 있는 비행기 안에서 팽팽했던 페트병이 땅에서 찌그러지는 까닭은 땅에서는 하늘 위에서보다 기체에 가해지는 압력이 높아 페트병 속 기체의 부피가 줄어들기 때문입니다.

용어 사전

* **수면** 물의 표면.
* **기온** 공기의 온도.

1 온도에 따라 기체의 부피가 변하는 예

추운 겨울철보다 더운 여름철에 자동차의 타이어가 더 팽팽해짐. +

여름철 햇빛이 비치는 곳에 둔 과자 봉지가 팽팽하게 부풀어 오름.

열기구에 열을 가하면 열기구의 공기 주머니가 크게 부풀어 오름.

과자 봉지를 얼음 위에 놓아두면 팽팽했던 과자 봉지가 납작해짐.

그릇이 서로 포개져서 빠지지 않을 때 바깥쪽 그릇을 뜨거운 물에 넣어두면 잘 빠짐.

냉장고에서 꺼낸 차가운 달걀을 곧바로 끓는 물에 넣어 삶으면 터짐.

뜨거운 국이 든 바닥이 움푹 들어간 그릇을 식탁에 올려놓으면 그릇이 미끄러지듯 움직임. +

냉장고에서 꺼낸 밀폐 용기의 뚜껑이 잘 열리지 않을 때 뚜껑에 뜨거운 물을 부으면 잘 열림.

차가운 빈 병 입구에 물을 조금 묻힌 동전을 올려놓고 따뜻한 두 손으로 감싸면 동전이 움직임.

2 압력에 따라 기체의 부피가 변하는 예

하늘 높이 올라간 비행기 안에서 마개를 막아 둔 페트병은 땅에 착륙하면 찌그러짐. +

잠수부가 내뿜은 공기 방울은 *수면으로 올라갈수록 커짐.

3 온도나 압력에 따라 기체의 부피가 달라지는 예 찾기

➕ **팽팽해진 비치 볼을 시원한 그늘로 옮기면 일어나는 변화**
- 비치 볼 안 공기의 온도가 낮아집니다.
- 온도가 낮아지면서 비치 볼 안에 들어 있는 공기의 부피가 줄어들어 비치 볼의 크기가 조금 작아집니다.

➕ **에어 매트의 부피 변화**
- 에어 매트를 몸으로 누르면 에어 매트에 가하는 압력이 높아지면서 에어 매트 안 기체의 부피가 줄어들므로 에어 매트가 납작해집니다.
- 에어 매트에서 일어서면 에어 매트에 가하는 압력이 낮아지면서 에어 매트 안 기체의 부피가 늘어나므로 에어 매트가 원래대로 부풀어 오릅니다.

용어 사전

✳ **에어 매트** 공기가 들어가 있어 푹신푹신한 느낌을 주는 매트.

3 단원 4회

핵심만 한번 더 쓰면서 정리 !

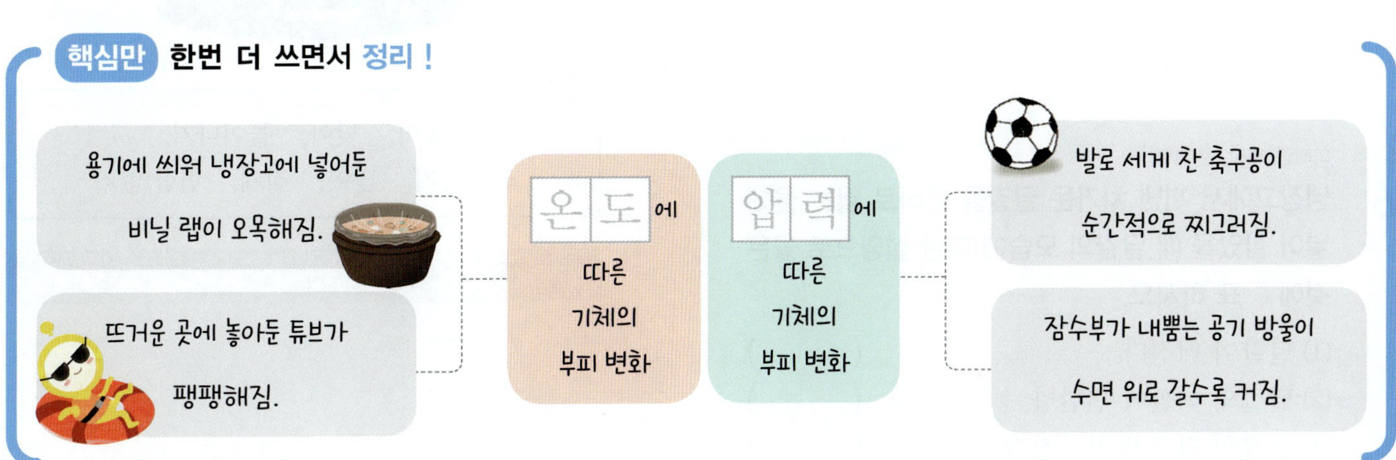

문제 학습

1 비치 볼을 (뜨거운 , 차가운) 곳에 놓아 두면 팽팽해집니다.

2 여름과 겨울 중 타이어에 공기를 조금 줄여서 넣어야 하는 계절로 알맞은 것은 언제입니까?

3 과자 봉지를 얼음 위에 놓아 두면 과자 봉지가 납작해지는 것은 (   )에 따라 기체의 부피가 변하는 예입니다.

4 잠수부가 내뿜은 공기 방울은 수면으로 올라갈수록 크기가 (커집니다 , 작아집니다).

동아, 아이스크림, 지학사, 천재(이)

5 온도에 따라 기체의 부피가 달라지는 예로 옳지 <u>않은</u> 것은 어느 것입니까? (   )

① 뜨거운 모래 위에서 팽팽해진 비치 볼
② 얼음 상자에 넣어 둔 납작해진 과자 봉지
③ 추운 겨울날 바깥에서 쭈그러든 포일 풍선
④ 공기 주입기로 공기를 가득 채운 고무풍선
⑤ 열을 가했을 때 커다랗게 부풀어 오르는 열기구

미래엔, 비상, 천재(정)

6 냉장고에서 꺼낸 차가운 달걀을 곧바로 끓는 물에 넣어 삶았을 때 달걀의 모습에 대한 설명으로 옳은 것에 ○표 하시오.

(1) 달걀이 터진다. (   )
(2) 달걀의 색깔이 변한다. (   )
(3) 달걀의 크기가 작아진다. (   )

디지털 문해력　📖 7종 공통

7 다음은 계절에 따라 타이어에 넣는 공기의 양에 대한 안내 방송입니다. 사회자의 설명으로 ㉠~㉢에 들어갈 알맞은 말을 (보기)에서 각각 골라 쓰시오.

(보기)

높아, 낮아, 늘어나기,
줄어들기, 많이, 적게, 변함 없기

㉠	㉡	㉢

동아, 아이스크림, 지학사, 천재(이)

8 하늘 위의 비행기에서 마개를 닫아 둔 페트병은 비행기가 착륙했을 때 어떤 모습인지 알맞은 것을 골라 기호를 쓰시오.

( )

| 9 ~ 10 | 다음은 잠수부가 내뿜는 공기 방울이 수면 쪽으로 올라갈수록 커지는 모습입니다. 물음에 답하시오.

📙 7종 공통

9 깊은 바닷속과 수면에서의 압력 크기를 비교하여 ○ 안에 >, =, <로 나타내시오.

깊은 바닷속 ○ 수면

서술형 📙 7종 공통

10 잠수부가 내뿜는 공기 방울이 수면 쪽으로 올라갈수록 커지는 까닭을 압력과 관련지어 쓰시오.

____

____

도움말 물속에서 잠수를 한 경험을 떠올려 보고, 깊이 잠수할수록 몸에 느껴지는 압력이 어땠는지 생각해 보세요.

📙 7종 공통

11 온도나 압력에 따라 기체의 부피가 달라지는 예와 부피가 달라지는 까닭으로 알맞은 것끼리 선으로 이으시오.

(1) 세게 찼더니 순간적으로 찌그러진 축구공 • • ㉠ 온도

(2) 여름철 햇빛 아래에 두었더니 팽팽해진 튜브 • • ㉡ 압력

📙 7종 공통

12 기체의 부피가 달라지는 까닭이 나머지와 <u>다른</u> 하나를 (보기)에서 골라 기호를 쓰시오.

(보기)
㉠ 찌그러진 탁구공을 뜨거운 물에 넣으면 펴진다.
㉡ 에어 매트를 몸으로 누르면 에어 매트가 납작해진다.
㉢ 물이 조금 남은 페트병의 마개를 닫아 냉장고에 넣어 두면 페트병이 찌그러진다.

( )

동아, 아이스크림, 지학사, 천재(이)

13 온도에 따른 기체의 부피 변화와 관련된 예에는 '온'을, 압력에 따른 기체의 부피 변화와 관련된 예에는 '압'을 쓰시오.

⑴ 고무풍선이 하늘로 올라갈수록 점점 커지다가 터진다. ( )

⑵ 비닐 랩을 씌운 용기를 냉장고에 넣어 두면 비닐 랩이 오목해진다. ( )

⑶ 두 개의 그릇이 서로 포개져서 잘 빠지지 않을 때 바깥쪽 그릇을 뜨거운 물에 넣어두면 잘 빠진다. ( )

학습 결과에 색칠하세요.   

개념 학습

일상생활에서 이용되는 기체

➕ 과일의 자른 면을 갈색으로 변하게 하는 산소

산소는 사과나 배와 같은 과일의 자른 면을 갈색으로 변하게 하는 성질이 있습니다. 따라서 껍질을 깎아 놓은 과일은 최대한 산소와 닿지 않도록 용기에 담아 보관하는 것이 좋습니다.

➕ 국회의사당 지붕의 색 변화

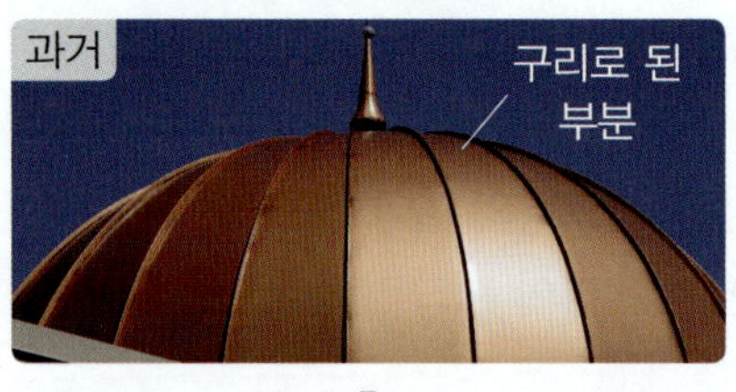
과거 / 구리로 된 부분

↓

현재 / 녹청색으로 변함.

구리는 산소와 반응하면 붉은색에서 검은색이 되고, 여기서 이산화 탄소와 한 번 더 반응하면 녹청색의 탄산 구리가 됩니다.

용어 사전

★ **용접** 두 개의 금속·유리·플라스틱 등을 녹이거나 반쯤 녹인 상태에서 서로 이어 붙이는 일.

★ **석회수** 석회가 섞인 물. 색깔이 없고 투명하지만 이산화 탄소와 만나면 뿌옇게 흐려지는 성질이 있음.

---

1 우리 주변의 기체

① 우리 주변의 공기에는 여러 가지 기체가 섞여 있습니다.
② 우리 생활에서는 다양한 종류의 기체들이 이용됩니다.

2 여러 가지 기체의 성질과 이용된 예

산소 ➕

- 색깔, 냄새가 없고 다른 물질이 타는 것을 돕습니다.
- 생물의 호흡에 필요합니다.
- 철과 같은 금속을 녹슬게 하고 금속을 자르거나 붙이는 산소★용접에 이용됩니다. ➕
- 로켓의 연료를 태울 때, 휴대용 산소통, 응급 환자의 산소 호흡 장치, 어항 속 산소 발생기 등에 이용됩니다.

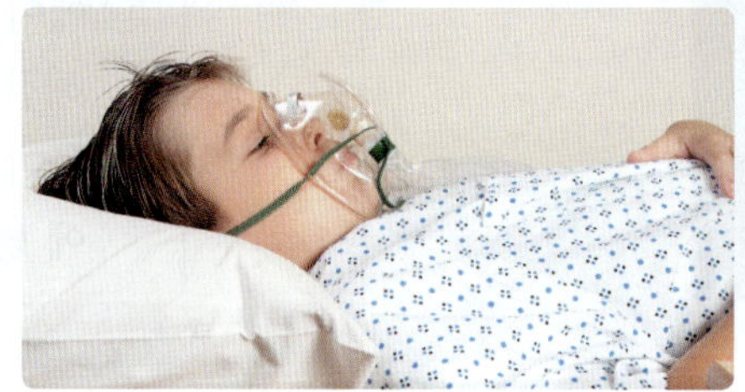
▲ 응급 환자의 호흡 장치

▲ 잠수부의 휴대용 산소통

이산화 탄소

- 색깔, 냄새가 없고 다른 물질이 타는 것을 막으며 ★석회수를 뿌옇게 흐리게 하는 성질이 있습니다.
- 물에 녹아 톡 쏘는 맛을 내어 탄산음료에 이용됩니다.
- 공기보다 아래로 가라앉는 성질이 있어 불이 났을 때 공기를 차단하여 불을 끄는 소화기에 이용됩니다. → 이산화 탄소가 불꽃 주위를 둘러싸 산소를 차단함으로써 다른 물질이 타는 것을 막아요.
- 이산화 탄소를 고체 상태로 만든 흰색의 드라이아이스는 온도가 매우 낮아 음식물을 차갑게 해줍니다.

▲ 탄산음료

▲ 소화기

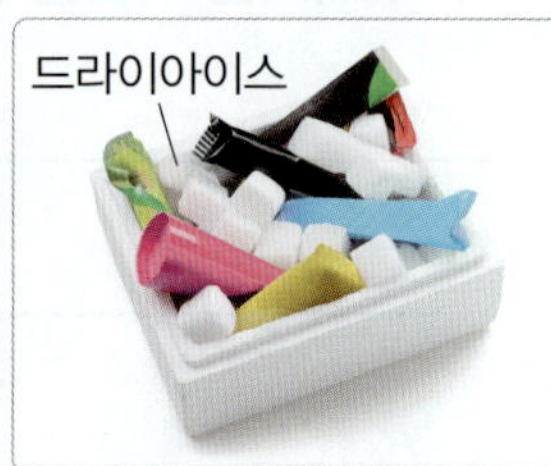

▲ 드라이아이스

질소

- 색깔, 냄새가 없고 다른 물질과 잘 반응하지 않으며, 식품을 보존하고 신선하게 유지하도록 도와 과자 봉지의 충전재로 이용됩니다.
- 에어백을 채우는 데 이용됩니다. ✚
- 화재가 나거나 폭발할 위험이 적어 항공기 타이어를 채우는 데 이용됩니다. ✚

▲ 과자 봉지 충전재

헬륨

- 색깔, 냄새가 없고 불에 잘 타지 않습니다.
- *잠수병 예방에 이용됩니다.
- 공기보다 가벼워 풍선이나 비행선을 공중에 띄우는 데 이용됩니다.

▲ 비행선

수소

- 색깔, 냄새가 없고 가장 가벼운 기체로, 불에 닿으면 폭발하는 성질이 있습니다.
- 오염 물질을 배출하지 않는 *청정 연료로 수소 자동차 등에 이용됩니다.

▲ 수소 자동차

네온

- 전기와 만나면 특유의 빛을 냅니다.
- 빛을 내는 조명 기구나 전광판, 광고 조명, 광고판에 이용됩니다.

▲ 광고 조명

✚ **자동차 에어백 안의 질소**

사고가 났을 때 질소 기체가 에어백을 부풀게 하고, 부푼 에어백에 탑승자가 부딪치면 에어백의 부피가 줄어들면서 충격을 줄여 줍니다.

✚ **항공기 타이어 안의 질소**

항공기가 이착륙할 때 가해지는 큰 충격과 열에 의해 타이어가 터질 수 있습니다. 따라서 항공기 타이어에는 외부의 압력과 열에 의한 변화가 잘 일어나지 않는 질소 기체를 넣습니다.

3 단원 / 5회

용어 사전

* **잠수병** 갑작스럽게 압력이 낮아지면서 혈액 속에 녹아 있는 기체가 혈관 내에서 기체 방울을 만들어 혈관을 막는 질환.
* **청정** 맑고 깨끗함.

핵심만 한번 더 쓰면서 정리 !

산 소	생물의 호흡 등에 이용됨.	헬 륨	비행선 등을 띄우는 데 이용됨.
이 산 화 탄 소	탄산음료, 소화기 등에 이용됨.	수 소	청정 연료로 이용됨.
질 소	과자 봉지 충전재 등에 이용됨.	네 온	조명 기구, 광고판 등에 이용됨.

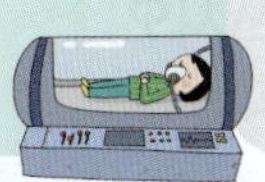

문제 학습

1 (산소 , 이산화 탄소)는 다른 물질이 타는 것을 돕는 성질이 있는 기체입니다.

2 ( )은/는 석회수를 뿌옇게 흐리게 하는 성질이 있는 기체입니다.

3 색깔과 냄새가 없고 다른 물질과 잘 반응하지 않으며, 에어백을 채우는 데 이용되는 기체는 무엇입니까?

4 헬륨은 공기보다 (무거워서 , 가벼워서) 풍선이나 비행선을 공중에 띄우는 데 이용됩니다.

7종 공통

5 산소에 대한 설명으로 옳지 <u>않은</u> 것은 어느 것입니까? ( )

① 색깔이 없다.
② 냄새가 없다.
③ 불을 끌 때 이용한다.
④ 숨을 쉴 때 필요하다.
⑤ 다른 물질이 타는 것을 돕는다.

7종 공통

6 이산화 탄소는 소화기에 이용됩니다. 이를 통해 알 수 있는 이산화 탄소의 성질로 알맞은 것에 ○표 하시오.

(1) 스스로 타는 성질이 있다. ( )
(2) 다른 물질이 타는 것을 막는 성질이 있다. ( )
(3) 다른 물질이 타는 것을 돕는 성질이 있다. ( )

서술형 7종 공통

7 이산화 탄소가 이용되는 예를 두 가지 이상 쓰시오.

도움말 이산화 탄소가 가진 특징을 떠올려 보고, 어떤 곳에 이용될지 생각해요.

7종 공통

8 과자 봉지 안에 질소 대신 산소를 넣었을 때 일어날 수 있는 일을 옳게 예상한 사람의 이름을 쓰시오.

▲ 과자 봉지

- 지원: 과자가 쉽게 상할 것 같아.
- 우영: 과자를 더 오랫동안 신선하게 보관할 수 있을 거야.
- 예찬: 과자 봉지가 가벼워져서 공기 중에 떠 있게 될거야.

( )

비상, 아이스크림, 천재(이), 천재(정)

9 다음과 같은 성질을 가지고 있는 기체는 무엇인지 쓰시오.

> • 색깔과 냄새가 없다.
> • 불에 닿으면 폭발하는 성질이 있다.
> • 오염 물질을 배출하지 않아 청정 연료로 이용된다.

( )

| 10~11 | 다음 (보기)는 공기를 이루는 여러 가지 기체입니다. 물음에 답하시오.

(보기)
ㄱ 산소   ㄴ 헬륨   ㄷ 수소   ㄹ 네온

비상, 아이스크림, 지학사, 천재(이), 천재(정)

10 비행선이나 풍선 등을 공중에 띄우는 데 이용되는 기체를 위 (보기)에서 골라 기호를 쓰시오.

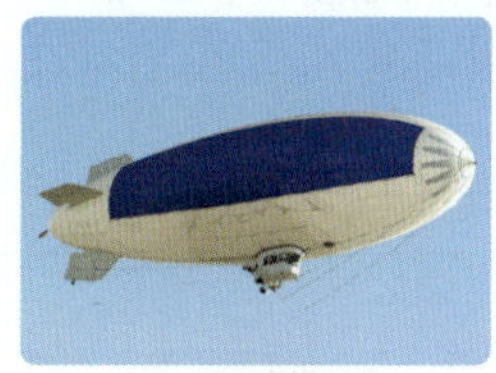
▲ 비행선

▲ 풍선

( )

비상, 천재(이)

11 특유의 빛을 내는 조명 기구나 광고용 간판에 이용되는 기체를 위 (보기)에서 골라 기호를 쓰시오.

▲ 광고용 간판

( )

아이스크림, 천재(정)

12 기체와 기체가 이용된 예를 알맞은 것끼리 선으로 이으시오.

(1) 산소 •

• ㄱ 
▲ 청정 연료로 이용

(2) 질소 •

• ㄴ 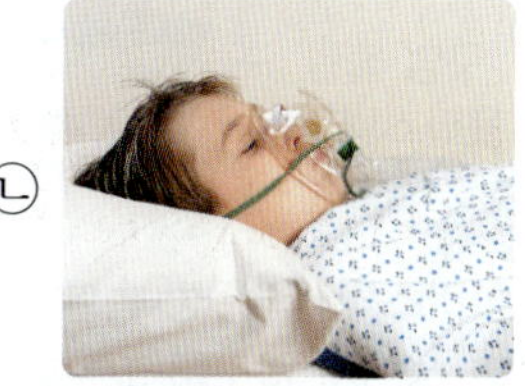
▲ 호흡 장치에 이용

(3) 수소 •

• ㄷ 
▲ 항공기 타이어를 채우는 데 이용

디지털 문해력   비상, 아이스크림, 지학사, 천재(이), 천재(정)

13 다음 인터넷 글에서 (   ) 안에 들어갈 알맞은 기체의 이름을 각각 쓰시오.

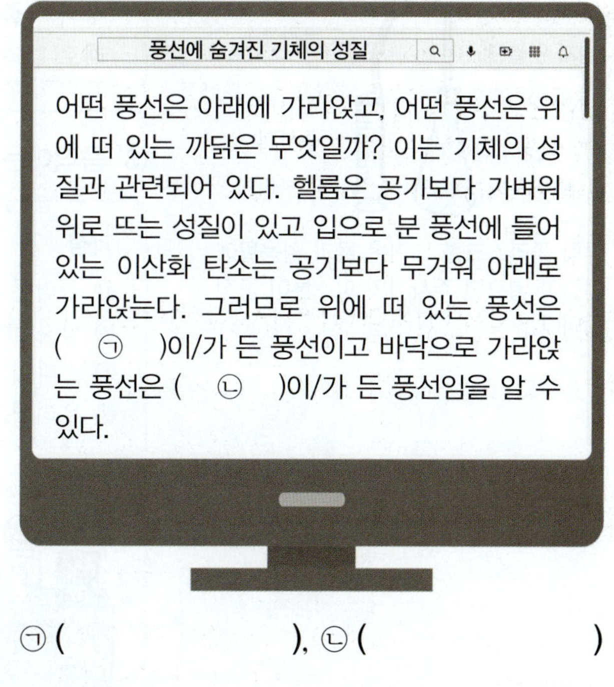

ㄱ ( ), ㄴ ( )

학습 결과에 색칠하세요.     

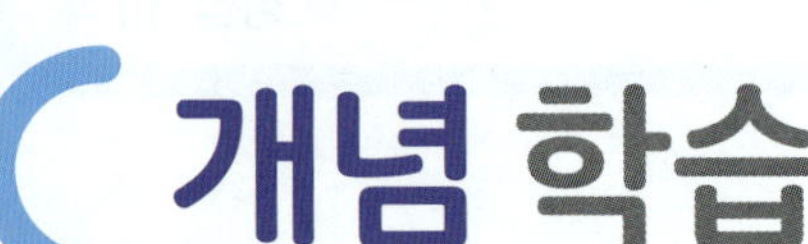 개념 학습 **6**회

온도를 알려 주는 온도계

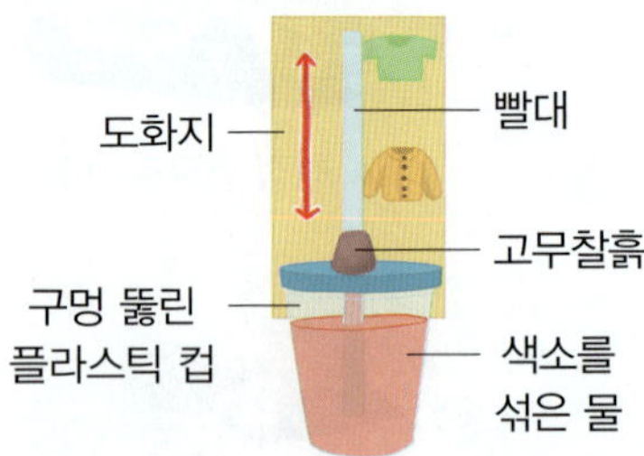

플라스틱 컵 뚜껑에 빨대를 꽂은 뒤 틈이 생기지 않도록 고무찰흙으로 막습니다. 색소를 섞은 물이 든 플라스틱 컵을 뜨거운 물과 얼음물에 번갈아 넣으면 색소를 섞은 물이 빨대 안에서 움직입니다.

움직이는 주사기 피스톤

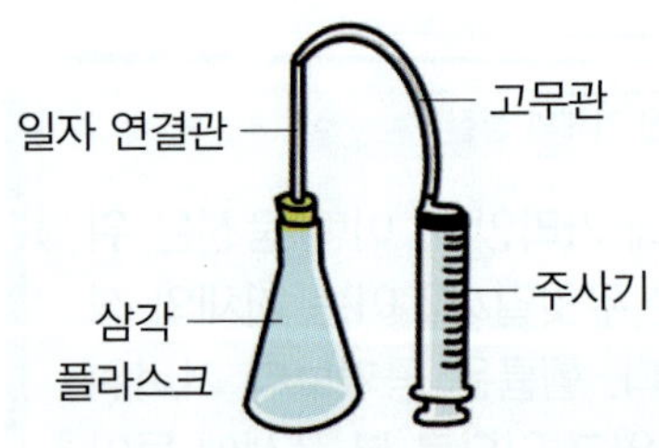

삼각 플라스크를 뜨거운 물과 얼음물에 번갈아 넣으면 주사기의 피스톤이 움직입니다.

---

1 온도에 따라 기체의 부피가 변하는 성질을 이용한 장치

(1) 이용하는 기체의 성질: 온도가 높아지면 기체의 부피가 늘어나고, 온도가 낮아지면 기체의 부피가 줄어드는 성질을 이용합니다.

(2) 움직이는 시럽 방울

과정

❶ 약병 입구에 빨대를 꽂고, 틈이 생기지 않도록 *유토로 막기
❷ 색소를 섞은 시럽 한 방울이 빨대 중간에 오도록 하기 → 빨대의 굵기가 가늘수록 시럽이 오르내리는 높이의 변화가 커져요.
❸ 도화지를 잘라 그림 도구로 꾸민 뒤 약병에 붙이기
❹ 장치를 여러 장소에 두고 시럽의 위치 비교해 보기

결과

장치를 냉장고 안에 두었을 때	장치를 따뜻한 창가에 두었을 때
온도가 낮아지면서 약병 안 기체의 부피가 줄어들어서 시럽의 위치가 아래로 내려감.	온도가 높아지면서 약병 안 기체의 부피가 늘어나서 시럽의 위치가 위로 올라감.

(3) 움직이는 스타이로폼 공

과정

❶ 실리콘 관을 주사기의 입구와 실리콘 마개의 구멍에 끼우기
❷ 상자 틀에 주사기를 꽂고, 실리콘 관에 끼운 실리콘 마개를 유리병에 끼우기
❸ 스타이로폼 공을 주사기의 피스톤에 붙이기
❹ 유리병을 따뜻한 물과 차가운 물에 담그며 공의 모습 관찰하기

결과

(4) 물을 내뿜는 물뿌리개

과정

❶ 페트병의 아랫부분에 *송곳으로 작은 구멍을 뚫고 페트병 꾸미기
❷ 구멍을 손가락으로 막고, 페트병에 차가운 물을 절반 정도 넣기
❸ 페트병의 뚜껑을 닫고 구멍에서 손가락 떼기
❹ 페트병을 수조에 넣고 뜨거운 물을 천천히 부어 보기 ⎯

　페트병을 냉장고에 넣어 두거나 얼음물에 담갔다가 꺼내어 사용하면
　뜨거운 물을 부었을 때 물이 더 많이 밀려 나오는 것을 볼 수 있어요.

결과

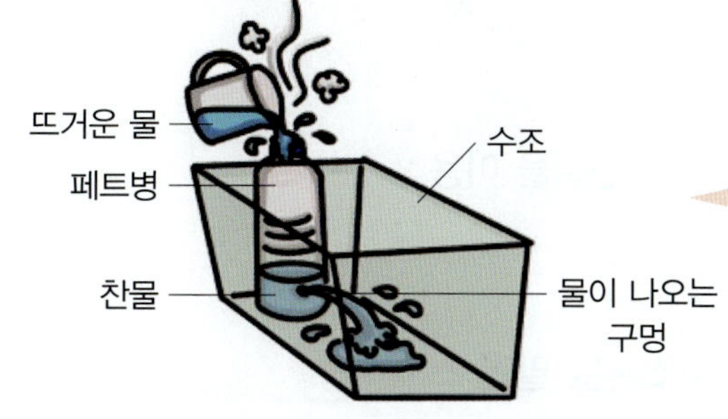

페트병에 뜨거운 물을 부으면 온도가 높아져 페트병 속 공기의 부피가 늘어나므로, 페트병 안에 들어 있는 물이 구멍으로 밀려 나옴.

⊕ 날아가는 공기 로켓

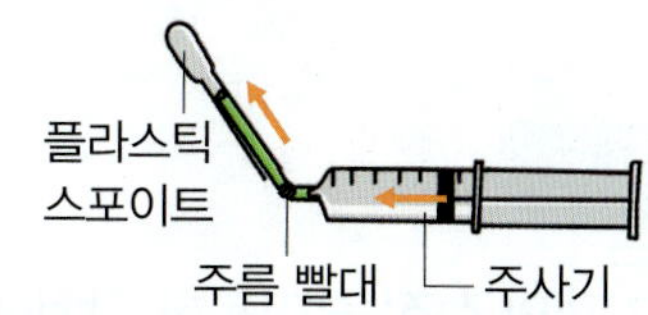

주사기 입구에 빨대와 플라스틱 스포이트를 끼운 뒤 주사기의 피스톤을 세게 밀면 주사기 안 기체의 부피가 순간적으로 줄어들었다가 다시 늘어나면서 스포이트가 로켓처럼 날아갑니다.

2 압력에 따라 기체의 부피가 변하는 성질을 이용한 장치 ⊕

(1) **이용하는 기체의 성질:** 기체에 가해지는 압력이 높아지면 기체의 부피가 줄어들고, 압력이 낮아지면 기체의 부피가 늘어나는 성질을 이용합니다.

(2) **날아가는 빨대 로켓**

과정

❶ 빨대 한쪽 끝을 마개로 막고, 반대쪽 끝에는 테이프로 날개를 만들어 붙여서 빨대 로켓 완성하기
❷ 만든 빨대 로켓을 플라스틱병 입구에 끼우기
❸ 플라스틱병을 순간적으로 눌러보기

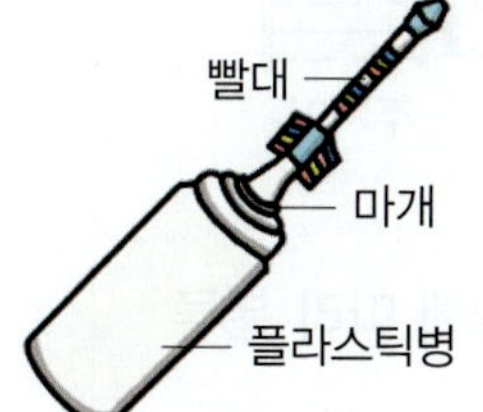

결과

플라스틱병을 순간적으로 눌러 기체에 가하는 압력을 높이면 플라스틱병 속 기체의 부피가 줄어들어 빨대 로켓이 날아갑니다.

용어 사전

★ **송곳** 쇠로 만들며 끝이 뾰족하여 작은 구멍을 뚫는 데 쓰는 도구.

핵심만 한번 더 쓰면서 정리 !

온도가 높아지면 기체의 부피가 늘어나고, 온도가 낮아지면 부피가 줄어드는 성질을 이용함.

압력이 높아지면 기체의 부피가 줄어들고, 압력이 낮아지면 기체의 부피가 늘어나는 성질을 이용함.

핵심 체크

1 기체의 성질을 이용한 장치에서 온도가 높아지면 기체의 부피가 (줄어드는, 늘어나는) 성질을 이용할 수 있습니다.

2 얼음물과 뜨거운 물에 번갈아 넣었을 때 움직이는 장치는 (온도, 압력)에 따라 기체의 부피가 변하는 성질을 이용한 것입니다.

3 기체의 성질을 이용한 장치에서 압력이 높아지면 기체의 부피가 (　　) 성질을 이용할 수 있습니다.

4 주사기 입구에 플라스틱 스포이트로 만든 로켓을 끼우고, 주사기의 피스톤을 밀면 스포이트 로켓은 어떻게 됩니까?

|5~8| 다음은 기체의 성질을 이용하여 만든 장치입니다. 물음에 답하시오.

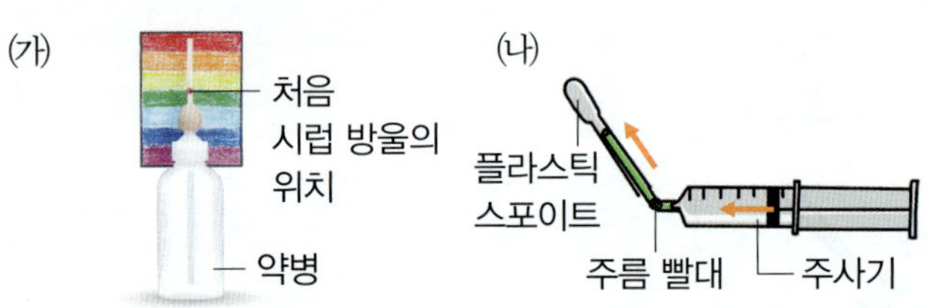

동아, 천재(이)

5 위 (가), (나) 장치를 이용된 기체의 성질에 따라 분류하여 각각 기호를 쓰시오.

(1) 온도에 따른 기체의 부피 변화	
(2) 압력에 따른 기체의 부피 변화	

동아, 천재(이)

6 위 (가) 장치를 냉장고 안에 두었을 때 약병 속 기체의 부피에 대한 설명으로 (　　) 안에 들어갈 알맞은 말에 각각 ○표 하시오.

> 온도가 ㉠ (높아지면서 , 낮아지면서) 약병 안 기체의 부피가 ㉡ (늘어납니다 , 줄어듭니다).

동아, 천재(이)

7 앞 (가) 장치를 따뜻한 창가에 두었을 때 시럽의 위치로 알맞은 것을 골라 ○표 하시오.

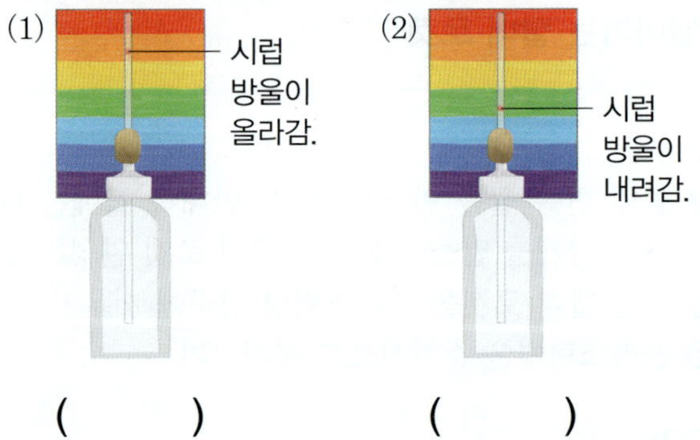

서술형 동아, 천재(이)

8 앞 (나) 장치에 이용된 기체의 성질을 쓰시오.

____

도움말 피스톤을 밀면 로켓이 날아가는 까닭을 기체의 성질과 관련지어 생각해 보세요.

| **9~11** | 다음은 온도 변화에 따라 움직이는 스타이로폼 공 장치입니다. 물음에 답하시오.

지학사

9 위 장치에 대해 옳게 말한 사람의 이름을 쓰시오.

> • 규태: 온도가 낮을 때 스타이로폼 공이 커져.
> • 희영: 유리병에 든 기체의 부피 변화에 따라 움직이는 장치야.

(   )

지학사

10 위 실험 결과를 정리한 내용입니다. (   ) 안에 들어갈 알맞은 말에 각각 ○표 하시오.

> 유리병을 따뜻한 물에 넣으면 스타이로폼 공이 ㉠ (위쪽 , 아래쪽)으로 움직이고, 차가운 물에 넣으면 스타이로폼 공이 ㉡ (위쪽 , 아래쪽)으로 움직인다.

지학사, 천재(이), 천재(정)

11 위 장치와 같은 기체의 성질을 이용한 장치로 알맞은 것에 ○표 하시오.

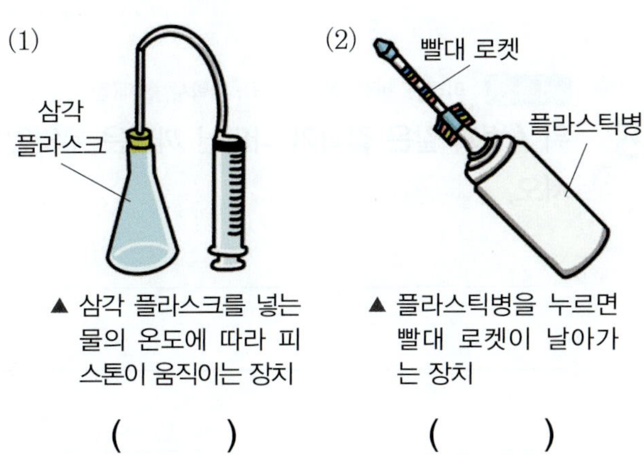

(   )   (   )

 미래엔, 비상, 아이스크림, 천재(이), 천재(정)

12 다음은 만지지 않아도 물을 내뿜는 페트병에 대하여 나눈 대화입니다. 예은이의 궁금증을 해결할 방법에 대해 잘못 말한 사람의 이름을 쓰시오.

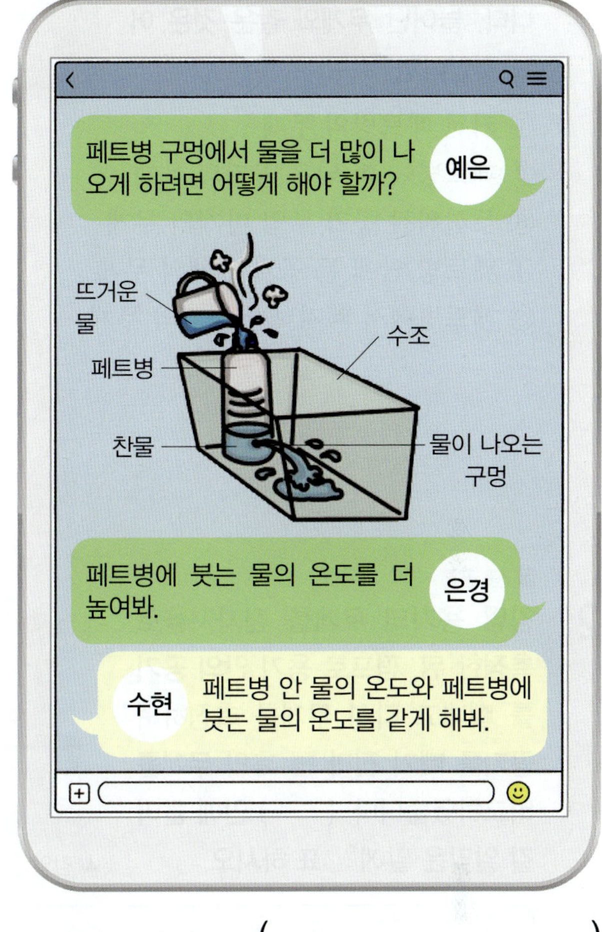

(   )

동아, 미래엔, 천재(이), 천재(정)

13 다음 장치에서 스포이트 로켓이 날아가게 하려면 어느 방향으로 피스톤을 움직여야 하는지 알맞은 것의 기호를 쓰시오.

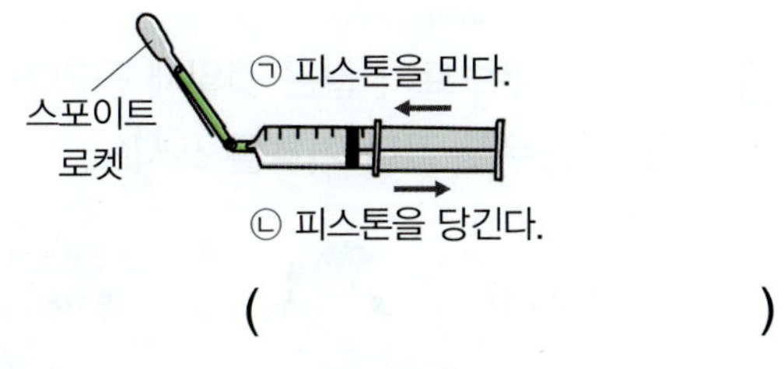

(   )

학습 결과에 색칠하세요.   

1 공기 주입 마개를 여러 번 더 눌러 무게를 재었더니 무게가 늘어났습니다. 늘어난 무게와 같은 것은 어느 것입니까? (　　　)

① 커진 페트병의 무게
② 페트병에 더 넣은 공기의 무게
③ 두꺼워진 공기 주입 마개의 무게
④ 페트병 안에 든 공기 전체의 무게
⑤ 페트병에서 빠져나간 공기의 무게

■ 7종 공통

2 감압 용기의 무게를 전자저울로 측정한 뒤, 펌프로 용기 안의 공기를 빼내고 다시 무게를 측정하여 공기를 빼기 전과 뺀 후의 무게를 비교하였습니다. (　　) 안에 들어갈 알맞은 말에 ○표 하시오.

▲ 감압 용기

> 펌프로 공기를 빼낸 뒤 감압 용기의 무게는 공기를 빼내기 전의 감압 용기의 무게와 비교했을 때 (늘어난다 , 줄어든다 , 변화가 없다).

3 다음 고무보트가 같은 것일때 공기가 더 많이 들어 있는 경우를 골라 기호를 쓰시오.

(　　　　　　　)

|4~5| 다음과 같이 고무풍선을 씌운 삼각 플라스크를 이용하여 온도에 따른 기체의 부피 변화를 알아보는 실험을 하였습니다. 물음에 답하시오.

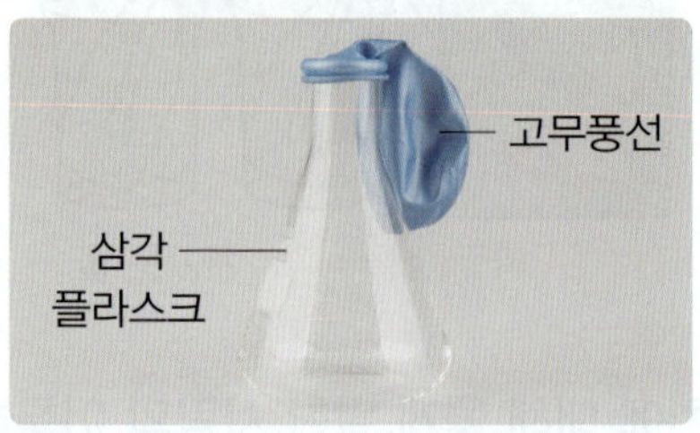

4 위 삼각 플라스크를 뜨거운 물이 든 비커에 넣었을 때 관찰할 수 있는 모습으로 옳은 것은 어느 것입니까? (　　　)

① 고무풍선이 작아진다.
② 고무풍선이 부풀어 오른다.
③ 고무풍선의 색깔이 바뀐다.
④ 비커에 든 물이 끓기 시작한다.
⑤ 고무풍선에는 아무런 변화가 없다.

　미래엔, 비상, 아이스크림, 지학사, 천재(정)

5 위 **4**번과 같은 결과가 나타난 까닭은 무엇인지 쓰시오.

____

____

____

6
비커에 담긴 물에 넣어 찌그러진 탁구공을 펴려면 어느 쪽에 탁구공을 넣어야 하는지 기호를 쓰시오.

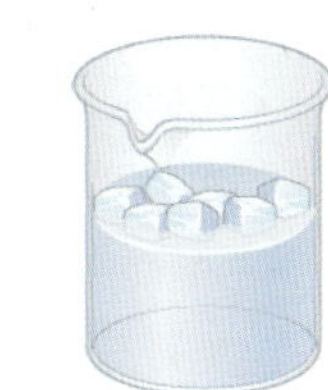

▲ 뜨거운 물이 든 비커　　▲ 얼음물이 든 비커

(　　　　　)

7
색소를 탄 물방울이 든 스포이트를 거꾸로 하여 둥근 부분을 뜨거운 물과 얼음물에 각각 넣어보았습니다. 이때 볼 수 있는 현상으로 (　) 안에 들어갈 알맞은 말에 각각 ○표 하시오.

> 뜨거운 물에 넣은 스포이트의 물방울은 ㉠ (올라가고 , 내려가고), 얼음물에 넣은 스포이트의 물방울은 ㉡ (올라간다 , 내려간다).

8
온도에 따른 기체의 부피 변화와 관련된 현상으로 옳은 것에 ○표, 옳지 <u>않은</u> 것에 ×표 하시오.

(1) 축구공을 발로 세게 차면 축구공이 찌그러진다.
(　　)

(2) 여름철 햇빛이 비치는 곳에 둔 과자 봉지가 부풀어 오른다.
(　　)

(3) 열기구에 열을 가하면 열기구의 공기 주머니가 부풀어 오른다.
(　　)

9
주사기에 공기가 든 고무풍선을 넣고 입구를 막은 뒤 주사기의 피스톤을 눌렀습니다. (　) 안에 들어갈 알맞은 말을 각각 쓰시오.

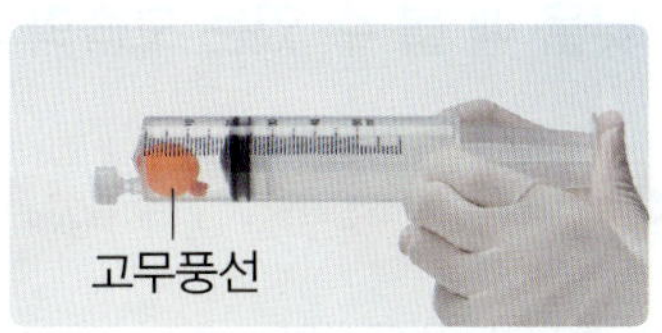

> 주사기의 피스톤을 누르면 고무풍선에 가해지는 (㉠)이/가 높아져서 고무풍선의 크기가 (㉡).

㉠ (　　　　　)
㉡ (　　　　　)

10
하늘 위 비행기 안에서 마개를 닫아 둔 페트병이 땅에 착륙하면 찌그러지는 까닭을 쓰시오.

 ➡ 

▲ 하늘 위　　　　　▲ 땅에 착륙한 뒤

____

____

동아, 아이스크림, 지학사, 천재(이)

11 같은 과자 봉지로 실험했을 때, 높은 산 위에서의 과자 봉지 크기가 산 아래에서의 과자 봉지 크기보다 컸습니다. 이를 참고하여 둘 중 가해지는 압력이 더 낮을 때 볼 수 있는 모습의 기호를 쓰시오.

ㄱ

ㄴ

▲ 높은 산 위에서의 과자 봉지

▲ 산 아래에서의 과자 봉지

( )

📖 7종 공통

12 기체의 부피가 달라지는 예를 경우에 맞게 구분하여 (보기)에서 모두 골라 기호를 쓰시오.

(보기)

ㄱ 잠수부가 내뿜은 공기 방울은 수면으로 올라갈수록 커진다.

ㄴ 찌그러진 탁구공을 뜨거운 물에 넣으면 탁구공이 다시 펴진다.

ㄷ 물이 조금 남은 페트병의 뚜껑을 닫아 냉장고에 넣으면 찌그러진다.

ㄹ 높은 산 위에서의 과자 봉지 크기가 산 아래에서의 과자 봉지 크기보다 크다.

(1) 온도에 따라 기체의 부피가 달라지는 예

( )

(2) 압력에 따라 기체의 부피가 달라지는 예

( )

📖 7종 공통

13 다음에서 설명하는 기체의 이름을 쓰시오.

• 금속을 녹슬게 한다.
• 색깔과 냄새가 없고 생물이 숨 쉴 때 필요하다.
• 다른 물질이 타는 것을 돕는다.

( )

동아, 아이스크림, 지학사, 천재(이), 천재(정)

14 우리 생활에서 이용하는 기체와 이용된 예를 알맞은 것끼리 선으로 이으시오.

(1) 이산화 탄소 •

• ㄱ 청정 연료로 이용한다.

(2) 헬륨 •

• ㄴ 풍선이나 비행선을 공중에 띄우는 데 이용한다.

(3) 수소 •

• ㄷ 탄산음료를 만드는 데 이용한다.

비상, 천재(이), 천재(정)

15 기체와 그 기체가 이용된 예를 <u>잘못</u> 짝 지은 것은 어느 것입니까? ( )

① 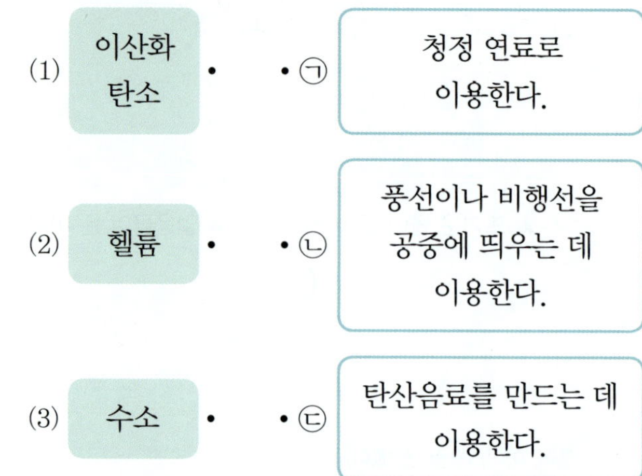

▲ 질소 – 과자 봉지의 충전재

②
▲ 이산화 탄소 – 드라이아이스

③ 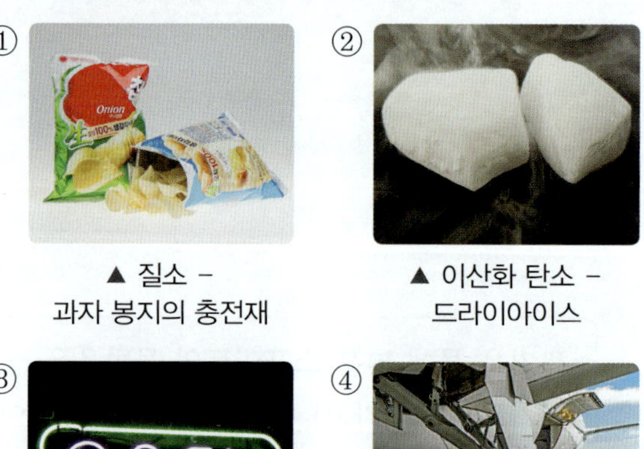

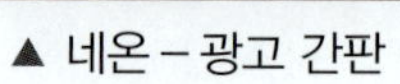

▲ 네온 – 광고 간판

④ 

▲ 수소 – 항공기 타이어

비상, 천재(이), 천재(정)

16 위 15번에서 잘못 짝 지어진 기체와 그 기체가 이용된 예를 바르게 고쳐 쓰시오. (단, 제시된 사진의 이용된 예를 기준으로 답합니다.)

(1) 기체가 이용된 예: ( )

(2) 알맞은 기체 이름: ( )

미래엔, 비상, 아이스크림, 천재(이), 천재(정)

17 아래쪽에 구멍을 뚫은 페트병에 차가운 물을 넣고 뚜껑을 닫은 다음, 페트병의 윗부분에 뜨거운 물을 부었습니다. 이때 나타나는 현상으로 옳은 것을 두 가지 고르시오. (   )

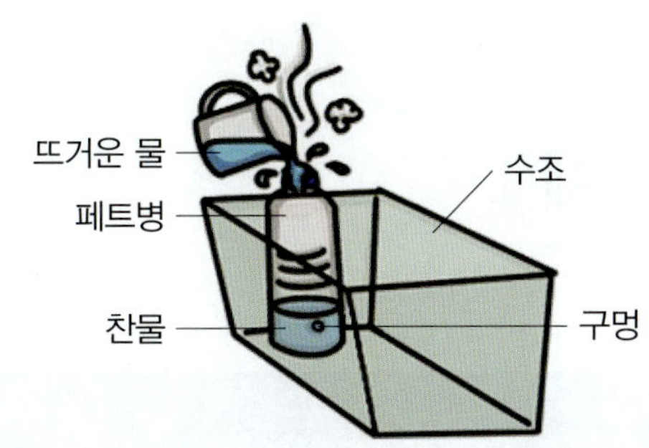

① 구멍으로 물이 나온다.
② 페트병의 뚜껑이 열려 튀어 오른다.
③ 페트병 속 공기의 부피가 늘어난다.
④ 페트병 속 공기의 부피가 줄어든다.
⑤ 페트병 속의 물이 얼어서 얼음으로 변한다.

지학사, 천재(이), 천재(정)

18 다음은 플라스틱병을 누르면 날아가는 빨대 로켓입니다. 이 장치에 사용된 기체의 성질로 옳은 것을 (보기)에서 골라 기호를 쓰시오.

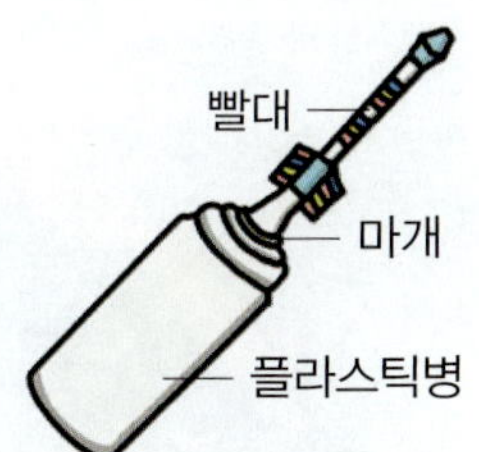

(보기)

㉠ 온도가 높아지면 기체의 부피가 줄어든다.
㉡ 온도가 낮아지면 기체의 부피가 늘어난다.
㉢ 기체에 가해지는 압력이 높아지면 기체의 부피가 줄어든다.
㉣ 기체에 가해지는 압력이 낮아지면 기체의 부피가 줄어든다.

(   )

| 19~20 | 주사기에 공기 30 mL을 넣고 주사기 입구를 주사기 마개로 막은 뒤, 주사기의 피스톤을 눌렀을 때와 당겼을 때의 모습을 관찰하는 실험을 했습니다. 물음에 답하시오.

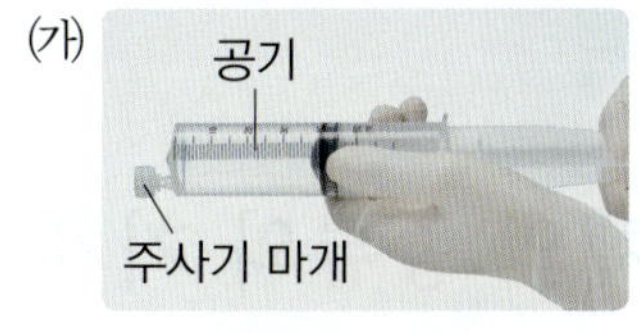

▲ 피스톤을 누른다.

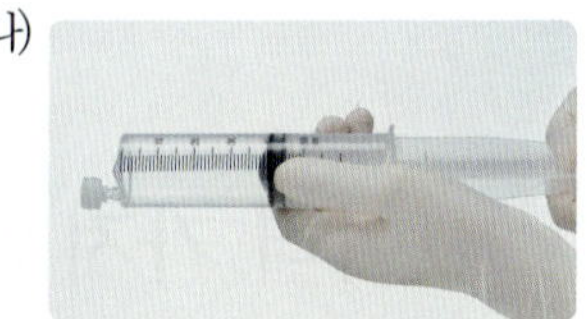

▲ 피스톤을 당긴다.

동아, 미래엔, 비상, 지학사, 천재(이), 천재(정)

19 위 실험은 무엇을 알아보기 위한 것입니까?

(   )

① 온도에 따른 기체의 무게 변화
② 온도에 따른 기체의 부피 변화
③ 압력에 따른 기체의 무게 변화
④ 압력에 따른 기체의 부피 변화
⑤ 압력에 따른 기체의 색깔 변화

서술형 동아, 미래엔, 비상, 지학사, 천재(이), 천재(정)

20 위 (가), (나) 중 주사기 안 공기에 가하는 압력이 줄어드는 주사기로 알맞은 것을 골라 기호를 쓰고, 고른 주사기의 눈금이 가리키는 숫자는 처음 눈금인 30 mL와 비교했을 때 어떻게 변하는지 쓰시오.

⑴ 압력이 줄어드는 것: (   )

⑵ 주사기 눈금이 가리키는 숫자의 변화:

____

____

학습 결과에 색칠하세요.     

여러 가지 기체 살펴보기

우리는 일상생활에서 여러 가지 기체를 이용하고 있습니다. 우리가 이용하는 여러 가지 기체의 종류와 기체가 이용된 예를 알아봅니다.

| 여러 가지 기체의 종류와 기체가 이용된 예 |

산소

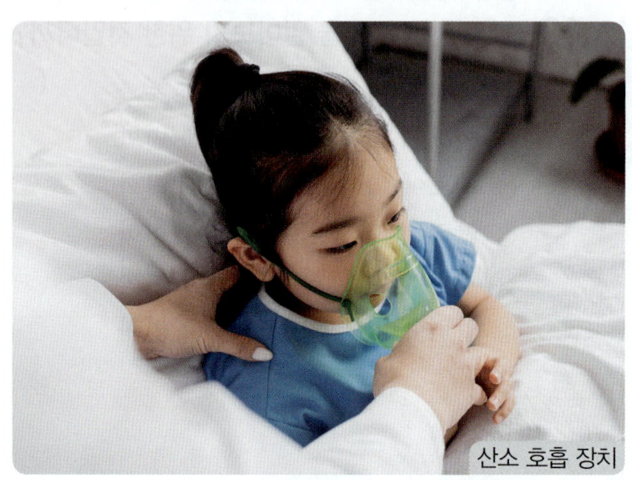

산소 호흡 장치

로켓의 연료를 태울 때

산소 호흡 장치, 산소 캔, 로켓의 연료를 태울 때, 산소 용접 등에 이용됩니다.

이산화 탄소

탄산음료

소화기

탄산음료, 소화기, 드라이아이스 등을 만드는 데 이용됩니다.

식품의 보존재 및 충전재, 항공기 타이어나 자동차 에어백을 채울 때 이용됩니다.

헬륨

질소 대신 이용하여 잠수병을 예방하고, 풍선이나 비행선을 공중에 띄우는 데 이용됩니다.

수소

오염 물질을 배출하지 않는 청정 연료로 수소 자동차 등에 이용됩니다.

네온

전기를 흘리면 특유의 빛을 내어 조명 기구나 광고판에 이용됩니다.

4 기후 변화와 우리 생활

● 문해력을 높이는 어휘

기후

일정한 지역에서 여러 해에 걸쳐 나타나는 기온, 비, 눈, 바람 등의 평균적인 상태

화석 연료

석탄, 석유, 천연가스 등의 천연자원으로 오늘날 연료로 이용하며, 오래전에 땅속에 묻힌 생물로부터 만들어짐.

해수면

바닷물의 표면을 말하며, 기후 변화로 지구의 온도가 높아져 빙하가 녹으면 해수면이 상승함.

대응

어떤 일이나 벌어진 일의 상태에 맞추어 태도나 행동을 취함.

C 개념 학습 **1**회

➕ 날씨와 기후

날씨는 그날그날 공기의 온도나 비, 바람 등이 나타나는 상태를 뜻합니다. 날씨의 구성 요소인 기온, 습도, 강수량, 풍향, 풍속, 기압 등은 날마다 변하지만, 기후는 수십 년에 걸쳐 매우 느리게 변합니다.

➕ 줄어드는 빙하

세계기상기구(WMO)에 따르면 전 세계 빙하의 두께가 2021년~2022년 사이 평균 1.3 m 이상 감소한 것으로 나타났습니다. 북극의 온도가 올라가면서 빙하가 녹아 크기가 작아지면, 북극곰의 생존에 영향을 줄 수 있습니다. 북극곰은 주로 빙하 위에 있는 물범이나 물개를 먹이로 잡으며, 빙하 위에서 쉬기 때문입니다.

용어 사전

★ **강수량** 비, 눈, 우박, 안개 등으로 일정 기간 동안 일정한 곳에 내린 물의 총량. 단위는 mm임.

★ **폭염** 낮 최고 기온이 33 ℃ 이상으로 매우 심한 더위를 말함.

★ **한파** 기온이 영하 12 ℃ 이하로 떨어지는 매우 추운 날씨를 말함.

★ **가뭄** 오랫동안 비나 눈이 적게 내려 건조한 날씨가 지속되는 현상.

★ **폭설** 많은 양의 눈이 한꺼번에 내리는 현상으로, 기상청은 24시간 동안 새로 내려 쌓인 눈의 깊이가 5 cm 이상일 때 '대설주의보'를 발표함.

---

1 기후 변화

(1) **기후**: 일정한 지역에서 보통 30년 이상의 오랜 기간에 걸쳐 나타나는 날씨(기온, *강수량 등)의 평균적인 상태를 기후라고 합니다. ➕

(2) **기후 변화**: 오랜 시간에 걸쳐 평균적인 날씨가 변하는 것입니다.

2 기후 변화 현상

평년은 지난 30년간 기후의 평균적 상태를 말해요.

(1) **기온 변화와 관련 있는 기후 변화 현상**: 기후 변화의 영향으로 최근 들어 평년보다 *폭염 일수가 많고 강한 *한파가 나타나고 있습니다.

폭염이 발생하면 낮 동안 강한 햇빛으로 더위가 심하여 외출하기 힘들고, 밤에도 더위가 이어져 잠을 자기 어려움.

한파가 발생하면 심한 추위로 활동하기 힘들고, 수돗물이 얼어서 수도관이 터지는 등 여러 가지 피해가 생김.

(2) **강수량 변화와 관련 있는 기후 변화 현상**: 기후 변화의 영향으로 최근 들어 평년보다 *가뭄 일수가 많고, 홍수와 *폭설이 강하게 나타나고 있습니다.

가뭄이 발생하면 사용할 물이 부족해짐.

홍수가 나면 강물이 넘쳐 집과 농경지가 물에 잠기기도 함.

폭설이 내리면 건물이나 비닐하우스의 지붕이 무너지기도 함.

(3) **세계 여러 나라에 나타난 기후 변화 현상의 예** → 한 지역에서도 여러 가지 기후 변화가 나타날 수 있어요.

나라	일자	내용
오스트레일리아	2022년 1월	약 60년 만에 최고 기온을 기록함. ➕
남아프리카공화국	2022년 4월	이틀 동안, 1년에 내릴 비의 절반에 가까운 많은 양의 비가 내려 60년 만에 홍수가 발생함.
대한민국(서울)	2022년 8월	1907년 기상 관측을 시작한 이래 115년 만에 기록적인 폭우가 내림.
파키스탄	2022년 8월	폭우로 인해 국토의 많은 부분이 물에 잠길 정도의 큰 홍수가 발생함.
미국	2022년 12월	32년 만에 최저 기온을 기록함.

3 기후 변화 현상의 예 알아보기 ➕

과정
우리나라에서 일어나는 기후 변화 현상의 예로 무엇이 있는지 알아보기

결과
[우리나라에서 일어나는 기후 변화 현상의 예]

폭염 일수	한파 일수

2010년대가 2000년대에 비해 15.5일 증가했음.

2010년대가 2000년대에 비해 0.7일 증가했음.

가을－봄 강수량	연간 강수량

1970년대보다 2005년~2014년에 34.5 mm 감소했음.

1970년대보다 2005년~2014년에 280 mm가 늘었음.

➡ 기후 변화로 인해 평균 기온이 높아지고 강수량도 증가하고 있습니다. 또 폭염, 한파, 가뭄, 홍수, 폭설 등의 규모가 이전에 비해 점차 커지고, 더욱 자주 발생하고 있습니다. ➕

➕ **기후 변화 현상을 조사하는 방법** 예

- 기후 변화 현상에 관한 정보가 있는 누리집을 활용합니다.
- 신문 기사나 뉴스를 검색합니다.
- 영상 자료를 검색합니다.

➕ **이상 기후**

이상 기후는 기온, 강수량, 바람, 습도 등이 평년과 비교할 때 매우 높거나 낮은 수치를 나타내는 현상을 의미합니다. 우리나라의 이상 기후 사례로는 갑자기 세차게 비가 쏟아지는 *폭우, 온도가 정상을 넘어서 높아지는 이상 고온, 온도가 정상을 넘어서 낮아지는 이상 저온 등이 있으며, 이 외에도 폭염, 한파, 가뭄, *집중 호우 등이 있습니다.

용어 사전

- ✱ **폭우**　갑자기 세차게 쏟아지는 비.
- ✱ **집중 호우**　어느 한 지역에 집중적으로 내리는 비.

핵심만 한번 더 쓰면서 정리 !

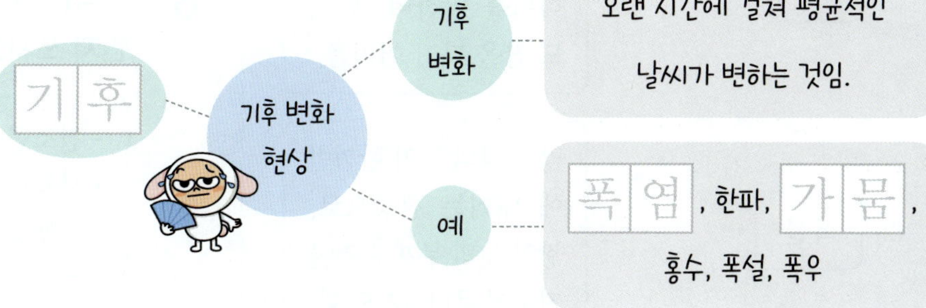

핵심 체크

1 일정한 지역의 기후가 오랜 시간에 걸쳐 평균적인 날씨가 변하는 것을 (자연재해, 기후 변화)라고 합니다.

2 (   )이/가 발생하면 낮에는 강한 햇빛으로 더위가 심하여 외출하기 힘들고, 밤에도 더위가 이어져 잠을 자기 어렵습니다.

3 심한 추위로 활동하기 힘들고, 수돗물이 얼어서 수도관이 터지는 등 여러 가지 피해가 생길 수 있는 기후 변화 현상은 무엇입니까?

4 기후 변화로 인하여 가뭄, 홍수, 폭설 등의 규모가 이전보다 점차 (커지고 자주, 줄어들고 가끔씩) 발생하고 있습니다.

📖 7종 공통

5 다음 (   ) 안에 들어갈 알맞은 말을 골라 ○표 하시오.

> 일정한 지역에서 오랜 기간에 걸쳐 나타나는 날씨의 평균적인 상태를 (   )(이)라고 한다.

> 기후   계절   기온   기압   강수량

📖 7종 공통

6 기후 변화 현상과 그 설명을 알맞게 선으로 이으시오.

(1) 폭염 •

• ㉠ 낮 최고 기온이 33 ℃ 이상으로 매우 심한 더위를 말하며, 밤에도 잠을 자기 어려움.

(2) 폭설 •

• ㉡ 많은 양의 눈이 한꺼번에 내리는 현상으로, 쌓인 눈의 무게로 건물 지붕이 무너지기도 함.

📖 7종 공통

7 다음 중 한파에 대한 설명으로 옳은 것에 모두 ○표 하시오.

⑴ 기후 변화 현상이다.　　　　　　　　(　　　)

⑵ 낮 최고 기온이 33 ℃ 이상으로 매우 심한 더위를 말한다.　　　　　　　　(　　　)

⑶ 한파가 발생하면 밤에도 더위가 이어져 잠을 자기 어렵다.　　　　　　　　(　　　)

⑷ 한파가 발생하면 기온이 영하로 떨어져 수도관이 터지는 등의 피해가 생긴다.　(　　　)

📖 7종 공통

8 다음은 공통으로 어떤 기후 변화 현상에 대한 설명인지 쓰시오.

> • 건조한 날씨가 지속된다.
> • 사용할 물이 부족해진다.
> • 오랫동안 비나 눈이 적게 내렸을 때 발생한다.

(　　　　　　　　　　　)

서술형 📖7종 공통

9 홍수가 발생하면 어떤 피해가 생길 수 있는지 한 가지 쓰시오.

____

도움말 강수량 변화로 나타나는 기후 변화 현상의 하나인 홍수는 어떤 현상인지 떠올리고, 이로 인한 피해를 생각해 봐요.

디지털 문해력 📖7종 공통

10 다음 글의 이어지는 부분에 들어갈 알맞은 말을 〈보기〉에서 골라 기호를 쓰시오.

> **Q. 빙하의 두께는 어떤 영향을 미칠까요?**
>
> 세계기상기구(WMO)에 따르면 전 세계 빙하의 두께가 2021~2022년 사이 평균 1.3 m 이상 감소한 것으로 나타났다.
>
> 북극의 온도가 높아지면서 빙하가 녹아 작아지면,
>
> ▼ 구독하고, 더 보기

〈보기〉

㉠ 극지방 생태계에 도움이 된다.
㉡ 빙하 위에서 살아가는 물범이나 물개의 수가 크게 증가할 수 있다.
㉢ 빙하 위에서 먹이 활동을 하는 북극곰의 생존에 좋지 않은 영향을 줄 수 있다.

(   )

비상, 아이스크림, 지학사, 천재(이)

11 기후 변화 현상을 조사하는 방법을 잘못 말한 사람의 이름을 쓰시오.

> • 상아: 다음 주 날씨를 검색해 보자.
> • 영주: 신문 기사나 뉴스를 찾아보는 것은 어때?
> • 주혁: 기후 변화 현상에 관한 정보가 있는 누리집을 활용하면 될 거야.

(   )

📖7종 공통

12 다음은 세계 여러 나라에 나타난 기후 변화 현상의 예입니다. 이를 통해 알 수 있는 것으로 가장 옳은 것은 어느 것입니까? (   )

대한민국 (서울)	2022년 8월	1907년 기상 관측을 시작한 이래 115년 만에 기록적인 폭우가 내림.
파키스탄	2022년 8월	폭우로 인해 국토의 많은 부분이 물에 잠길 정도의 큰 홍수가 발생함.
미국	2022년 12월	32년 만에 최저 기온을 기록함.

① 기후 변화 현상은 다양하게 발생한다.
② 기후 변화 현상은 여름에만 발생한다.
③ 폭우가 내리면 대부분 홍수가 발생한다.
④ 기후 변화 현상으로는 피해가 발생하지 않는다.
⑤ 우리나라는 2022년부터 기상 관측을 시작했다.

4 단원 **1**회

동아, 아이스크림, 지학사, 천재(이)

13 다음은 우리나라의 연도별 평균 기온을 나타낸 그래프입니다. 이에 대한 설명으로 옳지 않은 것을 〈보기〉에서 골라 기호를 쓰시오.

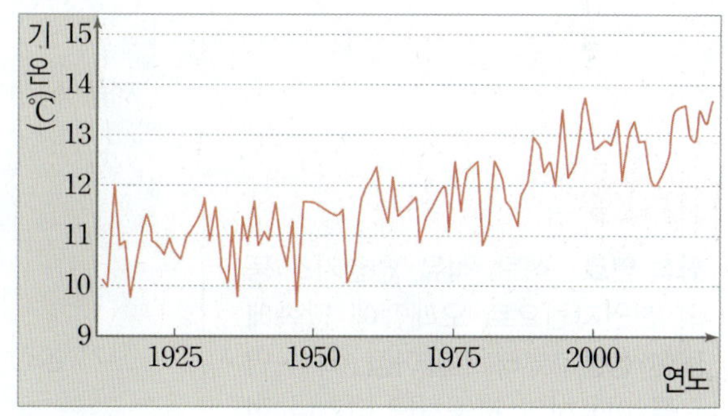

〈보기〉

㉠ 연도별 평균 기온이 점차 높아지고 있다.
㉡ 연도별 평균 기온이 점차 낮아지고 있다.
㉢ 연도별 평균 기온의 변화 모습을 통해 기후 변화의 심각성을 알고, 이에 대응할 수 있다.

(   )

학습 결과에 색칠하세요.   

개념 학습 **2**회

➕ *목축업과 기후 변화

고기나 우유 등을 얻기 위해 농장에서 대규모로 가축을 키우려면 땅, 전기, 물 등이 많이 필요하며 이 과정에서 많은 양의 이산화 탄소가 배출됩니다.

➕ 숲의 역할

숲과 늪지 등은 기후 변화에 영향을 주는 기체인 이산화 탄소를 줄이고 저장하는 역할을 합니다. 따라서 인간의 활동으로 나무와 숲, 늪지 등이 줄어들면 기후 변화가 빨라질 수 있습니다.

용어 사전

★ **화석 연료** 석탄, 석유, 천연가스 등의 천연자원으로 오래전에 땅속에 묻힌 생물로부터 만들어짐. 화석 연료를 이용하여 자동차를 타거나 전기를 생산함.

★ **온실 효과** 대기 중의 수증기, 이산화 탄소, 오존 등이 지구에서 우주로 나가는 열을 흡수하여 지구의 평균 기온을 비교적 높게 유지하는 작용. 온실 효과가 없는 경우 지구의 평균 기온이 영하로 떨어져 생명체가 생존하기 어려우나, 온실 효과가 과도하게 일어나면 지구의 평균 기온이 높아져 기후 변화를 일으킴.

★ **목축업** 소, 말, 양, 돼지 등의 가축을 많이 기르는 일.

1 기후 변화가 일어나는 까닭

① 지구의 온도가 점점 높아지면서 기후 변화가 심해지고 있습니다.

② 지구의 온도가 높아지는 까닭: 오존층을 비롯하여 지구의 자연환경이 파괴되었기 때문입니다.

③ 기후는 자연적으로도 변해 왔지만, 인간의 활동이 많아진 최근 100여 년 동안 급격하게 변하고 있습니다.
└ 화산 활동이나 태양 에너지 자체의 변화 등 자연적인 요소에도 영향을 받아요.

2 기후 변화에 영향을 주는 인간의 활동

(1) 산업 발달과 관련된 인간의 활동 ➕
└ 공장에서 제품을 생산할 때, 전기를 생산할 때, 교통수단을 이용할 때, 냉난방을 할 때 주로 *화석 연료를 사용해요.

건설	도로나 건물을 만들기 위해 숲을 망가뜨리면 *온실 효과를 일으키는 기체가 증가하게 됨. ➕
쓰레기 처리	무분별하게 버리는 많은 양의 쓰레기를 땅속에 묻어서 분해시키거나 태울 때 배출되는 기체는 기후 변화를 심각하게 만듦.
제품 생산	공장에서는 석유를 사용하여 여러 제품을 생산하며, 석유 사용량이 급격히 증가함에 따라 많은 양의 매연과 이산화 탄소가 배출됨.
전기 생산	전기 기구의 사용량이 과도하게 늘면서 전기를 만들기 위해 많은 양의 화석 연료가 사용될 수 있고, 이 과정에서 이산화 탄소가 배출됨. └ 주된 발전 방식인 화력 발전은 화석 연료를 사용하여 전기를 만들어요.
교통수단	교통수단의 발달로 생활은 편리해졌지만 주로 화석 연료를 사용하는 교통수단이 많아 매연과 이산화 탄소 배출량이 증가함.
냉난방 시설	보일러는 석유나 천연가스를 연료로 사용하고, 전기를 이용하는 냉난방 기구는 발전소에서 생산된 전기를 이용하는 과정에서 화석 연료가 사용됨.

(2) 생활 습관과 관련된 인간의 활동 ⓔ

① 음식을 많이 남깁니다.

② 겨울에 창문을 열고 난방 기구를 사용합니다.

③ 쓰레기를 분리 배출하지 않고 함부로 버립니다.

④ 필요 없는 물건을 구입하거나 일회용 제품을 많이 사용합니다.

③ 기후 변화에 영향을 주는 인간의 활동 정리하기

(1) 기후 변화를 일으키는 인간의 활동 ➕

오늘날 산업이 매우 빠른 속도로 발전하면서 사람들은 공장에서 많은 물건을 생산하고 또 소비합니다.

땅을 개발하기 위해 나무를 베거나 태우는 등 산림을 훼손하기도 합니다.

편리한 생활을 하기 위해 자동차, 비행기 등 교통수단을 많이 이용합니다.

물과 전기 등 자원과 에너지를 낭비합니다.

(2) 인간의 활동과 기후 변화의 관련성

① 화석 연료의 사용으로 생활은 편리해졌지만, 화석 연료를 사용하는 과정에서 많은 양의 이산화 탄소가 대기 중으로 배출되어 지구의 온도가 계속 상승하고 있으며, 그에 따라 기후 변화가 심해지고 있습니다.

② 과거에 비해 급격하게 늘어난 인간의 활동과 자연환경을 생각하지 않은 *무분별한 개발은 기후 변화에 심각한 영향을 미칩니다.

➕ **옛날과 오늘날의 생활 모습 비교하기**

- 옛날에는 스스로 걸어 다니거나 말을 탔지만, 오늘날은 석유나 천연가스 등을 이용한 자동차, 비행기, 배 등의 다양한 교통수단을 이용합니다.
- 옛날에는 나무를 태우거나 동물, 물, 바람 등을 이용해 에너지를 얻었지만, 오늘날은 석유, 석탄, 천연가스를 이용합니다.
- 오늘날 사람들의 생활에서는 옛날과 다르게 석유, 석탄, 천연가스 등의 화석 연료를 사용합니다.

용어 사전

★ **무분별** 세상 형편에 대한 바른 생각이나 판단이 없음.

4 단원 / **2**회

핵심만 한번 더 쓰면서 **정리 !**

인간의 활동이 많아진 최근 100여 년 동안 기후가 [급][격]하게 변함.

기후 변화에 영향을 주는 인간의 활동

[화][석][연][료]의 사용으로 배출된 이산화 탄소로 지구의 온도가 높아짐.

인간의 활동은 기후 변화에 심각한 영향을 미침.

핵심 체크

1 지구의 온도가 점점 높아지면서 기후 변화가 (줄어들고, 심해지고) 있습니다.

2 기후는 자연적으로도 변해 왔지만, 무엇의 활동이 많아진 최근 100여 년 동안 급격하게 변했습니까?

3 공장에서 제품을 생산할 때, 교통수단을 이용할 때 주로 (   ) 연료를 사용합니다.

4 (산소, 이산화 탄소)는 지구의 온도가 높아지게 하는 원인이 되는 기체입니다.

📖 7종 공통

5 기후 변화가 일어나는 까닭으로 옳은 것에 ○표 하시오.

(1) 기후는 자연적으로는 변하지 않는다.

(   )

(2) 인간의 활동과 기후 변화 사이에는 아무런 관련이 없다. (   )

(3) 기후 변화가 일어나는 까닭은 지구의 온도가 점점 높아지고 있기 때문이다. (   )

동아, 미래엔, 천재(이), 천재(정)

6 쓰레기를 처리하는 과정과 관련하여 옳게 말한 사람의 이름을 쓰시오.

> • 인혜: 많은 양의 쓰레기는 태워서 처리해야 환경을 오염시키지 않아.
> • 소라: 쓰레기를 태울 때 배출되는 기체는 기후 변화를 심각하게 만들어.
> • 호성: 쓰레기를 땅속에 묻어서 분해시키는 것은 매우 친환경적인 방법이야.

(   )

📖 7종 공통

7 다음 (   ) 안에 들어갈 알맞은 말을 쓰시오.

> 도로나 건물, 도시를 만들기 위해 숲을 망가뜨리면 (   ) 효과를 일으키는 기체가 증가한다.

(   )

📖 7종 공통

8 기후 변화에 좋지 않은 영향을 주는 인간의 활동과 관련된 모습이 <u>아닌</u> 것을 골라 기호를 쓰시오.

㉠ 
▲ 물건 생산

㉡ 
▲ 교통수단 이용

㉢ 
▲ 나무 심기

㉣ 
▲ 전기 생산

(   )

📖 7종 공통

9 다음은 기후 변화가 심해지는 원인에 대한 내용입니다. ( ) 안에 들어갈 알맞은 말을 쓰시오.

> ( ) 연료를 사용하는 과정에서 대기 중으로 배출된 많은 양의 이산화 탄소 때문에 지구의 온도가 계속 상승하고, 기후 변화가 심해진다.

( )

동아, 아이스크림, 지학사, 천재(이), 천재(정)

10 기후 변화에 좋지 않은 영향을 주는 인간의 활동이 <u>아닌</u> 것은 어느 것입니까? ( )

① 음식을 많이 남긴다.
② 쓰레기를 분리 배출한다.
③ 빈방에 전등을 켜 놓는다.
④ 일회용 제품을 많이 사용한다.
⑤ 겨울에 창문을 열고 난방 기구를 사용한다.

서술형 동아, 아이스크림, 지학사, 천재(이), 천재(정)

11 위 **10**번 문제와 관련지어, 기후 변화를 줄이기 위해 실천할 수 있는 활동을 한 가지 쓰시오.

____

도움말 기후 변화에 좋지 않은 영향을 주는 활동을 줄이기 위한 방법 중에서 내가 실천할 수 있는 것에는 무엇이 있는지 떠올려 보세요.

디지털 문해력 📖 7종 공통

12 다음은 현서가 여행지에서 쓴 SNS 내용입니다. 기후 변화를 일으키는 활동과 관련 있는 내용을 골라 기호를 쓰시오.

( )

📖 7종 공통

13 다음 ㉠, ㉡에 들어갈 알맞은 말을 옳게 짝 지은 것은 어느 것입니까? ( )

> 과거에 비해 급격하게 늘어난 (㉠)의 활동과 (㉡)을/를 생각하지 않은 무분별한 개발은 기후 변화에 심각한 영향을 미치고 있다.

	㉠	㉡		㉠	㉡
①	로봇	발전	②	로봇	인간
③	인간	편리함	④	인간	자연환경
⑤	인간	산업 발달			

학습 결과에 색칠하세요.   

사라지는 섬

기후 변화로 인한 해수면 상승으로 남태평양에 위치한 섬나라 '투발루'는 육지였던 곳이 점점 바닷물에 잠겨 사라지고 있습니다. 해수면 상승이 심해지면 해안 도시는 물론 땅의 높이가 낮은 지역은 바닷물에 잠길 수 있습니다.

탐구 팩트 우리나라의 해수면도 높아지고 있을까?

지난 30년 동안 우리나라의 평균 해수면은 매년 약 3 mm씩 높아졌어. 그 이전 30년 동안의 평균 해수면은 매년 약 2.9 mm씩 높아졌지. 따라서 우리나라의 해수면 상승 속도가 점차 빨라지는 것을 알 수 있어.

기후 변화가 우리 생활과 환경에 미치는 영향

- 기후 변화의 영향으로 발생한 자연재해로 인해 교통과 통신이 마비되거나 전기가 끊어져 사람들의 생활이 불편해질 수 있습니다.
- 지구의 온도가 높아지면서 여름이 길어지고 겨울은 짧아졌습니다.
- 열대 지방에서 자라던 과일이 우리나라에서도 잘 자랍니다.

용어 사전

★ **해수면** 바닷물의 표면.

★ **빙하** 육지에 오랫동안 쌓인 눈이 얼음덩어리로 변해 육지를 덮고 있는 것으로, 빙하가 녹으면 해수면이 높아짐. 반면 빙산은 물에 떠 있는 얼음덩어리로, 얼음이 물에 잠긴 부피만큼 이미 해수면이 올라가 있어 빙산이 녹더라도 해수면의 높이에는 영향을 미치지 않음.

---

1 기후 변화가 미치는 영향

(1) 기후 변화로 인한 *해수면 높이 변화

① 기후 변화로 인해 지구의 평균 기온이 높아지면서 극지방과 육지를 덮고 있던 *빙하가 빠르게 녹고 있습니다.

② 빙하가 녹은 물이 바다로 흘러가서 해수면이 상승하면 바닷가 근처의 육지가 물에 잠겨 사람과 동식물이 살 수 있는 육지 면적이 줄어듭니다.

(2) 해수면 상승으로 인한 피해 알아보기

교과서 대표 탐구   실험동영상

해수면 상승으로 인한 피해 모형실험 하기

| 과정 |

❶ 바닷가 마을에 무엇이 있는지 생각해 보고, 점토와 깃발을 사용하여 바닷가 마을을 만들어 봅니다. → 바닷가 마을에는 주택가, 농경지, 관광지, 가게, 숲, 섬 등이 있어요.

❷ 바닷가 마을에 천천히 물을 부으면서 물에 잠기는 부분을 관찰해 봅니다.

❸ 깃발을 꽂아 둔 부분이 실제로 잠긴다면 어떤 피해가 있을지 예측하여 이야기해 봅니다.

| 결과 |

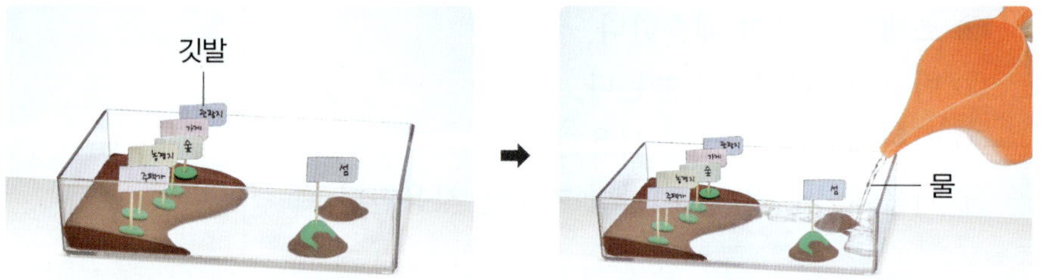

바닷가 마을에 물을 부으면 주택가, 농경지, 관광지, 가게, 숲, 섬 깃발을 꽂아 둔 부분이 모두 물에 잠깁니다.

정리

기후 변화로 해수면이 상승하면 섬과 해안가의 육지가 바닷물에 잠기고 우리가 살 수 있는 땅이 줄어들게 될 것입니다.

(3) 기후 변화가 미치는 영향

→ 바닷물의 온도가 높아져 많은 양의 물이 증발하면서 거대한 구름을 포함한 태풍이 생겨요.

① 해수면 상승뿐만 아니라 홍수, 폭염, 가뭄, 큰 산불, 태풍 등의 자연재해가 예전보다 자주, 심각하게 발생하여 그로 인한 피해가 커지고 있습니다.

② 기후 변화로 비가 적게 내려 물과 식량이 부족해지고, 열사병과 같은 온열 질환과 감염병으로 고통받는 사람들이 늘어납니다.

③ 기후 변화는 사람은 물론 기후 변화에 적응하지 못한 생물에게도 심각한 영향을 미칩니다.

→ 모기나 진드기와 같은 해충이 많아져 감염병이 증가할 수 있어요.

2 기후 변화에 대응하는 방법 ➕

① 화석 연료의 사용을 줄이기 위한 법과 제도를 만듭니다.
② 친환경 기술이나 생산 과정에서 에너지를 적게 사용하는 에너지 기술을 개발합니다.
③ 폭염, 한파, 홍수, 폭설 등 기후 변화 현상에 사람들이 적응할 수 있도록 대비하고, 기후 변화에 대응하기 위한 국제*협약을 맺습니다. ➕
④ 과대 포장을 줄이고, 일회용품을 적게 사용하도록 규제합니다.

▲ 태양 빛을 이용한 발전 시설

▲ 친환경 자동차

▲ 친환경 농업
└ 오리를 이용하여 잡초와 해충을 없애는 등 친환경 농업을 이용하면 화학 비료나 농약을 사용하지 않고 잡초와 해충을 없앨 수 있어요.

▲ 숲, 갯벌 등의 보존 및 관리

3 우리가 실천할 수 있는 기후 변화 대응 방법

① 음식물 쓰레기를 줄입니다.
② 일회용품을 적게 사용합니다.
③ 전기 등 에너지를 아껴 씁니다.
④ 물건을 살 때 장바구니를 사용합니다.
⑤ 물 등 자원을 아껴 쓰도록 노력합니다.
⑥ 가까운 거리는 걷거나 자전거를 이용합니다.

➕ 다양한 기후 변화 대응 방법
• 건물의 옥상 바닥 등 햇빛을 받는 면을 흰색으로 칠하면 태양열을 차단하여 옥상의 온도를 낮춰주므로, 냉방에 필요한 전기를 줄일 수 있습니다.
• 더운 날 물을 뿌리면 주변 온도를 낮춰서 더위를 식히는 데 도움이 됩니다.
• 폭설에 대비하기 위해 도로 바닥에 열선을 설치해 도로가 어는 것을 방지합니다.

➕ *수위관측소
강, 호수, 저수지 등의 물 높이를 관측할 수 있는 수위관측소를 설치하여 가뭄이나 홍수가 일어나는 것을 분석하고 예보하는 시스템을 개발하도록 합니다.

용어 사전

★ **협약** 어떤 일에 대하여 여럿이 서로 의논한 결과에 의해 조약을 맺음. 또는 그 조약.

★ **수위** 강, 바다, 호수, 저수지 등의 물의 높이.

4단원 3회

핵심만 한번 더 쓰면서 정리 !

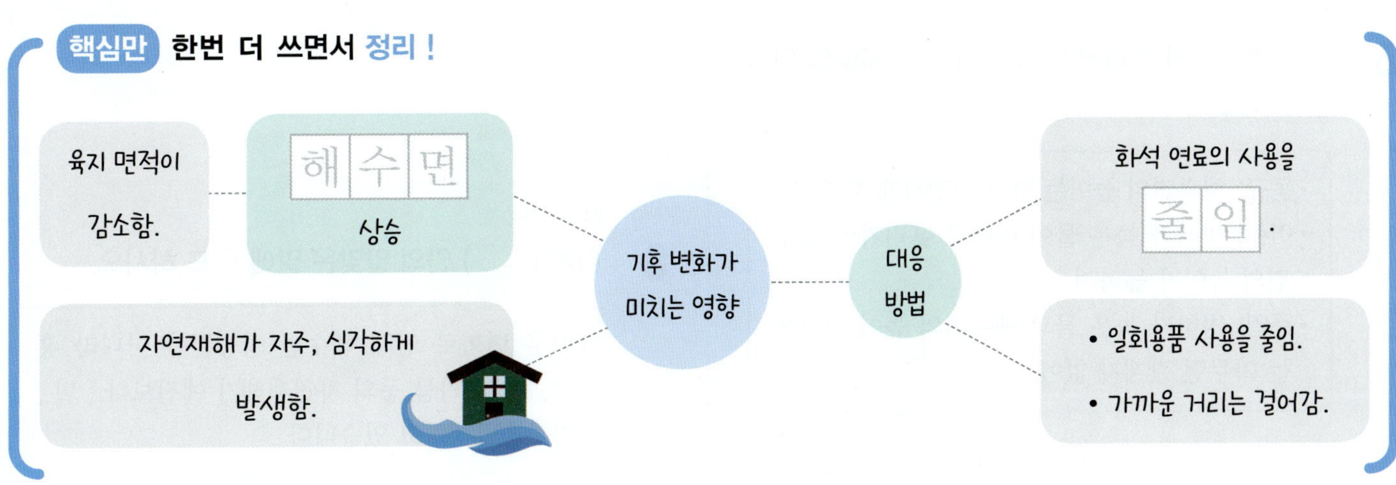

핵심 체크

1 기후 변화로 인해 지구의 평균 기온이 높아지면서 극지방과 육지를 덮고 있던 빙하는 어떻게 됩니까?

2 빙하가 녹은 물이 바다로 흘러가면 해수면이 (낮아집니다, 높아집니다).

3 해수면이 상승하면 바닷가 근처의 육지가 (   )에 잠겨 사람과 동식물이 살 수 있는 육지 면적이 줄어듭니다.

4 기후 변화에 대응하기 위해 물건을 살 때 (일회용 봉지, 장바구니)를 이용합니다.

📖 7종 공통

5 다음 (   ) 안에 들어갈 알맞은 말을 쓰시오.

> 기후 변화로 인해 지구의 평균 기온이 높아지면서 극지방과 육지를 덮고 있던 (   )이/가 빠르게 녹고 있다.

(   )

📖 7종 공통

6 해수면 높이의 변화에 대해 옳게 말한 사람의 이름을 쓰시오.

> • 동규: 해수면의 높이는 항상 일정하게 유지돼.
> • 아린: 빙하가 녹은 물이 바다로 흘러가면 해수면의 높이가 높아져.
> • 준엽: 빙하가 녹은 물과 해수면의 높이 변화에는 아무런 관계가 없어.

(   )

📖 7종 공통

7 해수면 상승으로 인한 피해 모형실험의 과정과 결과에 대한 내용으로 옳은 것을 (보기)에서 골라 기호를 쓰시오.

> (보기)
> ㉠ 바닷가 마을에 물을 붓는 것은 해수면의 높이가 높아질 때에 비교할 수 있다.
> ㉡ 깃발이 꽂힌 부분이 물에 잠기는 것은 마실 수 있는 물이 생기는 것에 해당한다.
> ㉢ 이 실험을 통해 시간이 지남에 따라 바닷가 마을의 땅이 점차 넓어진다는 것을 알 수 있다.

(   )

📖 7종 공통

8 다음 (   ) 안의 알맞은 말에 ○표 하시오.

> 기후 변화로 인해 해수면 상승뿐만 아니라 홍수, 폭염, 가뭄 등의 자연재해가 예전보다 (덜 , 자주) 발생하고 있습니다.

▣ 7종 공통

9 기후 변화가 미치는 영향으로 옳지 <u>않은</u> 것은 어느 것입니까? (   )

① 빙하가 녹아 해수면이 상승한다.
② 집중 호우로 인해 홍수가 발생한다.
③ 오랫동안 비가 내리지 않아 가뭄이 발생한다.
④ 건조한 날씨가 이어지면서 큰 산불이 발생한다.
⑤ 바닷물의 온도가 높아지면서 태풍이 발생하는 횟수가 예전보다 줄어든다.

디지털 문해력 동아, 아이스크림, 지학사, 천재(이)

10 다음은 사과를 판매하는 온라인 쇼핑몰의 광고 페이지입니다. 이 글과 관련 있는 내용으로 옳은 것에 모두 ○표 하시오.

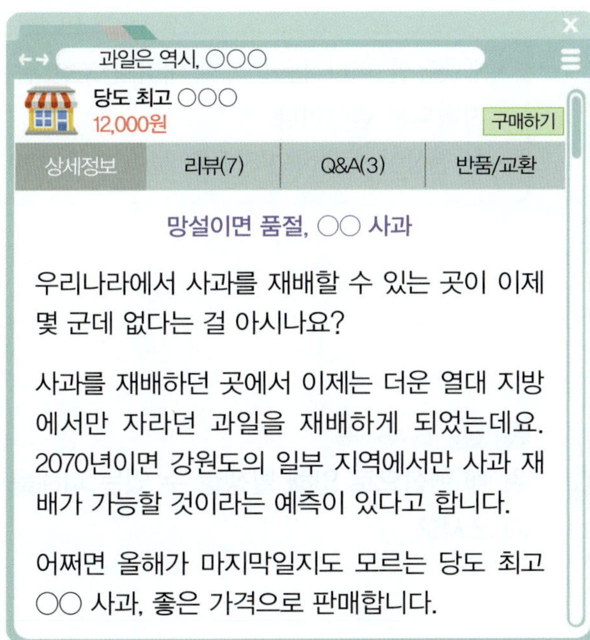

(1) 기후 변화로 인해 우리나라에서 재배되는 사과의 수확량이 늘어나고 있다.　(   )

(2) 기후 변화로 지구의 평균 기온이 높아지면서 우리 생활과 환경에 영향을 미치고 있다.　(   )

(3) 기후 변화는 사람은 물론 기후 변화에 적응하지 못한 생물에게도 심각한 영향을 미친다.　(   )

서술형 동아, 미래엔, 비상, 아이스크림

11 기후 변화로 모기나 진드기와 같은 해충이 많아지면 우리에게 어떤 영향을 미칠 수 있는지 쓰시오.

____

____

도움말 모기나 진드기와 같은 동물을 해충(해를 끼치는 벌레)이라고 부르는 이유는 무엇인지 생각해 보세요.

▣ 7종 공통

12 기후 변화에 대응하는 방법으로 옳은 것을 (보기)에서 골라 기호를 쓰시오.

(보기)
㉠ 화석 연료의 사용을 늘리기 위한 법과 제도를 만든다.
㉡ 폭설에 대비하기 위해 도로 바닥에 열선을 설치하여 도로가 어는 것을 방지한다.
㉢ 생산 과정에서 화석 연료를 주로 사용하는 에너지 기술이나 농업 시설을 개발한다.

(   )

▣ 7종 공통

13 기후 변화 대응 방법을 바르게 실천하고 있는 모습을 골라 기호를 쓰시오.

(   )

학습 결과에 색칠하세요.   

4 단원
3회

1 다음 (　) 안에 공통으로 들어갈 알맞은 말은 어느 것입니까? (　　　)

> • 일정한 지역에서 오랜 기간에 걸쳐 나타나는 날씨의 평균적인 상태를 (　　　)(이)라고 한다.
> • 오랜 시간에 걸쳐 평균적인 날씨가 변하는 것을 (　　　) 변화라고 한다.

① 기압　　　　　② 온도
③ 습도　　　　　④ 기후
⑤ 강수량

2 폭염에 대해 옳지 <u>않게</u> 말한 사람의 이름을 쓰시오.

> • 지온: 기후 변화 현상이야.
> • 효송: 낮 동안에는 강한 햇빛으로 외출하기 힘들어.
> • 루아: 밤에도 더위가 계속 이어져서 잠을 자기 어려워.
> • 우찬: 수돗물이 얼어서 수도관이 터지는 등의 피해가 발생하지.

(　　　　　　　　　　)

|3~5| 다음은 기후 변화 현상의 예입니다. 물음에 답하시오.

(가)

▲ 폭염

(나)

▲ 가뭄

(다)

▲ 한파

(라)

▲ 홍수

3 위 (가)~(라) 중 다음 설명에 해당하는 것을 골라 기호를 쓰시오.

> • 오랫동안 비나 눈이 적게 내려 건조한 날씨가 지속되는 현상이다.
> • 이 현상이 발생하면 사용할 물이 부족해진다.

(　　　　　　　　　　)

4 위 (라) 현상으로 인해 발생할 수 있는 피해를 한 가지 쓰시오.

____

____

5 위 (가)~(라) 중 기온의 변화와 관련 있는 기후 변화 현상을 두 가지 골라 기호를 쓰시오.

(　　　　　　　　　　)

| 6~7 | 다음은 세계 여러 나라에 나타난 기후 변화 현상의 예입니다. 물음에 답하시오.

나라	일자	피해 사례
오스트레 일리아	2022년 1월	약 60년 만에 최고 기온을 기록함.
대한민국	2022년 8월	115년만에 기록적인 폭우가 내림.
파키스탄	2022년 8월	(㉠)(으)로 인해 국토의 많은 부분이 물에 잠길 정도의 큰 홍수가 발생함.
미국	2022년 12월	32년 만에 최저 기온을 기록함.

📖 7종 공통

6 위 ㉠에 들어갈 알맞은 말은 어느 것입니까?

(　　　)

① 기후　　　② 폭우　　　③ 폭염
④ 한파　　　⑤ 열대야

📖 7종 공통

7 위 내용을 통해 알 수 있는 것이 <u>아닌</u> 것을 (보기)에서 골라 기호를 쓰시오.

(보기)
㉠ 홍수가 발생하면 기온이 높아진다.
㉡ 기후 변화 현상은 다양하게 발생한다.
㉢ 우리나라에서도 기후 변화로 인한 피해가 발생했다.
㉣ 기후 변화 현상은 세계 여러 나라에서 나타나고 있다.

(　　　　　)

📖 7종 공통

8 기후 변화에 대한 설명으로 옳은 것에 ○표 하시오.

⑴ 기후는 자연적으로는 변하지 않는다.
(　　　)
⑵ 인간의 활동과 기후 변화 사이에는 아무런 관계가 없다.
(　　　)
⑶ 지구의 온도가 점점 높아지면서 기후 변화가 심해지고 있다.
(　　　)

동아, 아이스크림, 지학사, 천재(이), 천재(정)

9 다음 ( ) 안에 공통으로 들어갈 알맞은 기체를 (보기)에서 골라 이름을 쓰시오.

도로나 건물을 만들기 위해 숲을 망가뜨리면 온실 효과를 일으키는 기체인 ( )이/가 증가하게 된다. 숲은 ( )을/를 줄이고 저장하는 역할을 하기 때문이다.

(보기)
질소　　산소　　수소　　헬륨　　이산화 탄소

(　　　　　)

📖 7종 공통

10 다음과 같은 인간의 활동에서 주로 사용되는 것으로 알맞은 것은 어느 것입니까? (　　　)

▲ 냉난방을 할 때

▲ 전기를 생산할 때

▲ 교통수단을 이용할 때

▲ 공장에서 제품을 생산할 때

① 물　　　　　② 유리
③ 오존　　　　④ 수증기
⑤ 화석 연료

4
단원
4회

📖 7종 공통

11 다음 ( ) 안에 들어갈 알맞은 말에 각각 ○표 하시오.

> 산업이 발달함에 따라 화석 연료를 사용하는 과정에서 대기 중으로 배출된 많은 양의 이산화 탄소 때문에 지구의 온도가 계속 ㉠ (낮아지고 , 높아지고) 있으며, 변화된 지구의 온도에 따라 기후 변화가 ㉡ (줄어든다 , 심해진다).

📖 7종 공통

12 기후 변화에 좋지 않은 영향을 주는 인간의 활동으로 알맞은 것은 어느 것입니까? ( )

① 쓰레기를 분리 배출한다.
② 빈방에 전등을 켜 놓는다.
③ 음식을 남기지 않고 먹는다.
④ 일회용 제품을 적게 사용한다.
⑤ 냉난방 기구를 사용할 때에는 창문을 닫는다.

📖 7종 공통

13 다음은 기후 변화에 대한 글의 일부입니다. ( ) 안에 들어갈 알맞은 말을 쓰시오.

> 과거에 비해 급격하게 늘어난 ( )의 활동과 자연환경을 생각하지 않은 무분별한 개발은 기후 변화에 심각한 영향을 미치고 있다. 화석 연료의 사용으로 ( )의 생활은 편리해졌지만 많은 양의 이산화 탄소가 대기 중으로 배출되어 기후 변화가 심해지고 있기 때문이다.

( )

서술형 동아, 비상, 지학사, 천재(이), 천재(정)

14 다음과 같은 인간의 활동이 기후 변화에 어떻게 영향을 미치는지 쓰시오.

> 인간은 편리한 생활을 하기 위해 자동차나 비행기 등의 교통수단을 많이 이용하고 있다. 

____

____

____

📖 7종 공통

15 기후 변화로 인한 해수면 높이 변화에 대한 내용으로 옳지 <u>않은</u> 것을 (보기)에서 골라 기호를 쓰시오.

> (보기)
> ㉠ 지구의 평균 기온이 높아지기 때문에 해수면 높이에 변화가 생긴다.
> ㉡ 극지방과 육지를 덮고 있던 빙하가 빠르게 녹으면서 해수면 높이에 변화가 생긴다.
> ㉢ 기후 변화로 인해 빙하가 녹은 물이 바다로 흘러 들어가서 해수면이 낮아지게 된다.

( )

4
단원

4회

7종 공통

16 오른쪽은 해수면 상승으로 인한 피해 모형실험을 하는 모습입니다. 모형실험과 실제 자연을 비교한 것으로 다음 ㈎에 들어갈 알맞은 것을 (보기)에서 골라 기호를 쓰시오.

수조 속 물의 높이	바닷가 마을의 장소를 쓴 깃발
㈎	실제 육지의 건물이나 환경 등

(보기)
㉠ 빙하의 크기
㉡ 해수면의 높이
㉢ 사용할 수 있는 바닷물의 양
㉣ 우리가 살 수 있는 땅의 면적

( )

7종 공통

17 위 **16**번 모형실험의 결과를 통해 알 수 있는 사실로 옳은 것에 ○표, 옳지 <u>않은</u> 것에 ×표 하시오.

(1) 해수면이 상승하면 우리가 살 수 있는 땅이 줄어들게 된다. ( )

(2) 해수면이 상승하면 우리가 이용할 수 있는 물이 늘어나는 좋은 점도 있다. ( )

(3) 해수면이 상승하면 바닷가 근처의 육지가 바닷물에 잠길 수 있다는 것을 알 수 있다. ( )

비상, 아이스크림, 천재(이), 천재(정)

18 기후 변화 대응 방법으로 알맞지 <u>않은</u> 것을 두 가지 고르시오. ( )

① 과대 포장을 늘린다.
② 전기 등의 에너지를 아껴 쓴다.
③ 가까운 거리는 걷거나 자전거를 이용한다.
④ 기후 변화에 대응하기 위한 국제 협약을 맺는다.
⑤ 화석 연료의 사용을 늘리기 위한 제도를 만든다.

| **19~20** | 다음은 기후 변화 현상의 예를 나타낸 자료입니다. 물음에 답하시오.

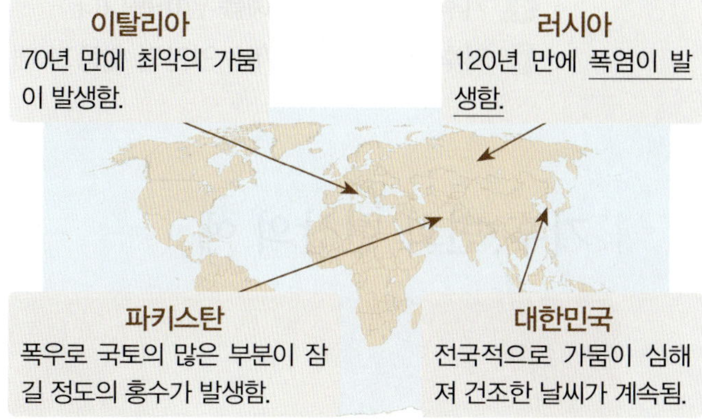

7종 공통

19 위 자료에 대해 옳게 말한 사람의 이름을 쓰시오.

- 진규: 우리나라에서도 기후 변화로 인한 가뭄이 발생했어.
- 아리: 기후 변화 현상이 발생해도 우리의 생활에는 영향을 미치지 않네.
- 상훈: 전 세계적으로 기온이 매우 낮아지는 기후 변화 현상이 발생하고 있어.

( )

서술형 **7종 공통**

20 위 러시아의 밑줄 친 부분의 기후 변화 현상이 발생했을 때의 모습으로 알맞은 것을 골라 기호를 쓰고, 이 현상은 우리에게 어떤 피해를 주는지 쓰시오.

㉠ 　㉡ 

(1) 알맞은 모습: ( )

(2) 우리에게 주는 피해: ___________

____

학습 결과에 색칠하세요.   

기후 변화와 우리 생활 살펴보기

- 기후 변화 현상의 예를 알아봅니다.
- 기후 변화를 일으키는 인간의 활동과 대응 방법을 알아봅니다.

기후 변화 현상의 예

폭염

낮 최고 기온이 33 ℃ 이상으로 매우 심한 더위를 말합니다.

한파

기온이 영하 12 ℃ 이하로 떨어지는 매우 추운 날씨입니다.

가뭄

오랫동안 비나 눈이 적게 내려 건조한 날씨가 지속되는 현상입니다.

홍수

비가 많이 와서 강이나 개천에 갑자기 크게 불어난 물을 말합니다.

기후 변화를 일으키는 인간의 활동

제품 생산

석유를 사용한 제품 생산으로 많은 양의 이산화 탄소가 배출됩니다.

산림 훼손

산림을 망가뜨리면 온실 효과를 일으키는 기체가 증가합니다.

교통수단 이용

화석 연료를 사용하는 교통수단은 매연과 이산화 탄소를 배출합니다.

기후 변화 대응 방법

태양광 발전 시설

친환경 자동차

친환경 농업

자연환경 보존

대중교통 이용

장바구니 사용

- 화석 연료의 사용을 줄이기 위한 법과 제도를 만들고, 에너지 기술을 개발합니다.
- 숲이나 갯벌과 같이 온실 효과를 줄일 수 있는 자연환경을 보존하고 관리합니다.
- 과대 포장을 줄이고 일회용품을 적게 사용하도록 규제하며, 자원을 아껴씁니다.

2학기 용어 되돌아 보기

가로 열쇠와 세로 열쇠를 읽고, 퍼즐을 풀어 보세요.

● 정답 17쪽

가로 열쇠

❶ 색깔과 냄새가 없고 다른 물질이 타는 것을 막으며, 기후 변화의 원인이 되는 기체. ○○○ ○○.

❹ 햇빛 등을 이용하여 스스로 양분을 만드는 생물 요소.

❺ 태양을 중심으로 태양의 영향을 받는 천체와 태양의 영향이 미치는 공간.

❼ 환경오염의 종류로 물의 오염을 이르는 말.

❽ 태양계 행성 중 태양으로부터의 거리가 가장 먼 행성.

❾ 비가 많이 와서 물이 갑자기 크게 불어나는 현상.

❿ 먹이 사슬이 얽혀 복잡한 그물처럼 연결된 것. ○○ ○○.

세로 열쇠

❷ 색깔과 냄새가 없고 다른 물질이 타는 것을 도우며, 생물의 호흡에 필요한 기체.

❸ 다른 생물을 먹이로 하여 양분을 얻는 생물 요소.

❹ 어떤 곳에서 서로 영향을 주고받는 생물과 이를 둘러싼 환경 전체.

❻ 북극성 주변의 별자리로, 알파벳 엠(M) 자 또는 더블유 (W) 자 모양처럼 보이는 것. ○○○○○○자리.

❼ 태양계 행성 중 크기가 가장 작은 행성.

❽ 바닷물의 표면. 기후 변화로 인해 점점 상승하고 있음.

백점

과학 4·2

평가북

- 빠르게 정리하는 **단원 핵심 개념**
- 학교 시험 대비 수준별 **단원 평가**

2022 개정 교육과정

동아출판

백점

과학 4·2

평가북

1. 밤하늘 관찰

● 정답 **18쪽**

1 달의 생김새

달의 모양과 표면의 특징

- 달은 둥근 공 모양입니다.
- 달의 표면에는 크고 작은 충돌 구덩이가 많습니다.
- 밝게 보이는 부분과 어둡게 보이는 부분이 있습니다.
- 달의 표면에서 어둡게 보이는 부분을 '달의 ❶[　　　]'라고 합니다.

달과 지구 비교하기

구분	달	지구
충돌 구덩이	많음.	많지 않음.
바다	어둡게 보임.	파랗게 보임.
물	없음.	있음.

2 여러 날 동안 달의 모양 변화

여러 날 동안 보이는 달의 모양 변화

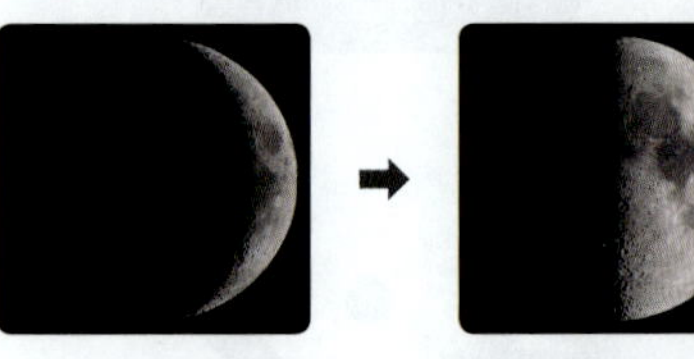 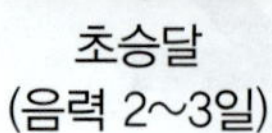  

초승달 (음력 2~3일) → 상현달 (음력 7~8일) → 보름달 (음력 15일)

→ 하현달 (음력 22~23일) → 그믐달 (음력 27~28일) →

- 달의 모양은 초승달, 상현달, ❷[　　　]달, 하현달, 그믐달 순서로 바뀝니다.
- 달의 모양은 약 30일 주기로 반복됩니다.

3 태양과 태양계 행성

- **태양계:** 태양을 중심으로 태양의 영향을 받는 천체와 태양의 영향이 미치는 공간
- **태양:** 태양은 태양계의 중심에 있으며, 스스로 빛을 냅니다.
- **태양계 행성:** 태양 주위를 도는 천체를 ❸[　　　]이라고 하며, 태양계에는 여덟 행성이 있습니다.

▲ 수성　　▲ 금성　　▲ 지구　　▲ 화성

▲ 목성　　▲ 토성　　▲ 천왕성　　▲ 해왕성

4 별과 행성, 별자리

별과 행성

비슷한 점	• 밤하늘에서 밝게 빛남. • 점으로 보임.
다른 점	• 별은 스스로 빛을 내지만 행성은 스스로 빛을 내지 못함. • 별은 행성보다 지구에서 매우 멀리 떨어져 있음.

북극성 주변의 별자리: ❹[　　　] 하늘에서 볼 수 있는 북극성 주변의 별자리에는 큰곰자리, 작은곰자리, 카시오페이아자리 등이 있습니다.

▲ 큰곰자리　　▲ 작은곰자리　　▲ 카시오페이아자리

단원 **평가** Ⓐ 단계   **1. 밤하늘 관찰**   맞은 개수 / 15

달의 생김새

1 달에서 관찰할 수 있는 모습으로 옳은 것은 어느 것입니까? (　　　)

① 달은 네모난 모양이다.
② 달의 표면은 초록색이다.
③ 지구와 같은 색으로 빛난다.
④ 밝게 보이는 부분은 구름이다.
⑤ 밝은 부분과 어두운 부분이 있다.

2 다음은 달 표면의 모습입니다. ㉠과 ㉡에 대한 설명으로 옳은 것에 ○표, 옳지 않은 것에 ✕표 하시오.

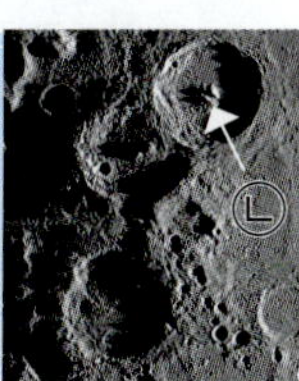

⑴ ㉠은 '달의 바다'이다.   (　　　)
⑵ ㉠에는 물고기가 산다.   (　　　)
⑶ ㉡의 안에는 공기가 있다.   (　　　)
⑷ ㉡은 '달의 충돌 구덩이'이다.   (　　　)

3 달에 대한 설명으로 옳지 <u>않은</u> 부분의 기호를 쓰고, 옳게 고쳐 쓰시오.

> 달은 ㉠ 둥근 공 모양으로 ㉡ 회색빛을 띤다. 달 표면에는 어두운 곳과 밝은 곳, ㉢ 편평한 부분과 울퉁불퉁한 부분이 있다. 달 표면의 ㉣ 밝은 곳을 달의 바다라고 부른다.

⑴ 옳지 않은 부분: (　　　　　　　)
⑵ 옳게 고쳐 쓰기: (　　　　　　　)

4 지구와 달의 공통점을 옳게 말한 사람의 이름을 쓰시오.

> • 정한: 푸른 바다가 있어.
> • 수영: 둥근 공 모양이야.
> • 지훈: 전체적으로 붉은색이야.
> • 민지: 위쪽은 편평하고 아래쪽은 둥글어.

(　　　　　　　)

여러 날 동안 보이는 달의 모양 변화

5 여러 날 동안 달을 관찰할 계획을 세우려고 할 때 가장 알맞지 <u>않은</u> 것을 (보기)에서 골라 기호를 쓰시오.

> (보기)
> ㉠ 같은 장소, 같은 시각에 관찰한다.
> ㉡ 주변에 높은 건물이 없는 곳을 선택한다.
> ㉢ 하늘에 해가 떠 있을 때 관찰하는 것이 좋다.
> ㉣ 남쪽을 바라보고 서서 달의 위치와 모양을 관찰한다.

(　　　　　　　)

| 6~7 | 다음은 여러 날 동안 볼 수 있는 달의 모양입니다. 물음에 답하시오.

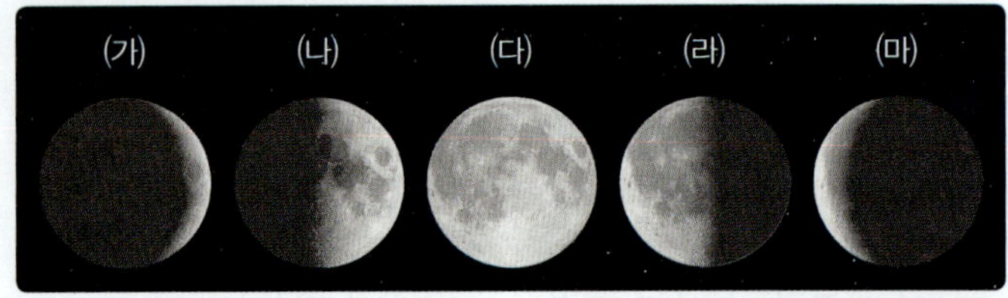

6 위 (나)와 같은 달을 볼 수 있는 때는 언제입니까?
( )

① 음력 2~3일 무렵
② 음력 7~8일 무렵
③ 음력 15일 무렵
④ 음력 22~23일 무렵
⑤ 음력 27~28일 무렵

7 위 (가)~(마) 중 음력 15일 무렵 볼 수 있는 달은 어느 것인지 기호와 달의 이름을 쓰시오.
( )

8 다음은 어느 해 4월 달력입니다. 4월 5일에 밤하늘에서 볼 수 있는 달의 이름을 쓰시오.

4월

일	월	화	수	목	금	토
		음3/4 1	음3/5 2	음3/6 3	음3/7 4	음3/8 5
음3/9 6	음3/10 7	음3/11 8	음3/12 9	음3/13 10	음3/14 11	음3/15 12
음3/16 13	음3/17 14	음3/18 15	음3/19 16	음3/20 17	음3/21 18	음3/22 19
음3/23 20	음3/24 21	음3/25 22	음3/26 23	음3/27 24	음3/28 25	음3/29 26
음3/30 27	음3/31 28	음4/1 29	음4/2 30			

( )

9 태양계와 태양계의 구성원에 대한 설명으로 옳지 않은 것을 (보기)에서 골라 기호를 쓰시오.

(보기)

㉠ 달도 태양계의 구성원 중 하나이다.
㉡ 태양계에는 여덟 개의 행성이 있다.
㉢ 태양계에서 스스로 빛을 내는 천체는 태양과 지구뿐이다.
㉣ 태양을 중심으로 태양의 영향을 받는 천체와 그 공간을 통틀어 태양계라고 한다.

( )

10 다음 특징과 관계있는 행성은 어느 것입니까?
( )

• 파란색, 초록색 등을 띤다.
• 둥근 공 모양이며, 고리가 없다.
• 물이 있고, 많은 생물이 살고 있다.

11 다음 설명과 관계있는 태양계 행성은 무엇인지 쓰시오.

> • 둥근 공 모양이고, 고리가 없다.
> • 표면이 붉은색을 띠고 암석으로 이루어져 있다.

(   )

12 다음 (   ) 안의 알맞은 말에 각각 ○표 하시오.

> 태양계 행성 중 크기가 가장 작은 행성은 ㉠ (수성 , 금성)이고, 크기가 가장 큰 행성은 ㉡ (목성 , 해왕성)이다. 태양계 행성 중에서 지구와 크기가 가장 비슷한 것은 ㉢ (금성 , 화성)이다.

별과 행성, 북극성 주변의 별자리

13 별과 행성의 비슷한 점으로 옳은 것을 (보기)에서 골라 기호를 쓰시오.

> (보기)
> ㉠ 스스로 빛을 낸다.
> ㉡ 밤하늘에서 볼 수 있다.
> ㉢ 지구와의 거리가 가깝다.

(   )

14 다음 (   ) 안에 공통으로 들어갈 알맞은 말은 어느 것입니까? (   )

> 나침반이 발명되기 전에는 별과 별자리를 보고 방향을 찾을 수 있었다. 밤하늘의 (   )은/는 북쪽 하늘에서 일 년 내내 거의 같은 위치에 있기 때문에 (   )을/를 보면 방향을 알 수 있다.

① 달   ② 혜성
③ 북극성   ④ 북두칠성
⑤ 큰곰자리

15 다음과 관계있는 별자리의 이름을 쓰시오.

> • 북극성 주변의 별자리이다.
> • 북극성을 찾는 데 이용할 수 있다.
> • 엠(M) 자나 더블유(W) 자 모양으로 보인다.

(   )

1 다음은 달에 대한 설명입니다. ( ) 안에 들어갈 알맞은 말끼리 옳게 짝 지은 것은 어느 것입니까?

( )

> • 달은 (㉠) 모양이다.
> • 달 표면은 (㉡)빛을 띤다.

	㉠	㉡
①	네모	회색
②	편평한	노란색
③	편평한	노란색
④	둥근 공	회색
⑤	둥근 공	초록색

2 옛날 사람들이 달 표면을 보고 다음과 같이 여러 가지 모양을 상상한 까닭을 옳게 말한 사람의 이름을 쓰시오.

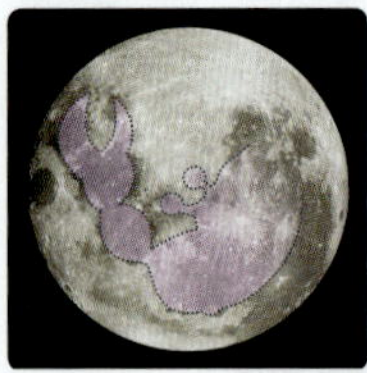
▲ 게

▲ 방아 찧는 토끼

▲ 두꺼비

> • 주연: 달이 둥근 모양이기 때문이야.
> • 성호: 달 표면에 밝은 부분과 어두운 부분이 있기 때문이야.
> • 소연: 실제로 달에 여러 종류의 동물이 살고 있기 때문이야.

( )

3 다음은 달의 모습입니다. 달의 표면에서 볼 수 있는 모습 중 ㉠ 부분을 무엇이라고 하는지 골라서 ○표 하고, 이곳의 특징을 한 가지 쓰시오.

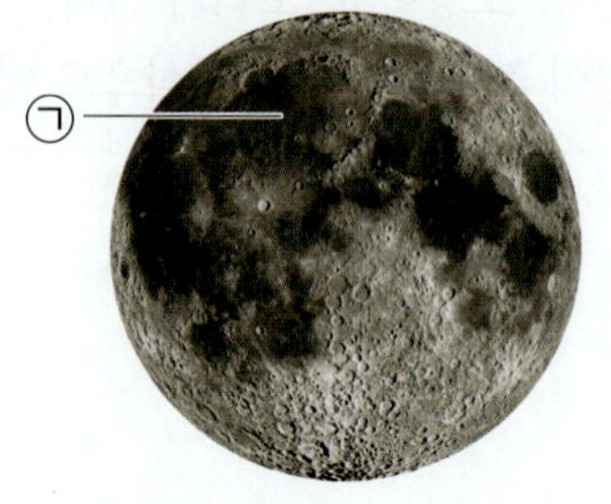

(1) ㉠: 달의 (산 , 바다 , 동물 , 사막)

(2) 특징: ______________________

____

4 지구와 달의 공통점으로 옳은 것을 골라 ○표 하시오.

(1) 물이 있다.   ( )
(2) 둥근 공 모양이다.   ( )
(3) 충돌 구덩이가 많다.   ( )
(4) 파랗게 보이는 바다가 있다.   ( )

5 오른쪽은 달 모형의 모습입니다. 달 모형과 실제 달의 비슷한 점으로 옳지 <u>않은</u> 것을 〈보기〉에서 골라 기호를 쓰시오.

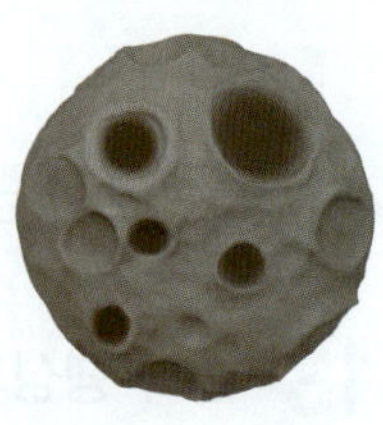

> 〈보기〉
> ㉠ 크기가 비슷하다.
> ㉡ 둥근 공 모양이다.
> ㉢ 표면이 울퉁불퉁하다.
> ㉣ 구덩이의 모양이 대체로 둥글다.

( )

6 여러 날 동안 달의 모양과 위치를 관찰하려고 합니다. 계획을 바르게 세운 모둠을 쓰시오.

> • 1모둠: 3일 동안 매일 아침 9시에 관찰한다.
> • 2모둠: 주변에 높은 건물이 있는 골목에서 관찰한다.
> • 3모둠: 달의 모양과 위치를 관찰하여 그림으로 그려 기록한다.
> • 4모둠: 북쪽을 향해 서서 매일 다른 시각 달을 찾아 관찰한다.

(   )

7 다음은 여러 날 동안 달의 모양 변화를 나타낸 것입니다. ㉠과 ㉡에 들어갈 알맞은 달의 이름을 쓰시오.

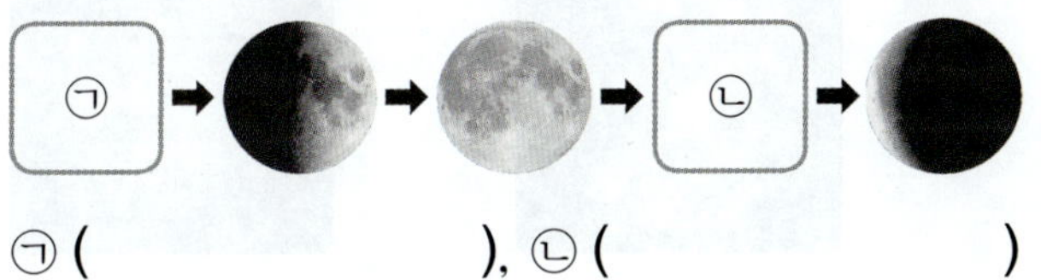

㉠ (   ), ㉡ (   )

8 오른쪽 달에 대한 설명으로 옳지 <u>않은</u> 것을 (보기)에서 골라 기호를 쓰시오.

> (보기)
> ㉠ 달의 이름은 상현달이다.
> ㉡ 음력 7~8일 무렵에 볼 수 있다.
> ㉢ 상현달은 그믐달에서 밝은 부분이 점점 커지면서 된 모습이다.

(   )

서술형

9 다음은 어느 해의 12월 달력입니다. 12월 4일에 밤하늘에서 관측할 수 있는 달의 이름을 쓰고, 그렇게 생각한 까닭을 쓰시오.

일	월	화	수	목	금	토
12월						
	음10/12 1	음10/13 2	음10/14 3	음10/15 4	음10/16 5	음10/17 6
음10/18 7	음10/19 8	음10/20 9	음10/21 10	음10/22 11	음10/23 12	음10/24 13
음10/25 14	음10/26 15	음10/27 16	음10/28 17	음10/29 18	음10/30 19	음11/1 20
음11/2 21	음11/3 22	음11/4 23	음11/5 24	음11/6 25	음11/7 26	음11/8 27
음11/9 28	음11/10 29	음11/11 30	음11/12 31			

____

____

____

10 오른쪽 달을 관측하고 약 30일이 지난 후에 같은 장소, 같은 시각에 관측할 수 있는 달은 어느 것입니까? (   )

① 

② 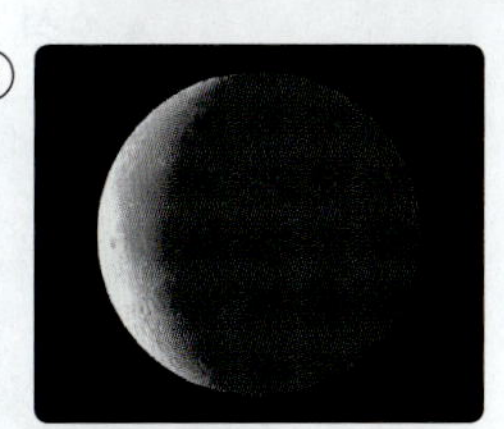

③ 

④ 

11 태양계에 대한 설명으로 옳은 것을 두 가지 고르시오. ( )

① 지구는 태양계의 중심에 있다.
② 태양 주위를 도는 천체를 별이라고 한다.
③ 태양, 행성, 혜성, 소행성 등으로 구성된다.
④ 태양계에서 스스로 빛을 내는 천체는 달과 태양이다.
⑤ 태양과 태양의 영향이 미치는 공간, 태양의 영향을 받는 천체를 말한다.

서술형

12 다음 태양계 행성들을 고리의 유무에 따라 분류하여 쓰시오.

▲ 수성   ▲ 금성

▲ 목성   ▲ 토성

____

____

13 다음 두 천체의 공통점으로 옳은 것을 (보기)에서 두 가지 고르시오.

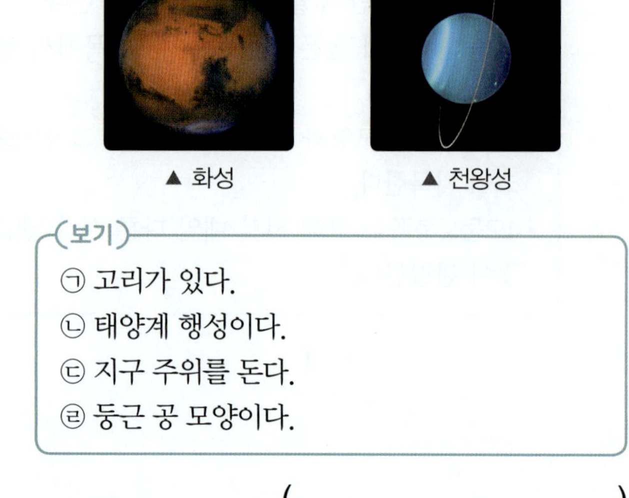

▲ 화성   ▲ 천왕성

(보기)
㉠ 고리가 있다.
㉡ 태양계 행성이다.
㉢ 지구 주위를 돈다.
㉣ 둥근 공 모양이다.

(   )

14 태양계 행성 표면의 상태가 나머지와 <u>다른</u> 하나를 골라 ◯표 하시오.

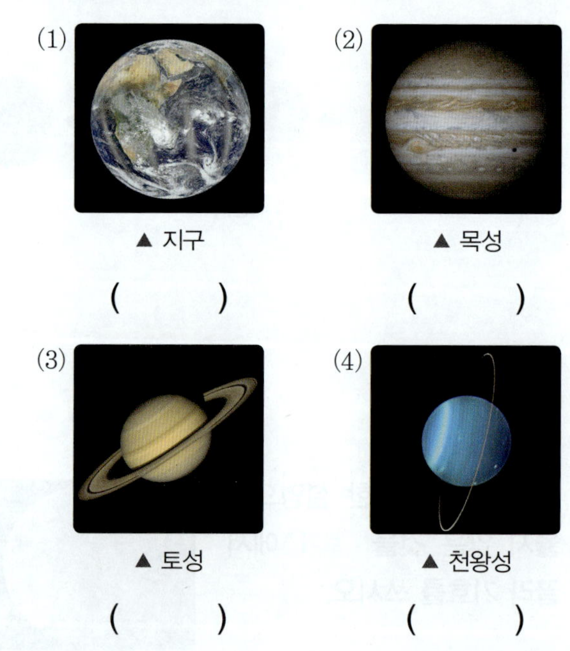

(1) ▲ 지구   (2) ▲ 목성
(   )   (   )

(3) ▲ 토성   (4) ▲ 천왕성
(   )   (   )

15 파란색을 띠고 표면이 기체로 이루어져 있으며, 태양으로부터의 거리가 가장 먼 행성의 이름을 쓰시오.

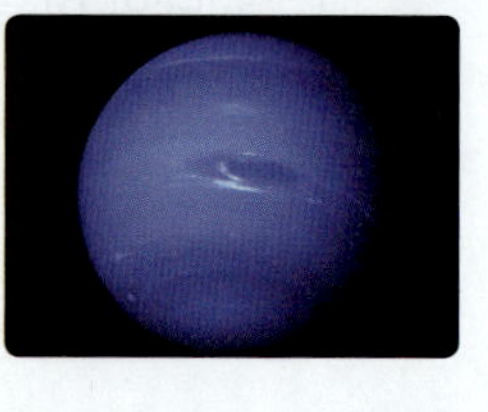

(   )

16 별과 행성의 다른 점을 한 가지 쓰시오.

____

____

____

17 행성과 별에 대한 설명으로 옳은 것에 ◯표 , 옳지 <u>않은</u> 것에 ✕표 하시오.

⑴ 태양은 태양계의 유일한 별이다.　(　　　)

⑵ 행성은 스스로 빛을 내지 못하는 천체이다.
(　　　)

⑶ 행성은 별의 빛을 반사하여 밝게 보이는 것이다.
(　　　)

⑷ 행성은 별보다 지구에서 매우 먼 거리에 있어서 지구에서는 작은 점처럼 보인다. (　　　)

18 별과 별자리에 대한 설명으로 옳지 <u>않은</u> 것은 어느 것입니까? (　　　)

① 별은 스스로 빛을 내는 천체이다.

② 별은 행성보다 지구에 가까이 있어 또렷하게 보인다.

③ 옛날에 별자리의 모습과 이름은 지역에 따라 달랐다.

④ 북극성 주변에서는 큰곰자리, 작은곰자리, 카시오페이아자리를 볼 수 있다.

⑤ 별자리는 밤하늘에 무리 지어 있는 것처럼 보이는 몇 개의 별을 연결해 이름을 붙인 것이다.

| **19~20** | 다음은 북극성 주변의 별자리입니다. 물음에 답하시오.

(가)　　　　(나)　　　　(다)

19 위 ⑺～⒟ 별자리의 이름을 각각 쓰시오.

(가) (　　　　　　　　)

(나) (　　　　　　　　)

(다) (　　　　　　　　)

20 위 ⑺～⒟를 관측할 수 있는 밤하늘로 알맞은 것을 (보기)에서 골라 기호를 쓰시오.

ㄱ 동쪽 밤하늘　　　ㄴ 서쪽 밤하늘
ㄷ 남쪽 밤하늘　　　ㄹ 북쪽 밤하늘

(　　　　　　　　　　)

2. 생물과 환경

● 정답 22쪽

1 생태계의 구성 요소

▶ **생태계**: 어떤 장소에서 서로 영향을 주고받는 생물과 이를 둘러싼 환경 전체

▶ **생태계 구성 요소**: 생태계는 살아 있는 생물 요소와 살아 있지 않은 비생물 요소로 이루어져 있으며, 생태계를 이루는 요소들은 서로 영향을 주고 받습니다.

⬜⬜ 요소	비생물 요소
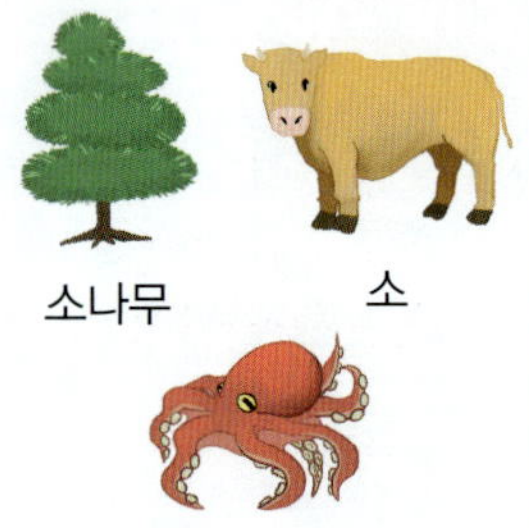 소나무 　 소 문어	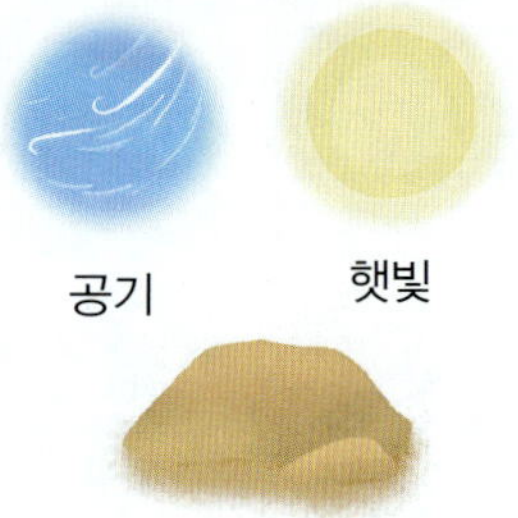 공기 　 햇빛 흙

2 생태계의 생물 요소 분류하기

▶ **생태계의 생물 요소**: 양분을 얻는 방법에 따라 생산자, 소비자, 분해자로 분류할 수 있습니다.

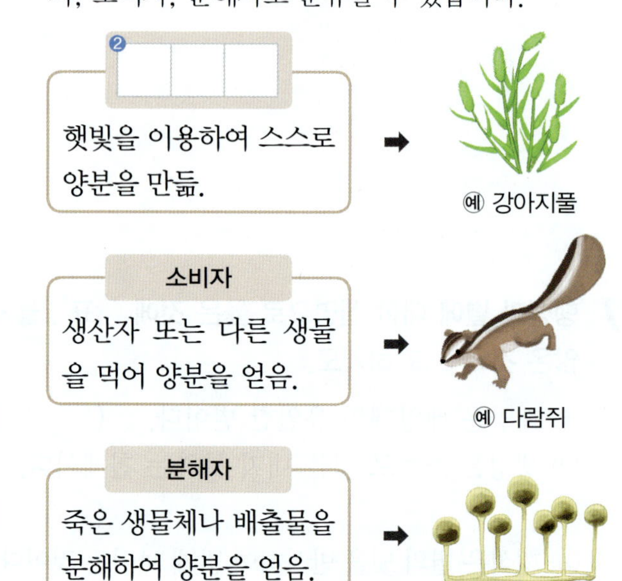

⬜⬜⬜
햇빛을 이용하여 스스로 양분을 만듦.
➡ 예 강아지풀

소비자
생산자 또는 다른 생물을 먹어 양분을 얻음.
➡ 예 다람쥐

분해자
죽은 생물체나 배출물을 분해하여 양분을 얻음.
➡ 예 곰팡이

3 생물 요소의 먹고 먹히는 관계

▶ **먹이 사슬**: 생태계에서 생물들의 서로 먹고 먹히는 관계가 사슬처럼 연결된 것

▶ **먹이 그물**: 여러 개의 먹이 사슬이 얽혀 ⬜⬜처럼 복잡하게 연결되어 있는 것

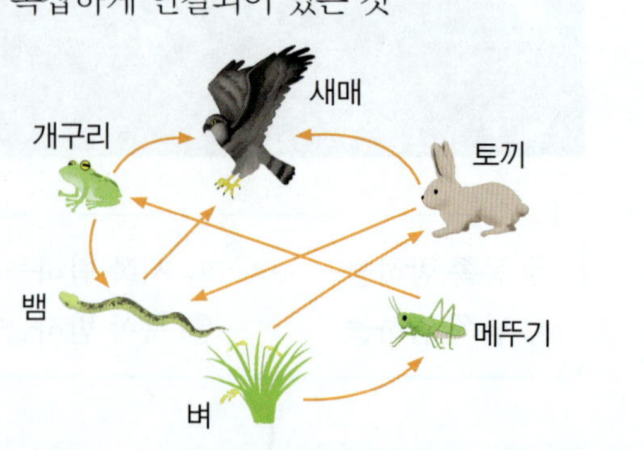

4 인간 활동과 생태계 보전

▶ ⬜⬜⬜⬜: 인간의 활동으로 땅, 물, 공기 등 환경이 더렵혀지거나 훼손되는 것

▶ **환경 오염의 원인**

대기오염	수질오염	토양오염
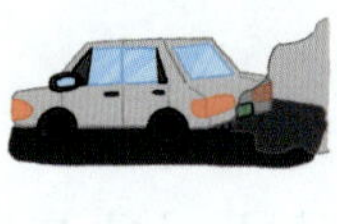 자동차 배기가스	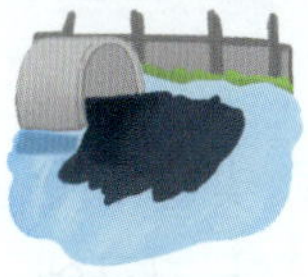 공장의 폐수	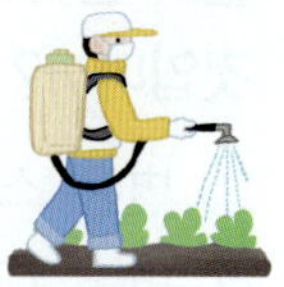 농약 과다 사용

▶ **생태계 보전**

• 생태계가 훼손되면 회복하는 데 많은 노력과 시간이 필요합니다.

• 생태계를 보전하려면 오염 물질의 양을 줄이기 위해 노력해야 합니다.

단원 평가 Ⓐ 단계

2. 생물과 환경

맞은 개수 /15

생태계의 구성 요소

1 생태계에 대한 설명으로 옳지 <u>않은</u> 것을 〈보기〉에서 골라 기호를 쓰시오.

〈보기〉
⊙ 생태계는 대부분 크기가 비슷하다.
ⓒ 서로 영향을 주고받는 생물과 생물 주변의 환경 전체를 말한다.
ⓒ 사막 생태계, 숲 생태계, 바다 생태계 등 다양한 종류의 생태계가 있다.

( )

2 다음 생태계의 구성 요소 중 생물 요소인 것을 모두 고르시오. ( )

① 
▲ 햇빛

② 
▲ 애벌레

③ 
▲ 흙

④ 
▲ 버섯

⑤ 
▲ 개나리

---

3 바다 생태계의 구성 요소로 옳지 <u>않은</u> 것은 어느 것입니까? ( )

▲ 바다 생태계

① 햇빛　　② 세균　　③ 미역
④ 개구리　　⑤ 고등어

생태계의 생물 요소 분류

4 생산자가 양분을 얻는 방법을 옳게 말한 사람의 이름을 쓰시오.

• 가영: 죽은 생물을 분해하여 양분을 얻어.
• 병희: 생물의 배출물을 분해하여 양분을 얻어.
• 송이: 다른 생물을 먹이로 하여 살아가는 데 필요한 양분을 얻어.
• 이준: 햇빛 등을 이용하여 살아가는 데 필요한 양분을 스스로 만들어.

( )

5 다음 중 소비자로 분류할 수 <u>없는</u> 생물에 ×표 하시오.

(1) 
▲ 토끼

(2) 
▲ 배추흰나비

(3)
▲ 개망초

( )　( )　( )

6 다음은 생태계에서 생산자, 소비자, 분해자 중 무엇이 없어졌을 때 일어날 수 있는 일을 예상한 것인지 쓰시오.

> 죽은 생물과 생물의 배출물이 분해되지 않아서 우리 주변이 죽은 생물과 생물의 배출물로 가득 차게 된다.

(   )

생물 요소의 먹고 먹히는 관계

7 다음 먹이 사슬의 ㈎에 들어갈 생물로 가장 알맞은 것을 〈보기〉에서 골라 기호를 쓰시오.

(   )

|8~9| 다음 먹이 그물을 보고, 물음에 답하시오.

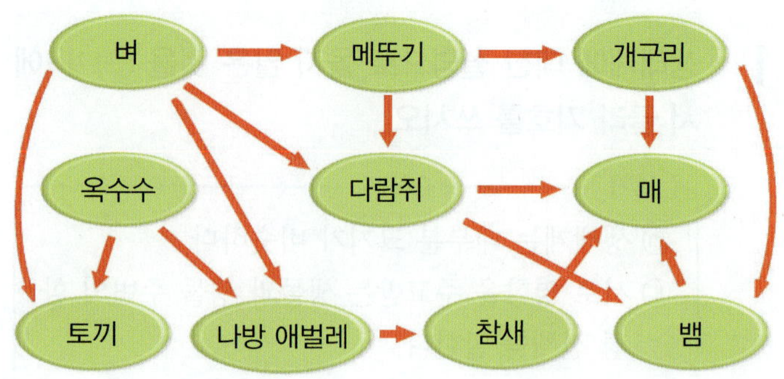

8 위 먹이 그물에서 알 수 있는 다람쥐의 먹이가 되는 것으로 옳은 것을 두 가지 쓰시오.

(   )

9 위 먹이 그물을 보고 알 수 있는 사실로 옳은 것에 ○표, 옳지 **않은** 것에 ×표 하시오.

(1) 토끼는 벼뿐만 아니라 옥수수도 먹는다.

(   )

(2) 뱀의 먹이가 되는 것은 개구리, 다람쥐이다.

(   )

(3) 뱀이 사라지면 매는 먹을 것이 없어서 살지 못한다. (   )

(4) 나방 애벌레는 옥수수를 먹고 참새에게 잡아먹힌다. (   )

인간 활동이 생태계에 미치는 영향

10 환경오염이 생물에게 미치는 영향으로 옳지 **않은** 것은 어느 것입니까? (   )

① 강물이 오염되어 많은 물고기가 죽는다.
② 미세 먼지로 인해 사람들이 병에 걸린다.
③ 자동차의 배기가스로 인해 식물이 잘 자란다.
④ 유조선의 기름이 유출되면 생물의 서식지가 파괴된다.
⑤ 쓰레기 매립으로 악취가 나는 등 생활 환경이 나빠진다.

11 다음은 환경오염의 직접적인 원인입니다. 관계있는 것끼리 선으로 이으시오.

(1) 폐수 배출 •　　　• ㉠ 대기오염

(2) 공장의 매연 •　　　• ㉡ 수질오염

(3) 쓰레기 매립 •　　　• ㉢ 토양오염

12 다음과 같은 원인으로 인해 주로 발생하는 환경오염이 생물에게 미치는 영향으로 옳은 것은 어느 것입니까? (　　　)

▲ 자동차의 배기가스

▲ 공장의 매연

① 흙에서 악취가 난다.
② 깨끗한 물을 얻기 어렵다.
③ 땅속 생물의 수가 줄어든다.
④ 지하수를 사용하기 어려워진다.
⑤ 호흡 기관에 이상이 생겨서 질병에 걸린다.

생태계 보전을 위한 노력

13 다음 (　　　) 안에 들어갈 알맞은 말을 쓰시오.

생태계는 사람뿐만 아니라 여러 생물이 함께 살아가는 곳이고, 생태계가 훼손되면 회복하는 데 많은 노력과 시간이 필요하다. 따라서 우리는 생태계를 (　　　)하기 위해 노력해야 한다.

(　　　　　　　　)

2 단원 / A단계

14 환경오염을 줄이기 위한 인간의 노력으로 알맞은 것을 (보기)에서 고르시오.

(보기)
㉠ 쓰레기를 땅에 묻는다.
㉡ 합성 세제를 많이 사용한다.
㉢ 가까운 거리도 자동차를 이용한다.
㉣ 쓰레기는 분리배출을 철저히 한다.
㉤ 생활 하수는 그대로 강물에 버린다.

(　　　　　　　　)

15 생태계를 지키기 위해 국가나 사회가 해야 할 일로 옳은 것에 ○표, 옳지 않은 것에 ×표 하시오.

(1) 생태 공원을 만든다. (　　　)
(2) 매연과 폐수는 깨끗이 정화하여 배출한다.
(　　　)
(3) 자연환경의 보존보다는 도시 개발이나 도로 건설에 힘쓴다. (　　　)
(4) 친환경 비누나 친환경 농약 등 분해가 잘 되는 제품을 사용하도록 권장한다. (　　　)

1 호수 생태계에 대한 설명으로 옳지 <u>않은</u> 것은 어느 것입니까? (   )

① 갈대, 올챙이, 붕어 등은 생물 요소이다.
② 공기, 햇빛, 세균 등은 비생물 요소이다.
③ 수련은 생산자이고, 왜가리는 소비자이다.
④ 모든 구성 요소는 서로 영향을 주고받는다.
⑤ 곰팡이는 죽은 생물이나 배설물을 분해하여 양분을 얻는다.

2 다음은 생태계에 대한 설명입니다. 옳은 것에 ◯ 표, 옳지 <u>않은</u> 것에 ✕표 하시오.

⑴ 북극이나 남극, 사막처럼 환경이 특별한 생태계도 있다. (   )
⑵ 서로 영향을 주고받는 생물과 주변의 환경을 통틀어 생태계라고 한다. (   )
⑶ 햇빛, 물, 공기 등과 같은 비생물 요소는 생태계에 포함되지 않는다. (   )
⑷ 화단처럼 규모가 작은 생태계도 있고, 바다처럼 규모가 큰 생태계도 있다. (   )

3 다음 생태계의 구성 요소를 생물 요소와 비생물 요소로 모두 분류하여 각각 기호를 쓰시오.

㉠ 온도	㉡ 공기	㉢ 여우
㉣ 세균	㉤ 햇빛	㉥ 소금쟁이

⑴ 생물 요소: (   )
⑵ 비생물 요소: (   )

4 다음은 바다 생태계를 이루고 있는 구성 요소를 생물 요소와 비생물 요소로 분류한 것입니다. 잘못 분류한 것을 골라 쓰시오.

생물 요소	미역, 고래, 산호, 문어, 돌
비생물 요소	물, 햇빛

(   )

5 생태계의 구성 요소를 다음과 같이 세 무리로 분류한 기준은 무엇인지 쓰시오.

토끼풀, 민들레, 느티나무	들쥐, 토끼, 배추흰나비	세균, 버섯, 곰팡이

____

____

6 다음의 여러 가지 생물을 양분을 얻는 방법에 따라 분류할 때, 같은 무리로 분류할 수 <u>없는</u> 것은 어느 것입니까? (　　　)

① 
▲ 잠자리

② 
▲ 달팽이

③ 
▲ 박새

④ 
▲ 곰팡이

⑤ 
▲ 개구리

7 소비자에 대한 설명으로 옳은 것을 〈보기〉에서 모두 골라 짝 지은 것은 어느 것입니까? (　　　)

〈보기〉
㉠ 양분을 얻어 살아간다.
㉡ 생물 요소에 해당한다.
㉢ 다른 생물을 먹이로 하여 양분을 얻는다.
㉣ 소비자에는 옥수수, 애벌레, 참새 등이 있다.
㉤ 살아가는 데 필요한 양분을 스스로 만들 수 있다.

① ㉠, ㉤　　　　② ㉢, ㉣
③ ㉠, ㉡, ㉢　　④ ㉠, ㉡, ㉣
⑤ ㉡, ㉣, ㉤

8 생산자에 대해 옳게 설명한 사람의 이름을 쓰시오.

- 영은: 모두 동물이야.
- 태영: 비생물 요소에 해당하지.
- 희성: 살아가는 데 필요한 양분을 스스로 만들지.
- 기석: 부들, 수련, 버섯, 올챙이 등이 생산자에 해당되지.

(　　　　　　　　　)

9 다음은 생태계의 생물 요소에 대한 설명입니다. 생산자, 소비자, 분해자 중 (　　) 안에 들어갈 알맞은 말을 각각 쓰시오.

생태계에서 (　㉠　)인 식물이 없다면 식물을 먹는 (　㉡　)은/는 먹이가 없어서 죽게 되고, 그다음 단계의 (　㉡　)도 먹이가 없어서 죽게 되어 결국 생태계의 모든 생물이 멸종될 것이다.

㉠ (　　　　　　　), ㉡ (　　　　　　　)

10 다음 먹이 사슬의 ㉮ 안에 들어갈 생물로 알맞은 것을 〈보기〉에서 골라 기호를 쓰시오.

〈보기〉
㉠
▲ 참새
㉡
▲ 여우
㉢
▲ 메뚜기

(　　　　　　　　　)

| 11~12 | 다음은 숲 생태계의 먹이 그물을 나타낸 것입니다. 물음에 답하시오.

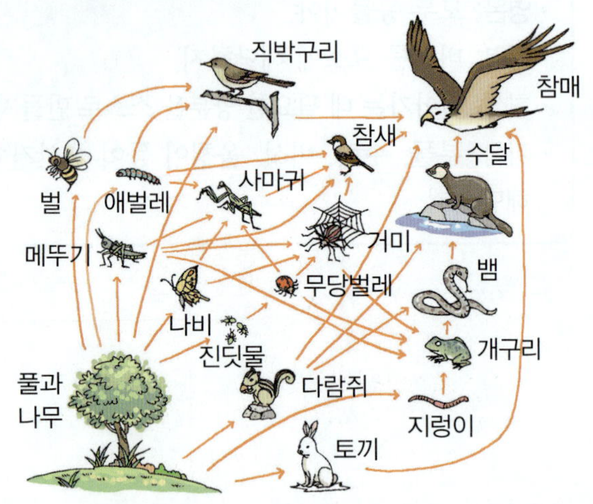

11 위 먹이 그물에서 찾은 먹이 사슬로 옳지 <u>않은</u> 것은 어느 것입니까? (   )

① 풀과 나무 → 나비 → 거미
② 풀과 나무 → 다람쥐 → 참매
③ 풀과 나무 → 참새 → 토끼 → 뱀
④ 메뚜기 → 사마귀 → 참새 → 참매
⑤ 진딧물 → 무당벌레 → 거미 → 개구리 → 뱀

12 위 먹이 그물을 보고 알 수 있는 사실로 (   ) 안의 알맞은 말에 각각 ◯표 하시오.

> 생태계에서 생물은 ㉠ (한 , 여러) 생물을 먹이로 하고, ㉡ (한 , 여러) 생물에게 잡아먹힌다.

13 생태계에서 먹이 사슬과 먹이 그물 중 여러 생물들이 함께 살아가기에 유리한 먹이 관계와 그렇게 생각한 까닭을 옳게 설명한 사람의 이름을 쓰시오.

> • 나윤: 먹이 사슬이 유리해. 하나의 먹이를 제대로 먹을 수 있기 때문이야.
> • 연화: 먹이 그물이 유리해. 어느 한 종류의 먹이가 부족해도 다른 먹이를 먹고 살 수 있기 때문이야.
> • 우진: 먹이 그물이 유리해. 먹고 먹히는 관계가 단순하기 때문이야.

(   )

서술형

14 먹이 사슬과 먹이 그물의 같은 점과 다른 점을 쓰시오.

⑴ 같은 점: ________________________________

____

⑵ 다른 점: ________________________________

____

15 다음에서 설명하는 밑줄 친 이것은 무엇인지 쓰시오.

> 이것은 사람들의 활동으로 자연환경이나 생활환경이 더럽혀지거나 훼손되는 것을 말한다.

(   )

16 다음은 환경오염이 발생하는 원인입니다. 물음에 답하시오.

▲ 공장의 폐수

▲ 유조선의 기름 유출

(1) 위와 같은 원인으로 주로 어떤 환경오염이 발생하는지 쓰시오.

(   )

(2) 위 (1)번 답의 환경오염이 생물에게 미치는 영향을 쓰시오.

____

____

17 대기오염에 대한 설명으로 가장 옳은 것을 (보기)에서 두 가지 골라 기호를 쓰시오.

(보기)
㉠ 생활 하수나 기름 유출 등으로 대기오염이 발생한다.
㉡ 주로 쓰레기 매립이나 농약 살포 등으로 대기오염이 발생한다.
㉢ 자동차나 공장에서 나오는 매연으로 인해 대기오염이 발생한다.
㉣ 대기오염으로 인해 동물의 호흡 기관에 이상이 생겨 질병에 걸릴 수 있다.

(   )

18 생태계를 보전하기 위한 노력으로 옳지 <u>않은</u> 것은 어느 것입니까? (   )

① 쓰레기를 분리배출한다.
② 생태계 보호 구역을 정한다.
③ 동물이 이동할 수 있는 생태 통로를 만든다.
④ 산에서 예쁜 꽃이나 식물을 가져와서 기른다.
⑤ 투명한 방음벽에 새의 충돌을 막는 스티커를 붙인다.

19 생태계 보전을 위해 개인이 실천할 수 있는 일에 대한 설명으로 옳은 것에 ○, 옳지 <u>않은</u> 것에 ×표 하시오.

(1) 멸종 위기에 처한 야생 생물을 관리한다.
(   )

(2) 양치 컵을 사용하고 샤워 시간을 줄인다.
(   )

(3) 생태계 보전이 필요한 곳을 국립 공원으로 정한다. (   )

20 다음 글을 읽고 북극의 생태계를 지키기 위해 우리가 할 수 있는 일을 쓰시오.

이산화 탄소 배출 증가로 인해 지구 온난화가 발생하면서 북극의 기온은 과거 30년 전부터 계속 높아지고 있다. 이로 인해 빙하가 줄어들고 북극곰의 서식지가 파괴되고 있다.

____

____

3. 여러 가지 기체

● 정답 26쪽

1 기체의 무게

▶ **기체의 무게:** 공기와 같이 눈에 보이지 않는 기체도  가 있습니다.

▶ **페트병 안에 공기를 더 넣을 때**

▶ **감압 용기 안의 공기를 뺄 때**

2 온도에 따른 기체의 부피 변화

▶ **온도에 따른 기체의 부피 변화:** 기체는 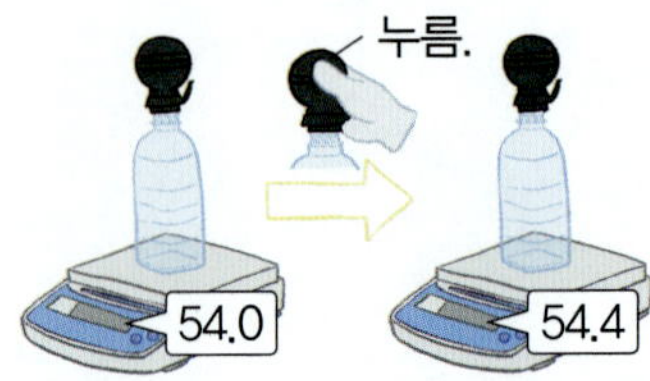 에 따라 부피가 변합니다.

온도가 높아질 때	온도가 낮아질 때
부풀어 오름.	쭈그러 듦. / 얼음
기체의 부피가 늘어납니다.	기체의 부피가 줄어듭니다.

▶ **온도에 따라 기체의 부피가 변하는 예**
- 온도가 낮은 겨울철보다 온도가 높은 여름철에 자동차 타이어가 더 부풉니다.
- 열기구에 열을 가하면 열기구의 공기 주머니가 부풀어 오릅니다.

3 압력에 따른 기체의 부피 변화

▶ **압력에 따른 기체의 부피 변화:** 기체는 기체에 가하는 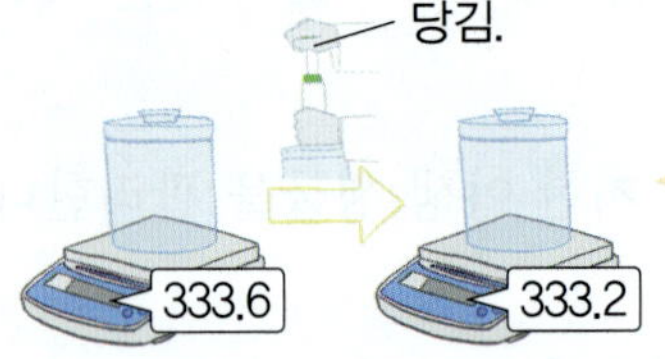 에 따라 부피가 변합니다.

기체에 가하는 압력이 높아질 때	기체에 가하는 압력이 낮아질 때
기체의 부피가 줄어듭니다.	기체의 부피가 늘어납니다.

▶ **압력에 따라 기체의 부피가 변하는 예**
- 하늘 위의 비행기 안에서 마개를 닫은 페트병은 비행기가 땅에 착륙하면 찌그러집니다.
- 물속에서 잠수부가 내뿜은 공기 방울은 수면으로 올라갈수록 커집니다.

4 여러 가지 기체의 성질과 이용 사례

▶ **우리 생활에 이용되는 다양한 종류의 기체**

	산소	이산화 탄소
다른 물질과 잘 반응하지 않아 과자 봉지의 충전재, 항공기 타이어를 채울 때 이용됨.	물질이 타는 것을 도와 로켓 연료를 태울 때 이용되고, 숨 쉴 때 필요하여 호흡 장치에 이용됨.	물에 넣으면 톡 쏘는 맛을 내어 탄산 음료에 이용되고, 불을 끄는 성질이 있어 소화기에 이용됨.

▶ **기체의 성질을 이용한 장치:** 온도나 압력에 따라 기체의 부피가 달라지는 성질을 이용해 다양한 장치를 만들 수 있습니다.

단원 평가 Ⓐ 단계　　3. 여러 가지 기체　　맞은 개수 /15

기체의 무게

1 공기를 가득 채운 공기 침대는 공기를 가득 채우지 않은 침대에 비해 여러 사람이 힘들게 들어야 합니다. 그 까닭으로 (　　) 안에 공통으로 들어갈 알맞은 말을 쓰시오.

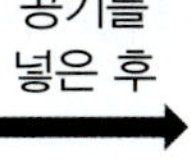

> 공기는 (　　　　)이/가 있기 때문에 공기 침대에 공기를 가득 채우면 공기의 (　　　　)만큼 공기 침대가 무거워지기 때문이다.

(　　　　　　　　　　)

2 공기 주입 마개를 여러 번 눌러 페트병이 팽팽해질 때까지 공기를 넣었습니다. 공기 주입 마개를 누르기 전과 누른 후 페트병의 무게를 비교하여 ○ 안에 >, =, <를 알맞게 써넣으시오.

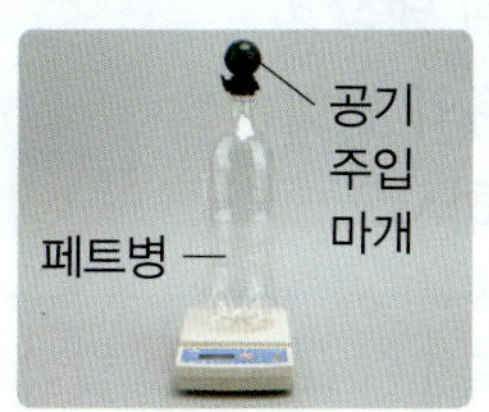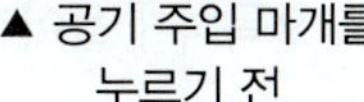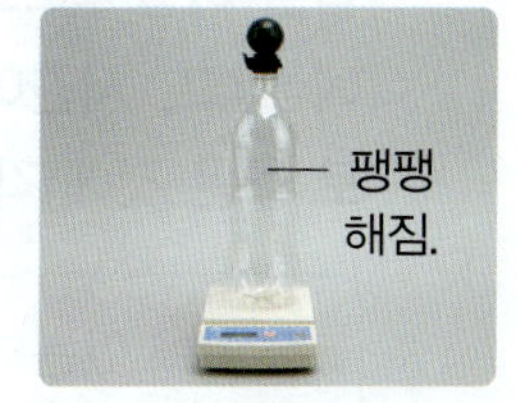

▲ 공기 주입 마개를 누르기 전　　▲ 공기 주입 마개를 누른 후

3 앞 2번 실험 결과를 통해 알 수 있는 공기의 성질로 옳은 것은 어느 것입니까? (　　　)

① 공기는 단단하다.
② 공기는 무게가 있다.
③ 공기는 색깔이 있다.
④ 공기는 담는 용기에 따라 모양이 변한다.
⑤ 공기는 담는 용기에 따라 부피가 변한다.

온도에 따른 기체의 부피 변화

4 오른쪽은 물방울이 든 스포이트를 거꾸로 든 모습입니다. 이 스포이트의 둥근 부분을 뜨거운 물에 넣었을 때 물방울의 위치 변화로 옳은 것에 ○표 하시오.

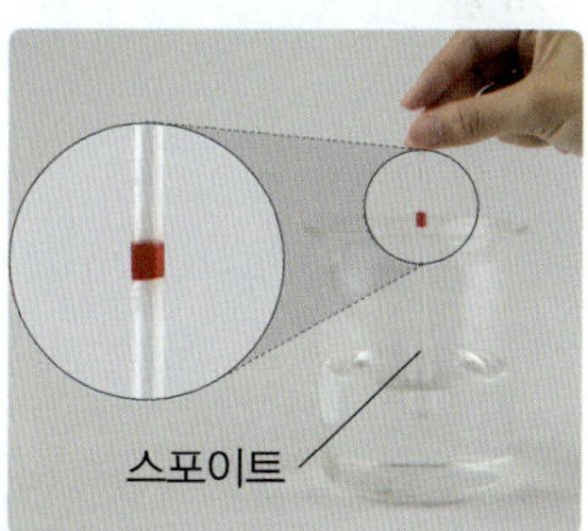

⑴ 변화가 없다. (　　　)
⑵ 물방울이 처음보다 아래쪽 방향으로 움직인다.
(　　　)
⑶ 물방울이 처음보다 위쪽 방향으로 움직인다.
(　　　)

5 다음 (　　) 안에 들어갈 알맞은 말을 각각 골라 쓰시오.

> 기체의 부피는 온도가 높아지면 ㉠ (늘어나고, 줄어들고), 온도가 낮아지면 ㉡ (늘어난다, 줄어든다).

㉠ (　　　　　　), ㉡ (　　　　　)

6 입구가 닫힌 포일 풍선을 수조에 넣고 머리 말리개로 따뜻한 바람을 쏘였을 때 포일 풍선의 모습으로 알맞은 것을 골라 기호를 쓰시오.

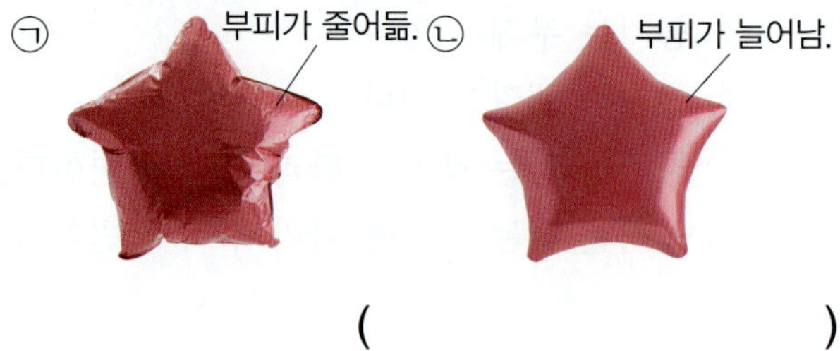

( )

8 앞 **7**번 답과 관련 있는 설명으로 옳은 것은 어느 것입니까? ( )

① 감압 용기 속 압력이 커졌다.
② 감압 용기 속 압력은 변화가 없다.
③ 감압 용기 속 공기의 양이 늘어났다.
④ 온도 변화로 인해 고무풍선의 크기가 달라졌다.
⑤ 압력 변화로 인해 고무풍선의 크기가 달라졌다.

9 앞 **7**번의 감압 용기에 다시 공기를 넣었을 때 용기 속 압력과 고무풍선의 크기 변화로 옳은 것을 (보기)에서 각각 골라 쓰시오.

(보기)

커짐, 작아짐, 변화 없음

⑴ 감압 용기 속 압력	⑵ 고무풍선의 크기
( )	( )

압력에 따른 기체의 부피 변화

|7~9| 공기를 넣은 고무풍선을 감압 용기에 넣고 공기를 빼내거나 넣으면서 고무풍선의 변화를 관찰하였습니다. 물음에 답하시오.

7 감압 용기의 공기를 빼내었을 때 용기 속 고무풍선의 모습으로 알맞은 것에 ○표 하시오.

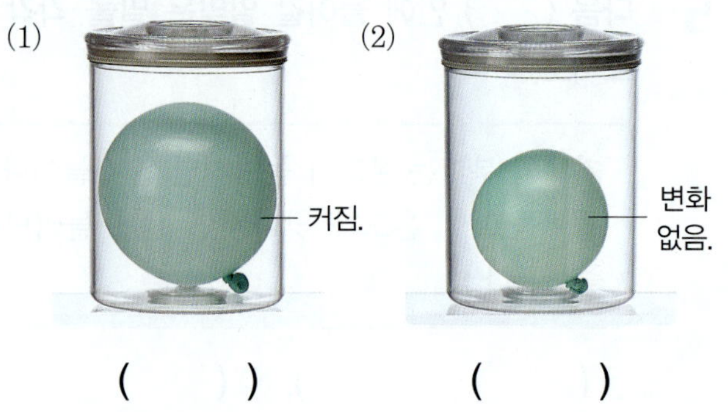

( ) ( )

생활 속 기체의 부피 변화

10 오른쪽과 같이 따뜻한 차를 담은 컵을 비닐 랩으로 씌운 뒤 냉장고에 넣고, 시간이 지난 뒤의 변화로 옳은 것에 각각 ○표 하시오.

컵 안에 있는 기체의 온도가 ㉠ (높아져 , 낮아져)
비닐 랩이 ㉡ (부풀어 오른다 , 오목하게 들어간다).

11 일상생활에서 압력 변화에 따라 기체의 부피가 달라지는 예로 옳은 것을 〈보기〉에서 골라 기호를 쓰시오.

〈보기〉

㉠ 빈 페트병을 냉장고에 넣으면 페트병이 찌그러진다.
㉡ 과자 봉지를 가지고 높은 산에 올라가면 과자 봉지가 작아진다.
㉢ 바닷속에서 잠수부가 내뿜는 공기 방울이 위로 올라갈수록 커진다.
㉣ 뜨거운 국물이 든 그릇에 비닐 랩을 씌우면 비닐 랩이 부풀어 오른다.

(   )

일상생활에서 이용되는 기체

12 다음은 어떤 기체의 쓰임새에 대한 설명인지 기체의 이름을 쓰시오.

• 비행기 타이어나 자동차의 에어백을 채운다.
• 식품을 포장할 때 함께 넣으면 식품을 보존하거나 신선하게 보관할 수 있다.

(   )

13 오른쪽과 같이 특유의 빛을 내서 조명 기구나 가게를 홍보하는 광고용 간판에 이용하는 기체는 어느 것입니까? (   )

① 수소　　② 산소　　③ 헬륨
④ 네온　　⑤ 질소

3 단원
A단계

기체의 성질을 이용한 장치 만들기

14 다음은 온도 변화에 따라 기체의 부피가 변하는 성질을 이용하여 만든 장치입니다. 시간이 지난 후 장치의 모습을 보고 알 수 있는 사실에 대해 옳게 말한 사람의 이름을 쓰시오.

• 세진: 시간이 지난 후의 온도는 처음보다 낮은 상태야.
• 소연: 시럽의 위치가 변한 이유는 기체의 성질과는 관련이 없어.
• 영광: 시럽의 위치가 처음보다 올라간 것으로 보아 온도가 점점 높아진 거야.

(   )

15 다음은 기체의 성질을 이용하여 만든 장치입니다. (   ) 안에 들어갈 알맞은 말을 쓰시오.

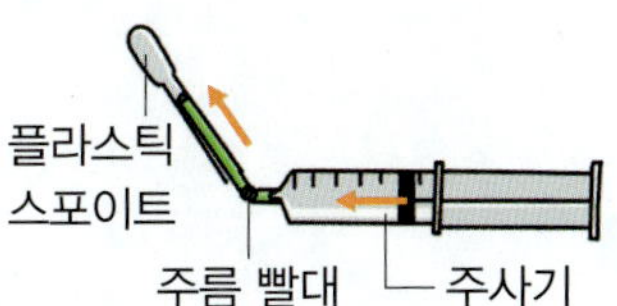

주사기의 피스톤을 당겼다가 밀면 스포이트가 날아간다. 스포이트가 날아가는 까닭은 주사기의 피스톤을 밀어 기체에 가하는 (   )을/를 높이면 주사기 안 기체의 부피가 줄어들기 때문이다.

(   )

1 다음은 공기 주입 마개를 끼운 페트병의 무게를 전자저울로 측정한 결과입니다. 이 페트병이 팽팽해질 때까지 공기 주입 마개를 누른 후 다시 측정한 무게로 알맞은 것은 어느 것입니까? (   )

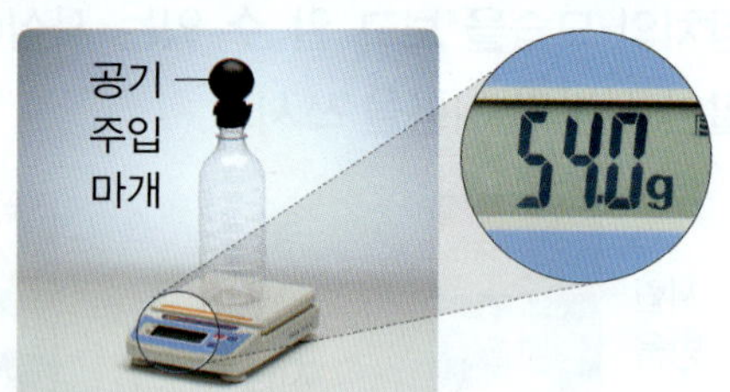

① 48.4 g
② 48.6 g
③ 48.8 g
④ 54.0 g
⑤ 54.2 g

서술형

2 위 **1**번과 같이 공기 주입 마개를 눌러 페트병이 팽팽해지면 페트병의 무게가 달라지는 까닭을 쓰시오.

____

____

____

3 찌그러진 축구공에 공기를 넣어 축구공이 팽팽해졌습니다. 이와 관련하여 옳게 말한 사람의 이름을 쓰시오.

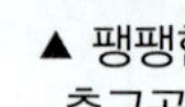

- 재훈: 공기를 넣으면 축구공의 무게가 늘어나.
- 세현: 공기를 넣으면 축구공의 무게가 줄어들어.
- 민주: 공기를 넣으면 축구공 표면을 이루는 물질이 달라져.

(   )

4 무거워서 옮기기 어려운 고무보트를 쉽게 옮길 수 있는 방법으로 옳은 것을 〈보기〉에서 골라 기호를 쓰시오.

〈보기〉

㉠ 고무보트에서 공기를 뺀다.
㉡ 고무보트 표면의 온도를 높인다.
㉢ 고무보트에 공기를 조금 더 넣는다.

(   )

5 온도 변화에 따른 기체의 부피 변화에 대한 설명으로 옳은 것을 두 가지 고르시오. (   )

① 온도가 높아지면 기체의 부피가 늘어난다.
② 온도가 낮아지면 기체의 부피가 늘어난다.
③ 온도가 높아지면 기체의 부피가 줄어든다.
④ 온도가 낮아지면 기체의 부피가 줄어든다.
⑤ 온도 변화와 상관없이 기체의 부피는 일정하다.

|6~8| 삼각 플라스크에 고무풍선을 씌운 뒤 따뜻한 물이 든 수조와 얼음물이 든 수조에 넣고 고무풍선의 변화를 관찰하였습니다. 물음에 답하시오.

6 위 삼각 플라스크를 따뜻한 물이 든 수조에 넣었을 때 관찰할 수 있는 모습으로 옳은 것은 어느 것입니까? ( )

① 고무풍선이 오그라든다.
② 고무풍선이 부풀어 오른다.
③ 고무풍선의 색깔이 변한다.
④ 고무풍선의 부피가 줄어든다.
⑤ 고무풍선 안에서 공기가 빠져나간다.

7 위 **6**번에서 따뜻한 물에 넣었던 삼각 플라스크를 꺼내 얼음물이 든 수조에 넣었을 때의 변화로 옳은 것에 ○표 하시오.

⑴ 고무풍선이 처음보다 작아진다. ( )
⑵ 고무풍선의 부피가 점점 늘어난다. ( )
⑶ 고무풍선이 부풀어 오르다가 터진다.
　　　　　　　　　　　　　　　　 ( )

8 위 실험에서 알아보려고 하는 것은 무엇인지 (보기)에서 골라 기호를 쓰시오.

(보기)
㉠ 온도 변화에 따른 기체의 부피 변화
㉡ 기체의 부피에 따른 물의 부피 변화
㉢ 압력 변화에 따른 기체의 부피 변화
㉣ 고무풍선의 색깔에 따른 물의 온도 변화

( )

9 공기 30 mL가 든 주사기의 입구를 마개로 막고, 압력을 다르게 한 실험 결과를 정리한 내용으로 ( ) 안에 들어갈 알맞은 말에 각각 ○표 하시오.

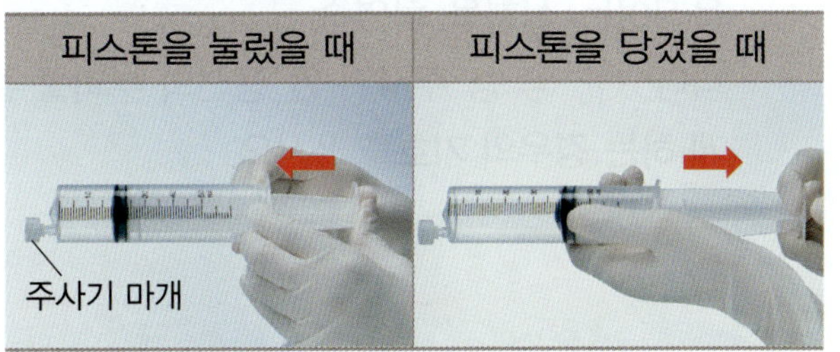

주사기의 피스톤을 눌렀을 때, 주사기 안 공기의 부피가 ㉠ (늘어난다, 줄어든다). 주사기의 피스톤을 당겼을 때, 주사기 안 공기의 부피가 ㉡ (늘어난다, 줄어든다).

㉠ ( ), ㉡ ( )

10 고무풍선을 감압 용기에 넣고 펌프로 공기를 빼냈더니 다음과 같이 고무풍선이 커졌습니다. 고무풍선의 크기를 다시 작게 하려면 어떻게 해야할지 방법을 쓰시오.

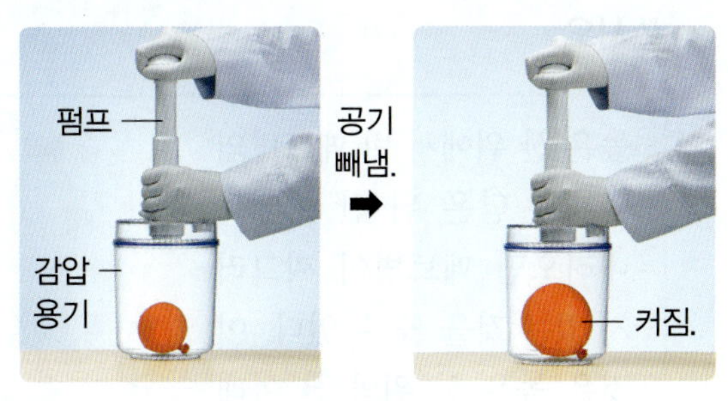

3 단원
B 단계

11 주사기 안에 풍선을 넣고 입구를 주사기 마개로 막은 뒤 주사기의 피스톤을 움직이는 실험을 하였습니다. ㉠, ㉡ 중 주사기 안 풍선의 부피를 늘어나게 하는 경우의 기호를 쓰시오.

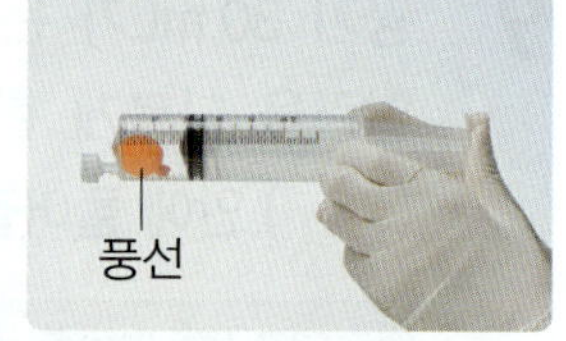

㉠ 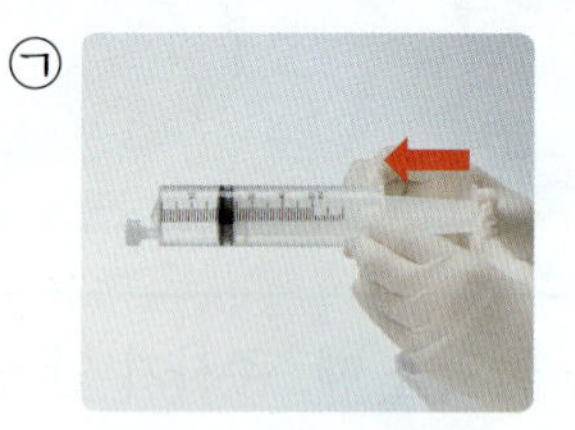
▲ 피스톤을 눌렀을 때

㉡ 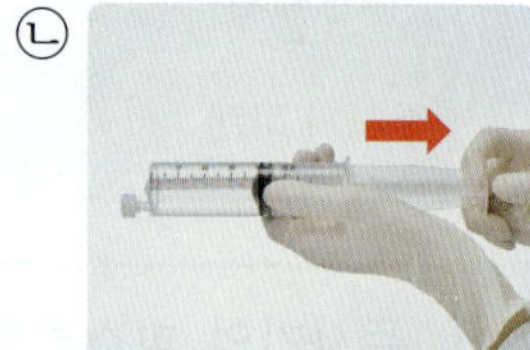
▲ 피스톤을 당겼을 때

( )

12 다음은 일상생활에서 볼 수 있는 기체의 부피가 변하는 예입니다. ( ) 안에 들어갈 알맞은 말을 쓰시오.

> 높은 산 위에서 빈 페트병의 마개를 닫은 뒤 산 아래로 내려오면 페트병이 찌그러져 있는 것을 볼 수 있다. 이것은 높은 산 위와 산 아래의 ( )이/가 다르기 때문이다.
>
> — 찌그러짐.

( )

13 다음 중 압력 변화에 따라 기체의 부피가 달라지는 경우는 어느 것입니까? ( )

① 이른 아침 풀잎에 이슬이 맺힌다.
② 창가에 둔 어항의 물이 줄어든다.
③ 여름철에 자동차 타이어가 팽팽해진다.
④ 뜨거운 국이 든 그릇을 덮은 비닐 랩이 부풀어 오른다.
⑤ 바닷속에서 잠수부가 내뿜는 공기 방울이 위로 올라갈수록 커진다.

14 뜨거운 음식이 든 그릇을 비닐 랩으로 씌우면 윗면이 부풀어 오르는 것을 볼 수 있습니다. 그 까닭은 무엇인지 기체의 부피와 관련지어 쓰시오.

▲ 뜨거운 음식이 든 그릇을 비닐 랩으로 씌운 모습

____

____

15 일상생활에서 온도 변화에 따라 기체의 부피가 달라지는 예로 옳은 것을 (보기)에서 두 가지 골라 기호를 쓰시오.

> (보기)
> ㉠ 찌그러진 페트병을 찬물에 넣으면 페트병이 펴진다.
> ㉡ 여름철에 도로를 달린 자동차의 타이어가 팽팽해진다.
> ㉢ 과자 봉지를 햇빛이 비치는 창가에 두면 부풀어 오른다.
> ㉣ 물이 조금 담긴 페트병의 마개를 닫아 냉장고에 넣으면 페트병이 부풀어 오른다.

( )

16 다음과 같은 성질이 있는 기체와 기체의 쓰임새를 옳게 짝지은 것은 어느 것입니까? (   )

> • 색깔, 냄새가 없고 다른 물질과 잘 반응하지 않는다.
> • 식품을 보존하고 신선하게 유지하는 데 이용된다.

① 수소 – 연료
② 헬륨 – 비행선
③ 질소 – 과자 포장
④ 네온 – 광고용 간판
⑤ 산소 – 휴대용 산소통

서술형

17 우리 생활 속에서 다음에 공통적으로 이용되는 기체는 무엇인지 쓰고, 이 기체의 성질을 두 가지 쓰시오.

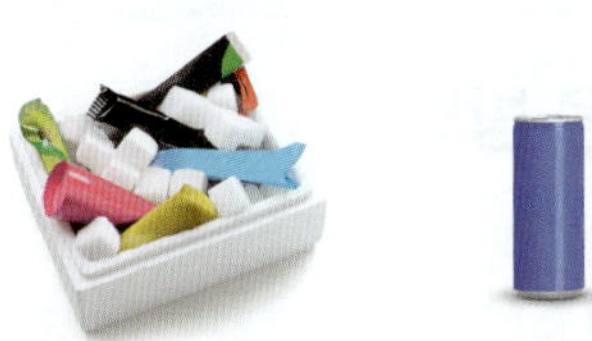
▲ 드라이아이스

▲ 탄산음료

▲ 소화기

(1) 기체의 이름: (   )

(2) 기체의 성질: ____________________

____

____

18 수소에 대한 설명으로 옳은 것에 ○표 하시오.

(1) 청정 연료로 이용된다.　　　(　　)
(2) 석회수를 뿌옇게 흐리게 한다.　(　　)
(3) 전기와 만나면 특유의 색깔을 낸다. (　　)
(4) 불에 잘 타지 않고, 풍선이나 비행선을 공중에 띄우는 데 이용된다.　(　　)

19 다음은 온도 변화에 따른 기체의 성질을 이용한 장치의 작동 방법입니다. (   ) 안에 들어갈 말로 알맞은 것에 ○표 하시오.

> 유리병을 따뜻한 물에 넣으면 주사기 피스톤에 연결된 스타이로폼 공이 ㉠ (위쪽 , 아래쪽)으로 움직이고, 차가운 물에 넣으면 주사기 피스톤에 연결된 스타이로폼 공이 ㉡ (위쪽 , 아래쪽)으로 움직입니다.

20 다음 (   ) 안에 들어갈 알맞은 말을 쓰시오.

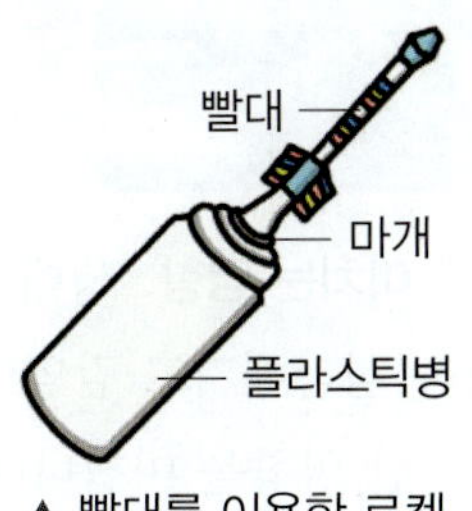

▲ 빨대를 이용한 로켓

> 플라스틱병 입구에 한쪽 끝을 막은 빨대를 끼운 뒤 플라스틱병을 순간적으로 누르면 빨대가 로켓처럼 날아가는 이 장치는 (   )에 따라 기체의 부피가 변하는 성질을 이용한 것이다.

(   )

4. 기후 변화와 우리 생활

● 정답 **29**쪽

1 기후 변화 현상

> ①[　　][　] : 오랜 시간에 걸쳐 평균적인 날씨가 변하는 것

> **기온 변화와 관련 있는 기후 변화 현상**: 매우 심한 더위인 폭염과 매우 추운 날씨인 한파가 있습니다.

▲ 폭염

▲ 한파

> **강수량 변화와 관련 있는 기후 변화 현상**

▲ 가뭄

▲ 홍수

▲ 폭설

2 기후 변화에 영향을 주는 활동

> **기후 변화가 일어나는 까닭**: 화석 연료 사용으로 인해 지구의 온도가 점점 높아지기 때문입니다.

> **기후 변화를 일으키는 인간의 활동**: 화석 연료를 사용하는 과정에서 많은 양의 ②[　　] [　　]가 대기 중으로 배출됩니다.

공장에서 많은 물건을 생산하고 소비함.

땅을 개발하기 위해 산림을 훼손함.

자동차 등 교통수단을 많이 이용함.

물과 에너지를 낭비함.

3 기후 변화가 미치는 영향

> 기후 변화로 인한 ③[　　] 높이 변화

> **기후 변화가 미치는 영향**: 생태계가 파괴되며, 자연재해가 더욱 심각해지고 감염병이 증가하는 등 생물에게 심각한 영향을 미칩니다.

▲ 자연재해의 증가

▲ 감염병 증가

▲ 물 부족

4 기후 변화 대응 방법

> **기후 변화 대응 방법**
> • 친환경 기술을 개발합니다.
> • 물 등 자원을 아껴 쓰도록 노력합니다.
> • 가까운 거리는 걷거나 자전거를 이용합니다.
> • ④[　　] [　　]의 사용을 줄이기 위한 법과 제도를 만듭니다.

▲ 친환경 기술 개발

▲ 가까운 거리는 걷기

▲ 친환경 에너지 사용

▲ 나무 심고 가꾸기

단원 평가 Ⓐ 단계

4. 기후 변화와 우리 생활

맞은 개수 / 15

기후 변화 현상의 예

1 다음은 어떤 기후 변화 현상의 사례를 조사하여 정리한 내용인지 쓰시오.

> • 일어난 때와 장소: 2025년, 서울
> • 피해: 낮에는 강한 햇빛으로 더위가 심하여 외출하기 힘들고, 밤에도 더위가 이어져 잠을 자기 어려웠다.

( )

2 다음 대화의 ( ) 안에 공통으로 들어갈 알맞은 말은 어느 것입니까? ( )

> • 시원: 이번 여름에 ( )이/가 갑자기 많이 내려서 홍수가 발생했던 거 기억나?
> • 율빈: 물론 기억나지. 지난번에는 꽤 오랫동안 ( )이/가 내리지 않아서 가뭄이 심해졌었잖아. 기후 변화가 정말 심각하다.

① 비　　　② 눈　　　③ 우박
④ 햇빛　　⑤ 강수량

3 기후 변화에 대한 설명으로 옳은 것에 ○표, 옳지 <u>않은</u> 것에 ×표 하시오.

(1) 기후 변화로 폭설이나 한파가 더욱 심해진다.
( )

(2) 기후 변화로 평소보다 높은 기온이 오랫동안 이어지는 날이 늘어나고 있다. ( )

(3) 기후 변화는 보통 일주일에서 한 달 정도의 기간에 걸쳐 날씨가 변하는 것이다. ( )

4 다음 ( ) 안에 들어갈 말로 알맞은 것을 (보기) 에서 골라 각각 써넣으시오.

> • 기후 변화의 영향으로 최근 들어 기온이 평년보다 매우 높은 (㉠), 기온이 매우 낮은 (㉡)이/가 나타나고 있다.
> • (㉢) 또한 크게 변하여 가뭄, 홍수, 폭설 등이 많이 나타난다.

(보기)
우박　폭염　한파　폭설　강수량

㉠ ( ), ㉡ ( ),
㉢ ( )

5 다음은 세계 여러 나라에 나타난 기후 변화 현상의 예입니다. 이를 통해 알 수 있는 것으로 옳지 <u>않은</u> 것은 어느 것입니까? ( )

나라	일자	내용
오스트레일리아	2022년 1월	약 60년 만에 최고 기온을 기록함.
남아프리카공화국	2022년 4월	60년 만에 이틀 동안, 1년에 내릴 비의 절반에 가까운 많은 양의 비가 내림.
대한민국 (서울)	2022년 8월	1907년 기상 관측을 시작한 이래 115년 만에 기록적인 폭우가 내림.

① 폭우는 기후 변화 현상 중 하나이다.
② 기후 변화 현상은 다양한 시기에 발생한다.
③ 기후 변화는 전 세계적으로 발생하고 있다.
④ 오스트레일리아에서도 기후 변화 현상이 발생했다.
⑤ 남아프리카공화국은 2022년 4월에 폭설이 내렸다.

4 단원 A단계

기후 변화에 영향을 주는 인간의 활동

6 다음 (　　) 안에 들어갈 알맞은 말을 쓰시오.

> 기후 변화가 일어나는 까닭은 지구의 온도가 점점 높아지기 때문이다. 지구의 온도가 높아지는 까닭은 (　　　　)을/를 비롯하여 지구의 자연환경이 파괴되었기 때문이다.

(　　　　　　　　　)

7 다음은 산업 발달과 관련된 인간의 활동입니다. (　　) 안에 들어갈 말로 알맞은 것끼리 짝 지어진 것은 어느 것입니까? (　　　)

> 교통수단의 발달로 생활은 편리해졌지만 석유와 같은 (　㉠　)을/를 사용하는 교통수단이 많아짐에 따라 매연과 (　㉡　) 배출량이 증가하고 있다.

	㉠	㉡
①	물	산소
②	화석 연료	산소
③	화석 연료	이산화 탄소
④	수소 에너지	산소
⑤	수소 에너지	이산화 탄소

8 다음 인간의 생활 습관 중 기후 변화에 좋은 영향을 주는 것은 ○표, 좋지 <u>않은</u> 영향을 주는 것에는 ×표 하시오.

(1) 음식을 많이 남긴다. (　　　)

(2) 쓰레기를 분리배출한다. (　　　)

(3) 일회용 제품을 많이 사용한다. (　　　)

(4) 쓰지 않는 전기 기구의 플러그는 콘센트에서 빼둔다. (　　　)

9 다음은 인간의 활동이 기후 변화에 영향을 주고 있다는 것을 알리기 위해 만든 포스터입니다. (　　) 안에 공통으로 들어갈 알맞은 말을 쓰시오.

(　　　　　　　　　)

10 기후 변화와 사람들의 활동에 대해 옳게 말한 사람의 이름을 쓰시오.

> • 채은: 숲이 망가지는 것과 기후 변화와는 관련이 없어.
> • 수빈: 냉난방 기구를 이용하는 것은 기후 변화와 관련이 없어.
> • 수현: 양치할 때 수돗물을 계속 틀어 놓는 것은 기후 변화와 관련이 있어.

(　　　　　　　　　)

│11~12│ 해수면이 상승하면 어떤 영향을 미치는지 알아보기 위해 바닷가 마을을 만든 후, 천천히 물을 부어보았습니다. 물음에 답하시오.

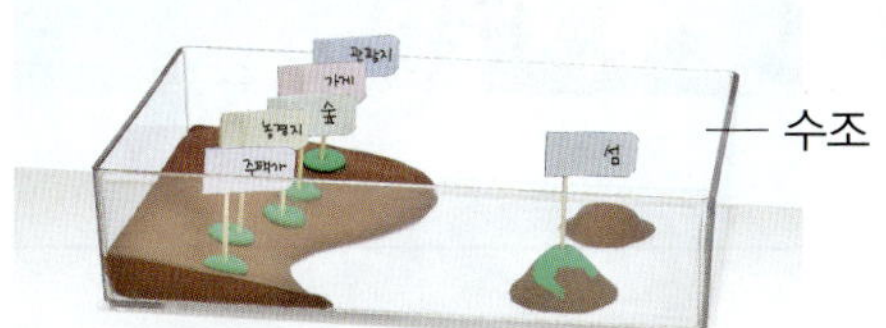

11 위 실험과 관련된 내용으로 옳지 <u>않은</u> 것은 어느 것입니까? (   )

① 물의 높이가 상승한다.
② 물의 온도가 점점 낮아진다.
③ 물을 부으면 깃발을 꽂아 둔 부분이 물에 잠긴다.
④ 해수면이 상승할 때 나타나는 피해를 예측할 수 있다.
⑤ 실험에서 붓는 물은 해수면이 높아지는 것에 비교할 수 있다.

12 위 실험의 결과로 알 수 있는 사실로 (   ) 안에 들어갈 알맞은 말을 (보기)에서 각각 골라 쓰시오.

（보기）

> 높아지고, 낮아지고, 높은,
> 낮은, 늘어난다, 줄어든다

기후 변화로 빙하가 녹으면 해수면이 (㉠), 땅의 높이가 (㉡) 지역들은 바닷물에 잠겨 생물이 살 수 있는 육지 면적이 (㉢).

㉠ (   ), ㉡ (   )
㉢ (   )

13 기후 변화가 우리 생활과 환경에 미치는 영향에 대한 설명으로 옳지 <u>않은</u> 것을 (보기)에서 골라 기호를 쓰시오.

（보기）

> ㉠ 열사병이나 감염병 환자가 늘어난다.
> ㉡ 비가 적게 내려 물과 식량이 부족해진다.
> ㉢ 자연재해가 더욱 증가하여 우리 생활을 불편하게 한다.
> ㉣ 기후 변화는 생물 중에서 사람에게만 심각한 영향을 미친다.

(   )

14 기후 변화 대응 방법으로 옳은 것에 ○표, 옳지 <u>않은</u> 것에 ×표 하시오.

(1) 숲에 나무를 심는다.　　　　　(   )
(2) 물 등 자원을 아껴쓴다.　　　　(   )
(3) 화석 연료의 사용을 늘린다.　　(   )
(4) 에너지를 적게 사용하는 기술을 연구한다.
　　　　　　　　　　　　　　　(   )

15 우리가 실천할 수 있는 기후 변화 대응 방법으로 옳은 것은 어느 것입니까? (   )

① 쓰레기를 분리배출한다.
② 일회용품의 사용을 늘린다.
③ 계단 대신 승강기를 이용한다.
④ 대중교통보다 자가용을 더 많이 이용한다.
⑤ 마트에서 물건을 살 때 비닐봉지를 사용한다.

4
단원

A단계

1 다음은 무엇에 대한 설명인지 쓰시오.

> 일정한 지역에서 보통 30년 이상의 오랜 기간에 걸쳐 나타나는 날씨의 평균적인 상태를 말한다.

(   )

2 기후 변화에 관련된 설명으로 옳은 것을 〈보기〉에서 골라 기호를 쓰시오.

〈보기〉
> ㉠ 평년보다 폭염 일수가 늘어나고 강한 한파가 발생한다.
> ㉡ 일정한 지역에서 짧은 기간에 걸쳐 평균적인 날씨가 변하는 것을 말한다.
> ㉢ 예전보다 심해진 가뭄으로 인해 수돗물이 얼고 수도관이 터지는 피해가 발생한다.

(   )

3 다음 (   ) 안에 들어갈 알맞은 말에 각각 ○표 하시오.

> 가뭄은 오랫동안 비나 눈이 ㉠ (많이, 적게) 내려 ㉡ (습한, 건조한) 날씨가 지속되는 현상을 말한다.

▲ 가뭄으로 갈라진 땅

4 다음 우리나라에서 일어나는 기후 변화 현상이 우리에게 미칠 수 있는 영향을 각각 한 가지씩 쓰시오.

____

____

5 기후 변화로 인한 현상과 그에 대한 설명으로 알맞은 것끼리 선으로 이으시오.

(1) 
▲ 홍수

    ㉠ 사용할 물이 부족해짐.

(2) 
▲ 폭설

    ㉡ 집과 농경지가 물에 잠김.

(3) 
▲ 가뭄

    ㉢ 쌓인 눈의 무게로 건물의 지붕이 무너짐.

6 화석 연료를 사용하는 예로 옳지 <u>않은</u> 것은 어느 것입니까? (   )

① 자동차에 석유를 넣어 움직인다.
② 햇빛을 이용하여 전기를 생산한다.
③ 보일러는 석유나 천연가스를 연료로 사용한다.
④ 석탄을 사용하여 발전소에서 전기를 생산한다.
⑤ 석유를 사용하여 공장에서 여러 제품을 생산한다.

서술형

7 다음은 기후 변화와 인간 활동의 관련성에 대한 대화입니다. 잘못 설명한 사람의 이름을 쓰고, 옳게 고쳐 쓰시오.

> • 유준: 화석 연료를 사용하면 이산화 탄소 배출량이 증가해.
> • 의정: 전기를 만들기 위해 많은 양의 화석 연료를 사용하고 있어.
> • 형석: 화석 연료를 사용하는 과정에서 대기 중으로 배출된 이산화 탄소는 기후 변화와 관련이 없어.

(1) 잘못 설명한 사람: (   )

(2) 옳게 고쳐쓰기: ________________

____

____

8 다음 인간의 활동 중 기후 변화를 심각하게 만드는 데 영향을 주는 활동은 어느 것입니까? (   )

① 물 절약하기   ② 쓰레기 줄이기
③ 장바구니 사용하기   ④ 전등 계속 켜 놓기
⑤ 일회용품 사용 줄이기

9 기후 변화가 미치는 영향으로 옳은 것에 ○표, 옳지 <u>않은</u> 것에 ×표 하시오.

(1) 비가 적게 내려 물과 식량이 부족해진다.
(   )

(2) 교통이 발달되어 사람들의 생활이 더욱 편리해진다.
(   )

(3) 열대 지방에서만 자라던 과일이 우리나라에서도 자란다.
(   )

(4) 홍수, 폭염, 가뭄 등의 자연재해가 예전보다 자주 발생한다.
(   )

10 기후 변화가 우리 생활과 환경에 미치는 영향으로 옳은 것을 〈보기〉에서 골라 기호를 쓰시오.

> 〈보기〉
> ㉠ 자연재해가 줄어든다.
> ㉡ 해충이 늘어나고 감염병이 증가한다.
> ㉢ 비가 적당히 내려서 물과 식량이 풍부해진다.

(   )

4
단원
B단계

|11~13| 해수면의 높이 변화로 인한 피해를 알아보기 위해 바닷가 마을을 만든 후, 천천히 물을 부었습니다. 물음에 답하시오.

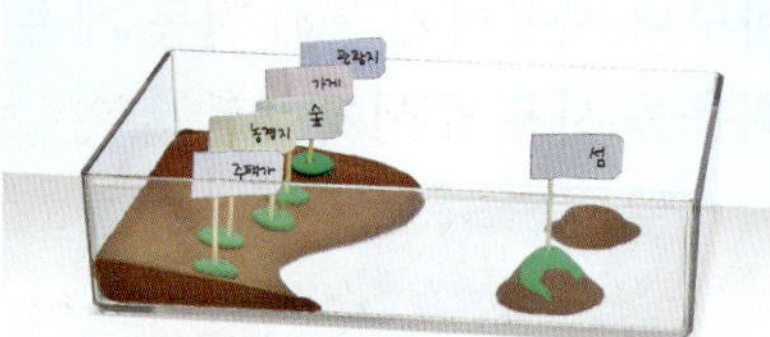

11 위 바닷가 마을에서 볼 수 있는 모습으로 (   ) 안에 들어갈 알맞은 말을 〈보기〉에서 각각 골라 쓰시오.

〈보기〉
높아져, 낮아져, 뜬다, 잠긴다

물의 높이가 점점 (㉠   ), 바닷가 마을이 물에 (㉡   ).

㉠ (   ), ㉡ (   )

12 위 실험에 대한 설명으로 옳지 <u>않은</u> 것을 〈보기〉에서 골라 기호를 쓰시오.

〈보기〉
㉠ 실험에서 물의 높이는 실제 자연에서 해수면의 높이에 해당한다.
㉡ 실제 기후 변화로 해수면이 높아지면 해안 생태계가 보전된다.
㉢ 실험에서 바닷가 마을 모형에 물을 붓는 것은 실제 자연에서 빙하가 녹은 물이 바다로 흘러가서 해수면이 상승하는 것을 의미한다.

(   )

13 앞 실험을 통해 알 수 있는 해수면 상승이 우리 생활에 미치는 영향을 한 가지 쓰시오.

____

____

____

14 기후 변화 대응 방법으로 옳지 <u>않은</u> 것을 〈보기〉에서 골라 기호를 쓰시오.

〈보기〉
㉠ 나무 심기   ㉡ 비닐봉지 사용하기
㉢ 전기 절약하기   ㉣ 친환경 에너지 사용하기

(   )

15 기후 변화에 대응하는 방법으로 개인이 실천할 수 있는 노력에 ○표 하시오.

(1) 기후 변화에 대응하기 위한 국제 협약을 맺는다.
(   )

(2) 화석 연료의 사용을 줄이기 위한 법과 제도를 만든다.
(   )

(3) 과대 포장을 줄이고, 일회용품을 적게 사용하도록 규제한다.
(   )

(4) 가까운 거리는 걷거나 자전거를 이용하고, 먼 거리는 대중교통을 이용한다.
(   )

백점

과학 4·2

해설북

- 한눈에 보이는 **정확한 답**
- 한번에 이해되는 **자세한 풀이**

모바일
빠른 정답

동아출판

○ 백점 과학 빠른 정답

QR코드를 찍으면 **정답과 풀이**를
쉽고 빠르게 확인할 수 있습니다.

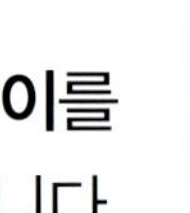

1. 밤하늘 관찰

◖ 1회 문제 학습   12~13쪽

1 둥근 공   **2** 단단한 땅   **3** 충돌   **4** 달의 바다

5 (1) ○ (3) ○   **6** ㉠   **7** 충돌 구덩이   **8** ④
9 ⑨ 옛날 사람들이 달의 어두운 부분을 물이 가득 찬 바다라고 생각했기 때문입니다.   **10** ⑤
11 민구   **12** ㉠ 밝게 ㉡ 어둡게   **13** ②, ④

5 달은 상황에 따라 노란색이나 붉은색으로 보이지만, 전체적으로 회색빛을 띱니다.

6 달의 표면은 단단한 땅으로 되어 있으며 높거나 낮은 부분, 편평한 부분, 울퉁불퉁한 부분이 있고, 밝게 보이는 부분과 어둡게 보이는 부분이 있습니다. 달에는 물이 없습니다.

7 달 표면에서 볼 수 있는 크고 작은 충돌 구덩이는 우주 공간을 떠돌던 운석이 충돌하여 만들어진 것입니다.

8 달 표면의 어두운 부분을 달의 바다라고 부릅니다.

9 옛날 사람들은 달의 어두운 부분을 물이 가득 찬 바다라고 생각했습니다.

채점 tip 달의 어두운 부분에 물이 있을 것이라고 생각했기 때문이라는 내용으로 옳게 쓰면 정답으로 합니다.

10 달의 표면은 단단한 땅으로 되어 있으며, 지구에서 볼 수 있는 것과 비슷한 흙처럼 작은 알갱이들이 있습니다.

11 달에는 크고 작은 충돌 구덩이가 많지만 지구에는 충돌 구덩이가 많지 않습니다. 달은 둥근 공 모양이며, 물이나 공기가 없습니다.

12 달의 표면이 밝은 부분과 어두운 부분으로 보이는 까닭은 달 표면을 이루고 있는 암석이 부분적으로 다르기 때문입니다.

13 달에는 물이 없으므로 물이 가득한 강이나 바다, 수증기가 높은 하늘에서 응결하여 만들어지는 구름을 볼 수 없습니다.

◖ 2회 문제 학습   16~17쪽

1 매일 조금씩 변합니다   **2** 왼쪽   **3** 보름달
4 약 30일

5 혁우   **6** (1) ○ (3) ○   **7** ⑤   **8** ㉠ 왼 ㉡ 오른   **9** ㉮ 하현달 ㉯ 보름달 ㉰ 상현달
10 ㉮   **11** ①   **12** ②   **13** 약 30일, ⑨ 달의 모양 변화는 약 30일을 주기로 반복되기 때문입니다.

5 여러 날 동안 보이는 달의 모양을 관찰하려면 음력 2일부터 음력 15일까지는 2일~3일에 한 번씩 같은 장소와 같은 시각에 남쪽을 향해 서서 관찰해야 합니다.

6 여러 날 동안 보이는 달의 모양을 관찰하는 장소로는 주변의 불빛이 적고, 높은 산이나 건물이 앞을 가리지 않아 하늘을 넓게 볼 수 있는 곳이 알맞습니다.

7 달의 모양 관찰 보고서에는 관찰 장소, 관찰 기간, 관찰 시각, 기록할 방법, 관찰 주제, 관찰 준비물, 주의할 점 등을 포함하여 사실대로 작성합니다.

8 여러 날 동안 달은 밝게 보이는 부분이 왼쪽으로 점점 커지면서 둥근 원 모양이 되었다가 다시 오른쪽부터 밝은 부분이 점점 작아집니다.

9 달은 모양에 따라 이름이 있습니다.

10 ㉯는 보름달이며, 음력 15일 무렵에 보름달이 보인 후 오른쪽의 밝은 부분이 점점 작아지면서 7~8일 후인 음력 22~23일 무렵에는 하현달을 볼 수 있습니다.

11 초승달은 음력 2~3일 무렵에 볼 수 있습니다.

12 상현달은 오른쪽이 볼록한 반달 모양인 달을 말합니다. 하현달이 왼쪽이 볼록한 반달 모양입니다.

13 달의 모양 변화는 약 30일 주기로 반복되므로, 같은 모양의 달을 다시 보려면 약 30일을 기다려야 합니다.

채점 tip 약 30일이라고 쓰고, 달의 모양이 변하는 주기가 약 30일을 기준으로 반복되기 때문이라는 내용으로 모두 옳게 쓰면 정답으로 합니다.

3회 문제 학습   20~21쪽

1 태양계   **2** 여덟   **3** 태양   **4** 다릅니다

5 재희   **6** ㉢   **7** ①   **8** (1) ㉡ (2) ㉠

9 화성   **10** ⑩ 행성의 표면이 기체인 것과 암석인 것으로 분류할 수 있습니다.   **11** 수성

12 비빔맨   **13** ㉡<㉠<㉢

4회 문제 학습   24~25쪽

1 별   **2** 행성   **3** 별자리   **4** 작은곰

5 ①   **6** ㉢   **7** (1) × (2) × (3) × (4) ○

8 ⑩ 별과 행성은 모두 밤하늘에서 밝게 빛납니다.

9 ㉣   **10** ①   **11** 은호   **12** 작은 곰

13 북두칠성

---

5 태양계는 태양을 중심으로 태양의 영향을 받는 천체(행성, 위성, 소행성 등)와 태양의 영향이 미치는 공간을 통틀어 말하며, 우리가 사는 지구도 태양계에 속하는 행성 중 하나입니다.

6 태양계의 구성원에는 태양, 행성, 위성, 소행성, 혜성 등이 있습니다. 수성과 천왕성은 태양계의 구성원인 여덟 행성에 속합니다.

7 태양은 태양계의 중심에 있으며, 태양계에서 유일하게 스스로 빛을 냅니다.

8 금성은 표면이 암석으로 이루어져 있고 고리가 없는 행성입니다. 반면 토성은 표면이 기체로 이루어져 있고 고리가 있는 행성입니다.

9 태양계 행성 중에서 붉은색을 띠며 표면이 암석으로 이루어졌고, 고리가 없는 행성은 화성입니다. 지구에서는 화성에 우주 탐사선을 많이 보냈습니다.

10 행성에 고리가 있는 것과 없는 것, 행성의 크기가 지구와 같거나 지구보다 큰 것과 지구보다 작은 것 등을 기준으로 하면 태양계 행성을 두 무리로 분류할 수 있습니다.

> 채점 tip 행성의 표면 상태, 고리의 유무, 크기, 색깔 등 태양계의 여덟 행성들을 두 무리로 분류할 수 있는 명확한 분류 기준을 한 가지 옳게 쓰면 정답으로 합니다.

11 태양계 행성은 태양으로부터 수성, 금성, 지구, 화성, 목성, 토성, 천왕성, 해왕성의 순서로 가깝습니다.

12 태양의 반지름은 지구의 반지름보다 약 109배 크기 때문에 태양에 비해서 지구는 작은 점처럼 보입니다.

13 태양계 행성을 크기가 작은 것부터 순서대로 나열하면 수성, 화성, 금성, 지구, 해왕성, 천왕성, 토성, 목성의 순서대로 커집니다.

5 별은 태양과 같이 스스로 빛을 내는 천체입니다. 별은 낮에도 하늘에 떠 있지만, 태양과 같은 주변의 밝은 빛으로 인해 낮에는 별의 빛이 가려져 볼 수 없습니다.

6 별이 반짝이는 작은 점처럼 보이는 까닭은 별이 행성보다 지구에서 매우 먼 거리에 있기 때문입니다.

7 별은 스스로 빛을 내는 천체이고, 행성은 스스로 빛을 내지 못하는 천체입니다. 금성과 같은 행성이 밝게 보이는 까닭은 행성의 표면에서 별의 빛을 반사한 것이 우리 눈에 들어오기 때문입니다.

8 별과 행성은 모두 밤하늘에서 밝게 빛나 보이며, 점처럼 작게 보이는 점이 비슷합니다.

> 채점 tip 별과 행성 모두 밤하늘에서 밝게 빛난다. 작은 점처럼 보인다. 등의 내용으로 한 가지 옳게 쓰면 정답으로 합니다.

9 옛날 사람들은 별의 위치를 쉽게 기억하고, 밤하늘에서 별을 쉽게 찾기 위해 별자리를 만들었습니다. 작은곰자리, 카시오페이아자리는 모두 별자리입니다.

10 나침반이 발명되기 전에는 밤에는 별과 별자리를 보고 방향을 찾을 수 있었고, 낮에는 태양의 움직임을 보고 방향을 알 수 있었습니다.

11 북극성 주변의 별자리인 카시오페이아자리는 별자리가 알파벳 엠(M) 자 또는 더블유(W) 자 모양처럼 보입니다.

12 작은곰자리는 작은 곰의 모습을 따서 별자리 이름을 붙였습니다. 작은곰자리의 꼬리에는 북극성이 있습니다.

13 큰곰자리의 꼬리 부분에 있는 일곱 개의 별을 우리나라에서는 북두칠성이라고 하며, 북두칠성은 국자 모양처럼 보입니다.

1 ③   **2** ㄹ   **3** ㉠ 바다 ㉡ 물   **4** (1) (나)
(2) (가)   **5** ②, ③   **6** ㄹ   **7** (다), (마), (나), (라)
8 ⑤   **9** (1) ㉠ (2) 예 상현달이라고 부릅니다.
10 (2) ○   **11** ③   **12** ②   **13** ㄹ
14 금성   **15** 예 고리가 있는 것과 없는 것으로 분류한 것입니다.   **16** 윤서   **17** 빛
18 ①, ④   **19** ㉡, ㉢   **20** (1) 해왕성 (2) 예 해왕성은 태양으로부터 가장 멀리 떨어져 있는 행성이기 때문에 해왕성에 도착하기까지의 시간이 가장 오래 걸릴 것입니다.

1 달에는 생물이 살아가는 데 필요한 물이나 공기가 없으므로, 식물이 살지 않습니다.

문제 속 개념

달의 모습

달은 둥근 공이나 구슬과 같이 전체적으로 둥근 모양이며, 표면의 색깔이 회색빛을 띱니다. 달 표면은 땅(암석)으로 되어 있어, 크고 작은 둥근 모양의 충돌 구덩이가 많습니다. 달에는 지구와 같이 공기나 흐르는 물이 없어 암석이 분해되는 작용이 일어나지 않기 때문에 충돌 구덩이가 많이 남아 있습니다.

▲ 충돌 구덩이   ▲ 밝기가 다른 부분

2 달 표면에는 크고 작은 충돌 구덩이가 많습니다. 충돌 구덩이는 우주 공간을 떠돌던 운석이 천체의 표면에 떨어져 만들어진 것으로, 달과 지구를 포함하여 단단한 표면을 가진 천체에서 대부분 볼 수 있습니다.

3 달의 바다에는 실제로 물이 없는데 바다라고 부르는 까닭은 옛날 사람들이 달의 어두운 부분을 물이 가득 찬 바다라고 생각했기 때문입니다.

4 (나)는 달, (가)는 지구에서 볼 수 있는 모습입니다. 지구에는 물과 공기가 있어 파란 바다와 하늘을 볼 수 있지만, 달에는 물과 공기가 없기 때문에 파란 하늘을 볼 수 없고 전체적으로 회색빛을 띠는 모습입니다.

5 달 모형은 실제 달과 같이 둥근 공 모양으로 만듭니다. 달의 바다는 달의 표면에서 어둡게 보이는 부분이므로 다른 부분보다 어둡게 만듭니다.

6 여러 날 동안 보이는 달의 모양을 관찰할 때 음력 15일 이후 또는 달을 직접 관찰하지 못했을 경우에는 천체 관측 프로그램으로 관찰합니다.

7 음력 2~3일 무렵에 볼 수 있는 (가) 초승달이 왼쪽으로 점점 커져 (다) 상현달이 되었다가 (마) 보름달 모양이 된 다음에는 다시 오른쪽부터 밝은 부분이 점점 작아지면서 (나) 하현달, (라) 그믐달이 됩니다.

문제 속 개념

여러 날 동안 달의 모양이 변하는 까닭

달은 스스로 빛을 내는 것이 아니라 태양의 빛을 받는 부분만 빛을 반사하여 밝게 보입니다. 우주에서 달과 지구는 매일 움직이고 있습니다. 이 과정에서 태양과 지구, 달의 상대적인 위치에 따라 지구에서 보이는 달의 모양이 변하는 것입니다.

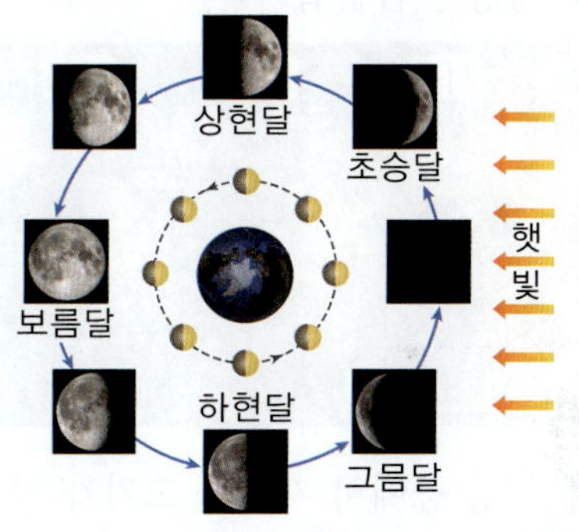

8 (라)는 그믐달로, 그믐달은 음력 27~28일 무렵에 볼 수 있습니다. 음력 2~3일 무렵에는 초승달, 음력 7~8일 무렵에는 상현달, 음력 15일 무렵에는 보름달, 음력 22~23일 무렵에는 하현달을 볼 수 있습니다.

9 오른쪽 반달 모양인 상현달은 음력 7~8일 무렵에 볼 수 있으며, 밝게 보이는 부분이 점점 커지면서 약 일주일 뒤인 음력 15일 무렵에는 보름달 모양이 됩니다.
채점 tip (1)에 ㉠을 고르고, (2)에 상현달이라고 부른다는 내용으로 모두 옳게 쓰면 정답으로 합니다.

10 태양계에는 수성, 금성, 지구, 화성, 목성, 토성, 천왕성, 해왕성의 여덟 개 행성이 있습니다. 태양 주위를 돌면서 모양이 둥근 특징이 있는 천체를 행성이라고 합니다.

11 태양은 태양계의 중심에 있으며, 태양계에서 유일하게 스스로 빛을 내는 천체입니다. 지구, 토성, 수성은 태양계의 여덟 개 행성에 속하며 태양을 중심으로 태양 주위를 돕니다.

문제 속 개념

태양의 영향

태양은 지구의 모든 것에 영향을 미칩니다. 태양이 주는 에너지로 우리 생활이 유지되고 생물이 살아갈 수 있습니다. 태양이 없으면 우리는 지구에서 살아가기가 어려울 것입니다.

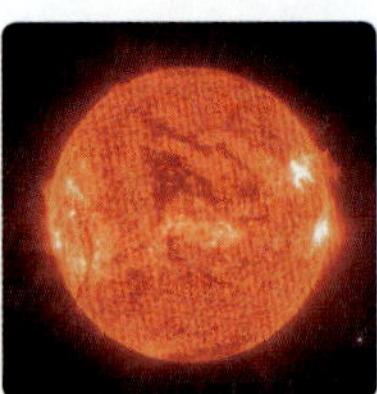

12 고리가 없고 표면이 암석인 태양계 행성은 수성, 금성, 지구, 화성입니다. 목성, 토성, 천왕성, 해왕성은 고리가 있고 표면이 기체로 이루어져 있습니다.

13 태양으로부터 가장 먼 행성은 해왕성이고, 태양으로부터 가장 가까운 행성은 수성입니다. 수성에서 가장 가까운 행성은 금성입니다.

14 태양계 행성 중에서 지구와 크기가 가장 비슷한 것은 금성입니다. 화성은 수성과 크기가 비슷하고, 해왕성은 천왕성과 크기가 비슷합니다. 목성은 태양계 행성 중에서 크기가 가장 큽니다. 수성, 금성, 지구, 화성은 상대적으로 크기가 작고, 목성, 토성, 천왕성, 해왕성은 상대적으로 크기가 큽니다.

15 이외에도 행성의 표면이 암석인 것과 기체인 것, 크기가 지구와 같거나 지구보다 작은 것과 지구보다 큰 것 등의 분류 기준을 써도 정답입니다.

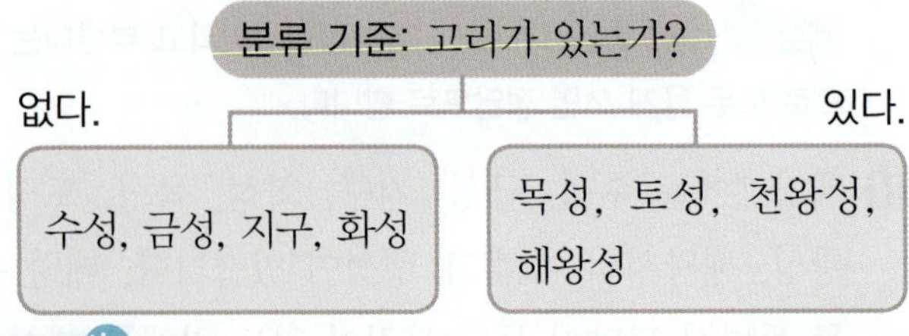

채점 tip 누가 분류하더라도 똑같은 결과가 나오는 명확한 분류 기준을 한 가지 옳게 쓰면 정답으로 합니다.

16 행성은 스스로 빛을 내지 못하지만 별은 스스로 빛을 내는 천체입니다. 어떤 행성은 표면이 기체로 이루어져 있지만 어떤 행성은 표면이 암석으로 이루어져 있는 등 모든 별과 행성의 표면이 기체로 이루어진 것은 아니며, 고리가 있는 것도 아닙니다.

문제 속 개념

별과 행성의 다른 점

• 별은 태양처럼 스스로 빛을 내는 천체입니다.
• 별은 행성에 비해 지구에서 매우 먼 거리에 있어서 여러 날 동안 같은 밤하늘을 봤을 때 움직이지 않는 것처럼 보입니다.
• 행성은 태양 빛을 반사하여 빛을 냅니다.
• 행성은 태양의 주위를 돌면서 지구에서 가까이에 있기 때문에 여러 날 동안 같은 밤하늘을 관측했을 때 별들 사이에서 위치가 변하는 것을 볼 수 있습니다.

17 전등이 있을 때 스타이로폼 공이 전등의 빛을 받아서 밝게 보이는 것처럼 행성은 스스로 빛을 내는 것이 아니라 별의 빛을 반사하여 밝게 보입니다.

문제 속 개념

밤하늘에서 행성을 관찰할 수 있는 까닭을 알아보는 실험

[전등과 스타이로폼 공이 나타내는 것]
전등은 별, 스타이로폼 공은 행성에 비교할 수 있습니다.
[전등이 없을 때와 있을 때 스타이로폼 공의 모습]

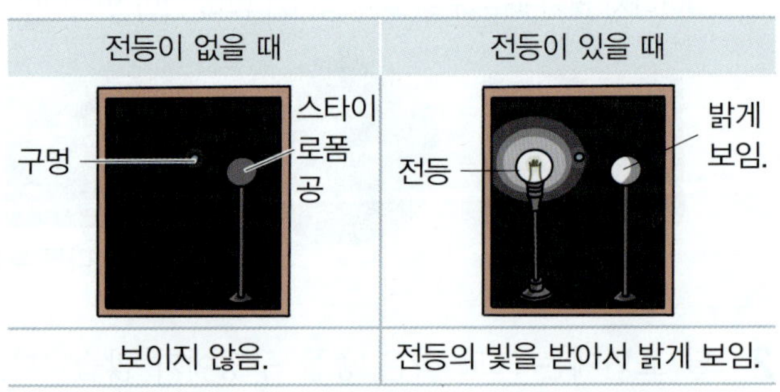

전등이 없을 때	전등이 있을 때
구멍 — 스타이로폼 공	전등 — 밝게 보임.
보이지 않음.	전등의 빛을 받아서 밝게 보임.

18 태양의 밝은 빛으로 인해 낮에는 별의 빛이 가려져 보이지 않습니다. 알파벳 엠(M) 자 또는 더블유(W) 자 모양처럼 보이는 것은 카시오페이아자리에 대한 설명입니다.

19 ⓒ 천왕성과 ⓓ 토성의 위치를 서로 바꾸어야 합니다.

20 태양으로부터 가장 멀리 떨어져 있는 행성에 도착하기까지의 시간이 가장 오래 걸릴 것입니다.

채점 tip (1)에 해왕성을 쓰고, (2)에 해왕성이 태양으로부터 가장 멀리 떨어져 있는 행성이기 때문이라는 내용으로 모두 옳게 쓰면 정답으로 합니다.

2. 생물과 환경

5 생태계는 살아 있는 생물뿐만 아니라 공기, 물, 온도,
햇빛 등과 같은 비생물 요소도 포함합니다.

6 물은 비생물 요소, 나비는 생물 요소입니다. 생물 요
소와 비생물 요소는 생태계를 구성하는 요소입니다.

7 햇빛, 공기, 물, 흙, 돌, 온도와 같이 생물 이외의 살
아 있지 않은 환경 요소가 비생물 요소입니다.

8 비생물 요소인 공기는 생물 요소가 호흡을 할 수 있
게 해 줍니다. 비생물 요소인 물이 없으면 연못이나
바다, 강 생태계에서 사는 생물 요소와 물을 마시며
살아가는 생물 요소 전체가 살 수 없을 것입니다.

9 생태계는 어떤 곳에서 서로 영향을 주고받는 생물과
이를 둘러싼 환경 전체를 말합니다.

10 ㉠ 물, ㉡ 흙, ㉺ 온도는 살아 있지 않은 것이므로 비
생물 요소입니다.

11 연못 생태계에서 볼 수 있는 생물 요소는 소금쟁이,
수련, 붕어, 연꽃, 개구리, 부들 등이 있고, 비생물
요소는 온도, 물 등이 있습니다.

12 생물 요소인 식물은 햇빛, 물과 같은 비생물 요소가
꼭 필요합니다. 비생물 요소인 흙이 없으면 산이나
들의 민들레와 소나무가 살기 힘듭니다.

13 비생물 요소는 물, 흙, 돌, 공기, 햇빛 등과 같이 살아
있지 않은 것입니다.

> **채점 tip** 비생물 요소를 분류하여 옳게 쓰고, 생물 요소와 비생
물 요소의 다른 점을 모두 옳게 쓰면 정답으로 합니다.

5 생태계의 생물 요소는 양분을 얻는 방법에 따라 햇빛
등을 이용하여 스스로 양분을 만드는 생산자, 다른
생물을 먹이로 하여 양분을 얻는 소비자, 죽은 생물
이나 배출물을 분해하여 양분을 얻는 분해자로 분류
할 수 있습니다.

6 잠자리와 같이 다른 생물을 먹이로 하여 양분을 얻는
생물을 소비자라고 합니다.

7 생태계를 구성하는 생물 요소는 양분을 얻는 방법에
따라 생산자, 소비자, 분해자로 분류할 수 있습니다.

8 배추와 같이 햇빛을 이용하여 스스로 양분을 만드는
생물을 생산자, 곰팡이와 같이 죽은 생물이나 배출물
을 분해하여 양분을 얻는 생물을 분해자, 배추흰나비
애벌레와 같이 다른 생물을 먹어서 양분을 얻는 생물
을 소비자라고 합니다.

9 밤나무와 같은 식물은 햇빛을 이용하여 스스로 양분
을 만드는 생산자로 분류할 수 있습니다.

10 강아지풀은 햇빛을 받아 스스로 양분을 만드는 생산
자이고, 토끼는 다른 생물을 먹이로 하여 양분을 얻
는 소비자이며, 곰팡이는 죽은 생물이나 배출물을 분
해하여 양분을 얻는 분해자입니다.

11 생태계에서 분해자가 모두 사라진다면 떨어진 낙엽
등이 썩지 않고 땅에 계속 쌓일 것입니다.

> **채점 tip** 생태계가 죽은 생물이나 배출물로 가득 차게 될 것이
라는 내용으로 옳게 쓰면 정답으로 합니다.

12 생태계의 생물 요소의 역할 중 생산자는 스스로 양분
을 만들 수 있는 생물체를 의미합니다.

13 수련, 소나무, 검정말은 스스로 양분을 만드는 생물
인 생산자입니다. 세균은 분해자입니다.

3회 문제 학습   44~45쪽

1 생물   **2** 먹이 사슬   **3** 먹이 그물
4 복잡할수록

5 먹이 사슬   **6** ㉠   **7** ④   **8** (1) × (2) ○
(3) ×   **9** ①   **10** ⑩ 벼 → 다람쥐 → 뱀 → 매
11 아란   **12** ㉢, ㉣, ㉡, ㉠   **13** ㉢

5 토끼는 토끼풀을 먹고, 늑대는 토끼를 먹는 것과 같이 생물들의 먹고 먹히는 관계가 사슬처럼 연결되어 있는 것을 먹이 사슬이라고 합니다.

6 쥐는 벼, 메뚜기와 애벌레를 잡아먹지만, 매에게는 잡아먹힙니다.

7 벼, 메뚜기, 개구리, 매의 먹이 사슬 순서는 메뚜기는 벼를 먹고, 개구리는 메뚜기를 먹으며, 매가 개구리를 먹는 순서로 연결되어야 합니다.

8 벼는 햇빛을 이용해서 양분을 만들고, 참새는 벼를 먹어 양분을 얻듯이 생태계의 구성 요소는 서로 밀접한 관련이 있습니다. 생태계에서 한 생물은 다양한 종류의 먹이를 먹을 수 있으며, 다양한 종류의 생물에게 먹힐 수도 있기 때문에 실제 생태계에서 생물들의 먹이 관계는 매우 복잡합니다.

9 화살표의 방향으로 볼 때 옥수수는 토끼가 먹기도 하고, 나방 애벌레가 먹기도 하는 것을 알 수 있습니다.

10 벼 → 토끼, 벼 → 나방 애벌레 → 참새 → 매, 벼 → 메뚜기 → 다람쥐 → 뱀 등 벼에서 시작하는 다양한 먹이 사슬을 찾을 수 있습니다.

> **채점 tip** 벼로부터 시작하는 먹이 사슬을 한 가지 이상 모두 옳게 적었으면 정답으로 합니다.

11 먹이 그물이 복잡하면 어떤 생물이 사라지거나 부족하더라도 또 다른 먹이를 먹고 살아갈 수 있습니다.

12 ㉠은 뱀, ㉡은 참새, ㉢은 강낭콩, ㉣은 메뚜기입니다. 메뚜기는 강낭콩을 먹고 참새는 강낭콩과 메뚜기를 먹습니다. 뱀은 메뚜기, 참새를 먹습니다.

13 먹이 사슬은 한 방향으로만 연결되고 먹이 그물은 여러 방향으로 연결되지만, 생물들의 먹고 먹히는 관계가 나타난다는 같은 점이 있습니다.

4회 문제 학습   48~49쪽

1 환경오염   **2** 대기   **3** 물   **4** 토양

5 ㉠   **6** 대기오염   **7** (1) ㉠ (2) ㉢ (3) ㉡
8 기정   **9** ②   **10** ㉡   **11** 수질오염, ⑩ 물이 더러워지고 좋지 않은 냄새가 납니다.   **12** ⑤
13 ④

5 환경오염은 인간의 활동으로 생태계의 환경이 더럽혀지거나 훼손되는 것으로, 환경이 오염되면 생물이 숨을 쉬기가 어려워집니다.

6 황사나 미세 먼지로 대기(공기)가 오염되면 동물의 호흡 기관에 이상이 생기거나 병에 걸릴 수 있습니다.

7 생활 속에서 쓰레기를 많이 발생시키거나 농약이나 비료를 지나치게 많이 사용하면 흙(토양)이 오염되고, 공장에서 흘려보내는 폐수나 가정의 생활 하수 등은 물(수질)을 오염시키는 원인이 됩니다. 자동차의 배기가스와 공장의 매연 등은 공기(대기)를 오염시키는 원인이 됩니다.

8 일회용품의 과도한 사용, 생활 하수, 공장 폐수, 농약이나 비료의 지나친 사용, 공장의 매연 등으로 환경이 오염됩니다.

9 쓰레기를 분리하여 배출하는 것은 토양 오염을 줄이기 위한 방법입니다.

10 물고기가 오염된 물을 먹고 죽은 것은 수질오염과 관련이 있습니다. 공장의 폐수는 물을 오염시키는 직접적인 원인이 됩니다.

11 수질오염으로 인해 물이 더러워지고 좋지 않은 냄새가 나며, 물고기가 오염된 물을 먹고 죽거나 모습이 이상해지기도 합니다.

> **채점 tip** 수질오염을 쓰고, 수질오염이 생물이나 환경에 미치는 영향을 한 가지 이상 옳게 쓰면 정답으로 합니다.

12 오염된 물을 먹은 생물의 모습이 이상해지는 것은 수질오염이 미치는 영향과 관련이 있습니다.

13 쓰레기 배출과 농약이나 비료의 지나친 사용은 흙을 오염시키는 원인이고 유조선의 기름 유출은 물을 오염시키는 원인입니다.

1 생태계 보전 **2** 파괴 **3** 국가나 사회
4 대중교통(버스, 지하철 등)
- -
5 ㉠ 많은 ㉡ 훼손되기 전 **6** ⓔ 생태계가 훼손되면 회복하는 데 많은 노력과 시간이 필요하기 때문입니다. **7** ㉠ **8** (1) ◯ (2) ◯ **9** ㉠, ㉡, ㉢ **10** (1) 국 (2) 개 (3) 국 **11** 지희
12 ① **13** ③

5 생태계가 훼손되면 회복하는 데 많은 노력과 시간이 필요하기 때문에 생태계가 훼손되기 전에 보전하도록 노력해야 합니다.

6 생태계는 사람뿐만 아니라 모든 생물이 함께 살아가는 공간입니다. 생태계가 훼손되면 회복하는 데 많은 노력과 시간이 필요하기 때문에 훼손되기 전에 생태계를 보전하도록 노력하는 것이 중요합니다.
채점 **tip** 생태계를 보전해야 하는 까닭에 대해 옳게 쓰면 정답으로 합니다.

7 생태계를 보전하기 위해 무분별하게 나무를 베어서는 안됩니다.

8 생태계 보전을 위해 꽃을 꺾거나 잔디를 밟지 않고 식물을 보호합니다.

9 생태계 보전이 필요한 곳은 생태계 보호 구역이나 국립 공원으로 지정하여 보호해야 합니다.

10 생태계 보전을 위한 국가나 사회의 노력으로는 국가 간 오염 물질을 줄이기 위한 협약을 맺고 생태계 보전이 필요한 곳을 생태계 보호 구역으로 지정하는 등의 활동이 있습니다. 개인이 할 수 있는 노력으로는 안 쓰는 물건은 다른 사람에게 팔거나 나눠 주어 에너지를 절약하는 등의 활동이 있습니다.

11 생태계 보전을 위해 일회용품의 사용을 줄이고, 야생 동물을 함부로 잡거나 기르지 않습니다.

12 생태 하천이나 국립 공원 등을 지정하면 자연 환경이 훼손되는 것을 방지할 수 있습니다.

13 쓰레기 분리배출과 관련된 그림이 사용되었으므로 분리배출에 대한 내용이 들어가는 것이 알맞습니다.

1 환경 **2** 재훈 **3** ② **4** ㉢ **5** 세균
6 물장군, 올챙이, 물방개, 붕어, 소금쟁이, 개구리, 왜가리 중 두 가지 **7** ⓔ 다른 생물을 먹이로 하여 양분을 얻습니다. **8** ⑤ **9** (1) ✕ (2) ◯ (3) ✕ **10** ③ **11** ㉡, ⓔ 먹이 관계가 여러 방향으로 연결되어 있습니다. **12** ① **13** ④
14 ㉠ 여러 ㉡ 여러 **15** 대기오염 **16** (1) ㉠ (2) ㉡ (3) ㉢ **17** ⑤ **18** ㉢ **19** ㉠
20 (1) ⓔ 오염된 공기 때문에 동물의 호흡 기관에 이상이 생기거나 병에 걸릴 수 있습니다. (2) ⓔ 일회용 그릇이나 종이컵을 사용하지 않습니다. 꼭 필요한 물건만 삽니다.

1 지구에는 다양한 환경이 있고 그 환경에 따라 살아가는 생물도 다양합니다. 생태계는 서로 영향을 주고받는 생물과 주변의 환경을 통틀어 말합니다.

문제 속 개념
환경과 생태계
지구의 생물들은 숲, 강, 바다와 같은 다양한 장소와 환경에서 다른 생물과 함께 살아갑니다. 지구는 하나의 커다란 생태계이며 그 안에는 숲 생태계, 강 생태계, 바다 생태계 등 다양한 생태계가 있습니다.

▲ 숲 생태계   ▲ 강 생태계

2 지구에는 북극이나 남극, 사막처럼 생물이 살기 어렵고, 환경이 특별한 생태계도 있습니다. 그곳에 사는 생물은 각 생태계의 환경에 적응하며 살아갑니다.

▲ 북극   ▲ 남극

3 화단, 연못, 어항 등은 규모가 작은 생태계이고, 바다, 산, 강, 사막 등은 비교적 규모가 큰 생태계입니다.

4 생물 요소(살아 있는 것)와 비생물 요소(살아 있지 않은 것)로 분류한 것입니다.

문제 속 개념

생물 요소와 비생물 요소(햇빛)의 관계

햇빛은 식물의 꽃눈이 만들어지는 시기와 꽃이 피는 시기, 동물의 번식 시기에 영향을 미칩니다. 번식에 중요한 몸의 기능이 햇볕이 내리쬐는 시간과 관련되어 있기 때문입니다. 예를 들어 종다리와 제비는 봄과 여름에 번식을 하고 양, 염소, 사슴은 가을과 겨울에 번식을 합니다. 또 사육장에 불을 켜는 시간을 늘려 닭이 알을 낳는 비율을 높이는 것도 이러한 원리를 바탕으로 한 것입니다.

꽃눈

제비

5 세균이나 곰팡이도 자라고 번식하는 등의 생명 현상이 일어나므로 생물입니다.

6 호수 생태계에서 물장군, 올챙이, 물방개, 붕어, 소금쟁이, 개구리, 왜가리는 다른 생물을 먹이로 하여 양분을 얻는 소비자입니다. 수련, 검정말, 부들과 갈대는 살아가는 데 필요한 양분을 스스로 만드는 생산자이며, 세균, 곰팡이는 죽은 생물이나 배설물을 분해하여 양분을 얻는 분해자입니다.

7 참새, 다람쥐, 배추흰나비는 모두 다른 생물을 먹이로 하여 양분을 얻는 소비자입니다.

채점 tip 다른 생물을 먹이로 하여 양분을 얻는다. 소비자에 속한다. 등의 내용을 한 가지 옳게 쓰면 정답으로 합니다.

이런 답도 가능해!

㉠ 다른 생물을 먹이로 하여 양분을 얻는 소비자입니다.
㉠ 숲, 공원 생태계 등에서 볼 수 있는 생물입니다.
㉠ 생태계의 구성 요소 중 살아있는 생물 요소에 속합니다.

8 생산자는 필요한 양분을 스스로 만들고, 소비자는 다른 생물을 먹이로 하여 양분을 얻습니다. 분해자는 죽은 생물이나 배설물을 분해하여 양분을 얻습니다.

9 세균은 생물 요소, 햇빛은 비생물 요소이며, 생물 요소인 물풀은 생산자이고, 금붕어는 소비자입니다.

10 애벌레는 옥수수를 먹고 참새의 먹이가 되며, 참새는 매의 먹이가 됩니다.

11 여러 개의 먹이 사슬이 그물처럼 복잡하게 얽힌 먹이 관계를 먹이 그물이라고 하며, 먹이 그물은 여러 방향으로 연결되어 있습니다.

채점 tip ㉡을 고르고, 먹이 관계가 여러 방향으로 연결되어 있다는 내용으로 모두 옳게 쓰면 정답으로 합니다.

12 벼를 먹고 매나 뱀의 먹이가 될 수 있는 생물로 알맞은 것은 토끼입니다.

왜 답이 아닐까?

② 고양이는 벼를 먹지 않습니다.
③ 개망초는 햇빛 등을 이용하여 스스로 양분을 만드는 생물인 생산자로, 벼를 먹지 않습니다.
④ 강아지풀은 생산자이므로, 벼를 먹지 않습니다. 또 매는 강아지풀을 먹지 않습니다.
⑤ 매는 무당벌레를 먹지 않습니다.

13 다람쥐는 벼뿐만 아니라 메뚜기와 애벌레도 먹기 때문에 벼가 사라져도 살 수 있습니다. 다람쥐는 뱀이나 매의 먹이가 되어 잡아먹힙니다.

14 먹이 그물을 통해 생태계에서 생물은 여러 생물을 먹이로 하고 또 여러 생물의 먹이가 되므로, 한 생물이 사라져도 다른 생물을 먹고 살아갈 수 있다는 사실을 알 수 있습니다.

문제 속 개념

먹이 사슬과 먹이 그물 비교하기

• 같은 점: 먹이 사슬과 먹이 그물에서는 생물들의 먹고 먹히는 관계가 나타납니다.
• 다른 점: 먹이 사슬은 생물 사이의 먹고 먹히는 관계가 한 방향으로만 연결되지만, 먹이 그물은 여러 방향으로 연결됩니다.

15 자동차의 배기가스나 공장의 매연 등으로 대기오염이 발생하면 인간을 비롯한 생물들이 숨을 쉬기 어려워집니다. 대기오염은 공기의 오염을 말하며 자동차의 배기가스나 공장의 매연, 쓰레기를 태울 때 나오는 연기 등이 원인이 되어 발생합니다. 수질오염은 물의 오염을 말하며 유조선의 기름 유출이나 생활 하수, 각종 폐수의 배출 등이 원인이 됩니다. 토양오염은 땅의 오염으로 무분별한 농약의 사용이나 쓰레기의 매립 등이 원인이 되어 발생합니다.

16 환경이 오염되면 생물은 살아갈 곳을 잃게 되므로 환경 오염으로부터 생물이나 생물이 사는 곳을 적극적으로 보호해야 합니다.

환경오염이 미치는 영향

- 대기오염으로 인해 동물이 숨 쉬기 어려워지거나 병에 걸릴 수 있고, 산성비가 내려 식물이 잘 자라지 못하게 됩니다.
- 수질오염으로 인해 물이 더러워지고 악취가 나며 물에 사는 생물의 서식지가 파괴됩니다.
- 토양오염으로 인해 서식지가 파괴된 동물이 살아갈 곳을 잃으며, 지하수가 오염되어 사용하기 어려워집니다.

17 매연과 폐수를 정화해서 배출하는 것은 생태계를 지키기 위하여 국가나 사회가 해야 할 일입니다. 국가나 사회는 환경오염 물질의 배출을 제한하는 법을 만들어 시행하며, 국립 공원에 자연 휴식년제를 도입해 일정 기간 동안 사람들의 출입을 통제하기도 합니다.

18 동물이 안전하게 도로를 건널 수 있도록 만든 길(생태 통로), 오염된 물을 정화하는 하수 처리 시설, 배기가스를 내뿜지 않는 전기 자동차는 생태계를 지키기 위한 노력의 예에 해당합니다. 하지만 쓰레기 매립지는 생태계를 지키기 위한 노력과는 거리가 멉니다.

생태 통로

도로 위에 다리를 놓거나 도로 아래로 굴을 파서 만든 길로, 야생 동식물의 이동을 도우며 사는 서식지가 끊기거나 훼손되는 것을 방지하는 역할을 합니다.

19 대기오염의 직접적인 원인은 공장의 매연 등입니다. 공장의 폐수와 유조선의 기름 유출은 수질 오염, 지나친 농약의 사용은 토양 오염의 직접적인 원인입니다.

20 대기(공기)가 오염되면 깨끗하고 선명한 하늘을 보기 어려워지며, 이산화 탄소 등이 많이 배출되어 지구의 평균 온도가 높아지고 동식물의 서식지가 파괴될 수 있습니다. 공장에서 제품을 생산하는 과정에서 많은 양의 매연이 발생하므로, 일회용품의 사용을 줄이고 꼭 필요한 물건만 삽니다.

채점 ⓣⓘⓟ 대기오염이 생물에게 미치는 영향을 쓰고, 공장의 매연을 줄이기 위해 개인이 실천할 수 있는 활동을 한 가지 모두 옳게 쓰면 정답으로 합니다.

3. 여러 가지 기체

1회 문제 학습 64~65쪽

1 공기 **2** 늘어납니다 **3** 예 줄어듭니다. 가벼워집니다. **4** 무게

---

5 < **6** ㉡ **7** 무게 **8** ㉠ **9** ②
10 (1) ○ **11** 승호 **12** ㉠ 무게 ㉡ 늘어나기 **13** (1) ㉠ (2) 예 공기에는 무게가 있으므로 공기가 가득 찬 축구공보다 공기가 빠진 축구공이 더 가볍기 때문입니다.

5 공기 주입 마개를 누르기 전보다 공기 주입 마개를 누른 후에 페트병의 무게가 더 무거워집니다.

6 공기 주입 마개를 누르면 페트병 속에 공기가 더 들어가므로, 공기 주입 마개를 누른 뒤 측정한 페트병의 무게가 더 무겁습니다.

7 공기 주입 마개를 눌러 공기를 더 넣은 페트병의 무게가 공기를 넣기 전 페트병의 무게보다 늘어난 것을 통해 공기에 무게가 있다는 것을 알 수 있습니다.

8 감압 용기의 펌프를 당길 때마다 용기 안 공기가 줄어듭니다.

9 공기를 빼낼수록 용기의 무게가 줄어드는 것을 통해 공기에는 무게가 있음을 알 수 있습니다.

10 교실 안에 있는 공기의 무게는 약 200 kg 정도이며, 용기에서 공기를 빼내면 용기의 무게가 줄어드는 것을 통해 공기에 무게가 있음을 알 수 있습니다.

11 공기를 뺀 타이어는 공기를 빼기 전 타이어보다 무게가 가볍습니다.

12 쭈그러든 고무보트보다 공기를 가득 채워 팽팽해진 고무보트를 옮기는 것이 더 어려운 까닭은 공기를 많이 넣을수록 고무보트의 무게가 늘어나기 때문입니다.

13 공기에는 무게가 있으므로 ㉡ 공기가 가득 찬 축구공보다 ㉠ 공기가 빠진 축구공이 더 가볍습니다.

채점 ⓣⓘⓟ (1)에 ㉠을 고르고, (2)에 공기에는 무게가 있기 때문이라는 내용을 포함하여 모두 옳게 쓰면 정답으로 합니다.

2회 문제 학습   68~69쪽

1 예 줄어듭니다.　2 부피　3 높아져　4 부풀어 오릅니다

5 ㉠ 높아져(올라가)　㉡ 늘어나기　6 (2) ○
7 ㉡　8 ㉠　9 (3) ○　10 예 온도가 높아지면 기체의 부피가 늘어나고, 온도가 낮아지면 기체의 부피가 줄어듭니다.　11 ㉡　12 ㉠ 위쪽　㉡ 늘어났기　13 온도

3회 문제 학습   72~73쪽

1 늘어납니다.　2 줄어듭니다　3 늘어납니다　4 낮기

5 압력　6 (1) ㉠ (2) ㉡　7 ㉎　8 ③
9 ㉠　10 예 기체에 가하는 압력이 낮아지면 기체의 부피는 커지고, 기체에 가하는 압력이 높아지면 기체의 부피는 작아집니다.　11 (1) ○
12 ㉠ 압력　㉡ 낮기　13 (1) ㉠, ㉡ (2) ㉢

5 포일 풍선에 따뜻한 바람을 쏘이면 온도가 높아져 풍선 속 기체의 부피가 늘어납니다.

6 포일 풍선을 차갑게 하면 풍선이 쭈그러들면서 크기가 줄어듭니다.

7 찌그러진 탁구공을 뜨거운 물에 넣으면 탁구공 안 온도가 높아져 기체의 부피가 늘어나기 때문에 찌그러진 탁구공이 다시 펴집니다.

8 고무풍선을 씌운 삼각 플라스크를 따뜻한 물이 든 수조에 넣으면 고무풍선이 부풀어 올라 커지고, 얼음물이 든 수조에 넣으면 고무풍선이 작아집니다.

9 (1), (2)는 온도가 높아져 기체의 부피가 늘어나는 현상입니다.

10 기체의 부피는 온도가 높아지면 늘어나고, 온도가 낮아지면 줄어듭니다.

　채점 tip 온도가 높아지면 기체의 부피가 늘어나고(커지고), 온도가 낮아지면 기체의 부피가 줄어든다(작아진다)는 내용으로 옳게 쓰면 정답으로 합니다.

11 시험관을 따뜻한 물에 넣으면 시험관 속 기체의 온도가 높아져 부피가 늘어나기 때문에 비누막이 부풀어 오르고, 얼음물에 넣으면 기체의 온도가 낮아져 부피가 줄어들기 때문에 비누막이 밑으로 내려갑니다.

12 스포이트를 뜨거운 물에 넣으면 스포이트 안 공기의 부피가 늘어나 물방울이 위쪽 방향으로 움직입니다.

13 따뜻한 차가 든 컵을 비닐 랩으로 씌워 냉장고에 넣어 두면 컵 안 기체의 온도가 낮아지면서 기체의 부피가 줄어들어 비닐 랩이 아래쪽으로 오목하게 들어갑니다.

5 기체는 압력에 따라 부피가 달라집니다.

6 입구를 막은 주사기 안에 공기를 넣은 고무풍선을 넣고 피스톤을 누르면 피스톤 안의 압력이 높아져 풍선의 부피가 줄어들고, 피스톤을 당기면 피스톤 안의 압력이 낮아져 풍선의 부피가 늘어납니다.

7 주사기의 피스톤을 누르면 주사기 안 기체에 가해지는 압력이 높아집니다.

8 주사기의 피스톤을 누르면 가해지는 압력이 커지면서 주사기 안 기체의 부피가 줄어듭니다.

9 펌프로 공기를 빼내면 고무풍선에 가하는 기체의 압력이 낮아져 고무풍선의 크기가 커집니다.

10 기체에 가하는 압력이 낮아질 때 고무풍선이 커진 것으로 보아 압력이 낮아지면 기체의 부피가 커진다는 것을 알 수 있습니다. 기체에 가하는 압력이 높아질 때 고무풍선이 작아지는 것으로 보아 압력이 높아지면 기체의 부피가 작아진다는 것을 알 수 있습니다.

　채점 tip 기체에 가하는 압력이 낮아지면 기체의 부피는 커지고, 기체에 가하는 압력이 높아지면 기체의 부피는 작아진다는 내용을 쓰면 정답으로 합니다.

11 하늘로 올라갈수록 공기의 양이 줄어들어 풍선에 가해지는 압력이 낮아지므로 풍선이 커지다가 터집니다.

12 높은 산 위에서 과자 봉지를 누르는 기체의 압력이 산 아래에서 과자 봉지를 누르는 기체의 압력보다 더 낮습니다.

13 뜨거운 음식이 담긴 그릇을 비닐 랩으로 씌웠을 때 비닐 랩이 부풀어 오르는 것은 온도에 따라 기체의 부피가 달라지는 예입니다.

1 뜨거운   **2** 여름   **3** 온도   **4** 커집니다

5 ④   **6** (1) ○   **7** ㉠ 낮아 ㉡ 줄어들기 ㉢ 많이
8 ㉠   **9** >   **10** ⑩ 깊은 바닷속보다 수면에서의 압력이 더 낮기 때문에 깊은 바닷속에서 수면으로 올라갈수록 공기 방울의 크기가 커집니다.
11 (1) ㉡ (2) ㉠   **12** ㉡   **13** (1) 압 (2) 온 (3) 온

5 공기 주입기로 공기를 가득 채운 고무풍선은 공기를 더 넣었을 때 고무풍선의 부피가 늘어나는 것을 알 수 있는 예이므로 온도에 따라 기체의 부피가 달라지는 예로는 알맞지 않습니다.

6 냉장고에서 꺼낸 차가운 달걀을 곧바로 끓는 물에 넣어 삶으면 달걀 속 공기의 부피가 급격하게 늘어나기 때문에 달걀이 터지게 됩니다.

7 반대로 여름철에는 겨울철보다 온도가 높아 자동차 타이어 속 공기의 부피가 늘어나기 때문에 타이어에 공기를 더 적게 넣도록 합니다.

8 하늘 높이 올라간 비행기 안에서 마개를 닫아 둔 페트병은 땅에 착륙하면 찌그러집니다.

9 깊은 바닷물 속보다 수면에서의 압력이 더 낮습니다.

10 바닷속에서 잠수부가 내뿜는 공기 방울은 수면으로 갈수록 압력이 낮아지기 때문에 점점 커집니다.
채점 tip 깊은 바닷속보다 수면에서의 압력이 더 낮다는 내용을 포함하여 옳게 쓰면 정답으로 합니다.

11 세게 찼더니 순간적으로 찌그러진 축구공은 압력에 따른 기체의 부피 변화, 여름철 햇빛 아래에 두었더니 팽팽해진 튜브는 온도에 따른 기체의 부피 변화와 관련이 있습니다.

12 ㉠, ㉢은 온도, ㉡은 압력에 따른 부피 변화의 예입니다.

13 (1) 하늘 위로 올라갈수록 압력이 낮아집니다. (2) 비닐 랩을 씌운 용기를 냉장고에 넣어 두면 용기 속 공기의 온도가 낮아집니다. (3) 뜨거운 물에 바깥쪽 그릇을 넣어 두면 온도가 높아지면서 두 그릇 사이의 공기의 부피가 늘어납니다.

1 산소   **2** 이산화 탄소   **3** 질소   **4** 가벼워서

5 ③   **6** (2) ○   **7** ⑩ 소화기, 탄산음료, 드라이아이스 등에 이용됩니다.   **8** 지원   **9** 수소
10 ㉡   **11** ㉢   **12** (1) ㉡ (2) ㉢ (3) ㉠
13 ㉠ 헬륨 ㉡ 이산화 탄소

5 불을 끌 때 이용하는 기체는 이산화 탄소입니다.

6 이산화 탄소는 다른 물질이 타는 것을 막는 성질이 있습니다. 다른 물질이 타는 것을 돕는 성질이 있는 기체는 산소입니다.

7 이산화 탄소는 물에 녹아 톡 쏘는 맛을 내어 탄산음료에 이용되고, 불이 났을 때 산소를 차단하기 때문에 소화기에 이용되며, 음식물을 차갑게 해주는 드라이아이스를 만드는 데에도 이용됩니다.
채점 tip 이산화 탄소가 이용되는 사례를 두 가지 이상 옳게 쓰면 정답으로 합니다.

8 과자 봉지에 질소를 넣는 까닭은 질소가 음식을 상하게 하지 않고 과자가 부서지지 않게 보호해 주기 때문입니다. 과자 봉지에 산소를 넣으면 곰팡이나 세균이 번식하기 쉬운 환경이 되어 과자를 쉽게 상하게 하고 색이나 맛, 냄새 등이 변할 수 있습니다.

9 수소는 색깔과 냄새가 없으며 불에 닿으면 폭발하는 성질이 있습니다. 또 오염 물질을 배출하지 않아 청정 연료로 수소 자동차 등에 이용됩니다.

10 헬륨은 비행선이나 풍선을 공중에 띄우는 데 이용됩니다.

11 네온은 특유의 빛을 내는 조명 기구나 광고용 간판에 이용됩니다.

12 산소는 응급 환자의 호흡 장치에 이용합니다. 질소는 항공기 타이어를 채우는 데 이용합니다. 수소는 오염 물질을 배출하지 않아 청정 연료로 이용됩니다.

13 헬륨은 공기보다 위로 뜨는 성질이 있으므로 헬륨이 든 풍선은 위에 떠 있습니다. 입으로 분 풍선에 든 이산화 탄소는 공기보다 아래로 가라앉는 성질이 있어서 이산화 탄소가 든 풍선은 바닥으로 가라앉습니다.

3
단원
개념북

6회 문제 학습   84~85쪽

1 늘어나는   **2** 온도   **3** 줄어드는
4 예 날아갑니다.

---

5 (1) ㈎ (2) ㈏   **6** ㉠ 낮아지면서 ㉡ 줄어듭니다
7 (1) ○   **8** 예 기체에 가해지는 압력이 높아지면
기체의 부피가 줄어드는 성질을 이용한 장치입니다.
9 희영   **10** ㉠ 위쪽 ㉡ 아래쪽   **11** (1) ○
12 수현   **13** ㉠

5 ㈎는 공기의 온도를 시럽의 위치로 확인할 수 있고, ㈏는 압력에 따라 기체의 부피가 달라지는 성질을 이용하여 스포이트가 날아가도록 만들었습니다.

6 ㈎를 냉장고 안에 두면 온도가 낮아지면서 약병 안 기체의 부피가 줄어들어 시럽의 위치가 내려갑니다.

7 ㈎를 따뜻한 창가에 두면 온도가 높아지면서 약병 안 기체의 부피가 늘어나 시럽의 위치가 올라갑니다.

8 ㈏는 압력에 따라 기체의 부피가 변하는 성질을 이용한 장치입니다. 피스톤을 밀어 기체에 가해지는 압력을 높이면 주사기 안 기체의 부피가 줄어들면서 스포이트가 로켓처럼 날아갑니다.

> 채점 tip 압력에 따른 기체의 부피 변화에 대한 내용이 포함되어 있으면 정답으로 합니다.

9 유리병에 든 기체의 온도 변화에 따라 기체의 부피가 달라져 움직이는 장치입니다.

10 유리병을 따뜻한 물에 넣으면 유리병 안 기체의 부피가 늘어나면서 스타이로폼 공이 위쪽으로 움직이고, 차가운 물에 넣으면 유리병 안 기체의 부피가 줄어들면서 스타이로폼 공이 아래쪽으로 움직입니다.

11 (1)은 온도에 따라 기체의 부피가 변하는 성질을 이용한 장치이고, (2)는 압력에 따라 기체의 부피가 변하는 성질을 이용한 장치입니다.

12 페트병 안의 물과 페트병에 붓는 물의 온도 차이가 클수록 구멍에서 물줄기가 잘 뿜어져 나옵니다.

13 주사기 안 기체에 가하는 압력을 높여 기체의 부피가 줄어들면서 연결된 스포이트 로켓이 날아가므로 주사기의 피스톤을 미는 방향으로 움직여야 합니다.

7회 마무리 평가   86~89쪽

1 ②   **2** 줄어든다   **3** ㉡   **4** ②   **5** 예 삼각
플라스크 속 기체의 온도가 높아져 기체의 부피가
늘어났기 때문에 삼각 플라스크 입구에 끼운 고무풍
선이 부풀어 오릅니다.   **6** ㉠   **7** ㉠ 올라가고
㉡ 내려간다   **8** (1) × (2) ○ (3) ○   **9** ㉠ 압력
㉡ 예 줄어듭니다, 작아집니다   **10** 예 하늘 위
에서보다 땅에서의 압력이 높기 때문에 페트병이 찌
그러집니다.   **11** ㉡   **12** (1) ㉡, ㉢ (2) ㉠, ㉣
13 산소   **14** (1) ㉢ (2) ㉡ (3) ㉠   **15** ④
16 (1) 항공기 타이어 (2) 질소   **17** ①, ③
18 ㉢   **19** ④   **20** (1) ㈏ (2) 예 주사기의 눈
금이 가리키는 숫자가 30 mL보다 커집니다.

1 공기 주입 마개를 누르면 페트병 안에 공기가 들어가므로 페트병의 무게가 늘어납니다. 그러나 공기 주입 마개를 눌러 공기를 넣기 전에도 페트병 안에 이미 공기가 있었기 때문에 페트병 안에 든 공기 전체의 무게와는 같지 않습니다.

> **왜 답이 아닐까?**
> ① 페트병에 끼운 공기 주입 마개를 여러 번 눌러도 페트병이라는 물체 자체의 무게는 변하지 않습니다.
> ③ 공기 주입 마개를 여러 번 눌러도 공기 주입 마개는 두꺼워지지 않으며, 무게도 변하지 않습니다.
> ④ 페트병 안에 든 공기 전체의 무게는 공기 주입 마개를 누르기 전 페트병에 들어 있던 공기의 무게에 공기 주입 마개를 누를 때 추가로 들어간 공기의 무게를 더한 값이므로, 늘어난 무게와는 같지 않습니다.
> ⑤ 공기 주입 마개를 누르면 페트병에 공기가 더 들어갑니다.

2 공기는 무게가 있기 때문에 감압 용기에서 공기를 빼면 무게가 줄어듭니다. 감압 용기는 공기를 빼낼 수 있게 만든 장치입니다. 감압 용기의 펌프를 여러 번 당기면 용기 안 공기의 양이 점점 줄어들고, 공기의 압력도 줄어듭니다.

3 고무보트에 공기를 가득 채우면 공기의 무게 때문에 공기를 가득 채우지 않은 것보다 무게가 더 무거워집니다.

4 고무풍선을 씌운 삼각 플라스크를 뜨거운 물이 든 비커에 넣으면 고무풍선이 부풀어 올라 커지는 것을 관찰할 수 있습니다.

① 고무풍선이 부풀어 오릅니다.
③ 고무풍선의 색깔은 바뀌지 않습니다.
④ 삼각 플라스크를 뜨거운 물이 든 비커에 넣어도 비커에 든 물이 끓지 않습니다.
⑤ 삼각 플라스크에 씌운 고무풍선이 부풀어 오르는 변화가 생깁니다.

5 고무풍선을 씌운 삼각 플라스크를 뜨거운 물이 든 비커에 넣으면 삼각 플라스크 속 기체의 온도가 높아지면서 부피가 늘어나기 때문에 고무풍선이 부풀어 오릅니다.

채점 **tip** 온도가 높아져 삼각 플라스크 속 기체의 부피가 늘어났다(커졌다)는 내용으로 옳게 쓰면 정답으로 합니다.

6 기체는 온도가 높아지면 부피가 늘어나기 때문에 찌그러진 탁구공을 뜨거운 물이 든 비커에 넣어야 탁구공 속 기체의 온도가 높아져 부피가 늘어나면서 탁구공이 펴집니다.

7 물방울이 든 스포이트를 뜨거운 물에 넣으면 스포이트의 둥근 부분 속 공기의 부피가 커져 물방울이 위로 올라가고, 스포이트를 얼음물에 넣으면 스포이트의 둥근 부분 속 공기의 부피가 작아져 물방울이 아래로 내려갑니다.

8 축구공을 발로 세게 차면 축구공이 찌그러지는 것은 압력에 따른 기체의 부피 변화와 관련된 현상입니다.

열기구가 부풀어 오르는 과정

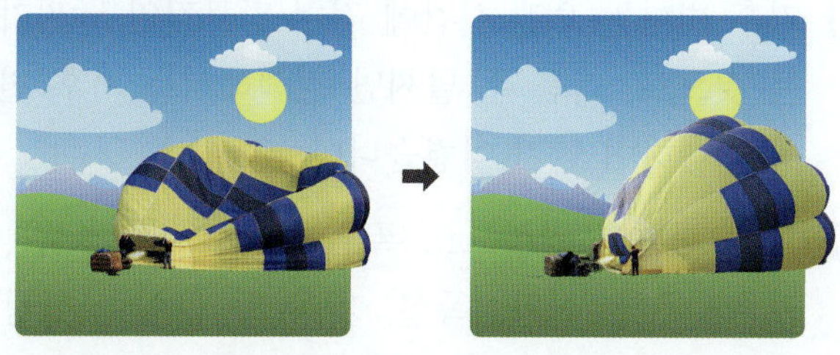

열기구의 공기 주머니에 열을 가하면 공기 주머니 속 공기의 온도가 높아지면서 공기의 부피가 늘어납니다. 늘어난 공기의 부피로 인하여 열기구의 공기 주머니가 부풉니다.

9 입구를 막은 주사기 안에 공기를 넣은 고무풍선을 넣고 피스톤을 누르면 피스톤 안의 압력이 높아져 풍선의 부피가 줄어듭니다.

10 하늘을 나는 비행기 안에서 마개를 닫아 둔 페트병이 땅에 착륙하면 찌그러지는 까닭은 하늘 위에서보다 땅에서의 압력이 높기 때문입니다.

채점 **tip** 하늘 위보다 땅에서 압력이 더 높기 때문이라는 말을 포함하여 옳게 쓰면 정답으로 합니다.

11 높은 산 위에서의 압력은 산 아래보다 낮기 때문에 높은 산 위의 과자 봉지 크기가 산 아래에서보다 더 큽니다.

압력에 따라 기체의 부피가 달라지는 예

▲ 높은 곳에서 과자 봉지의 부피 변화

• 과자 봉지는 땅에서보다 높은 산 정상이나 하늘 위에 떠 있는 비행기 안에서 더 크게 부풀어 오릅니다. 높은 산 정상이나 하늘 위에서는 땅에서보다 압력이 낮아 과자 봉지 속 기체의 부피가 늘어나기 때문입니다.

▲ 운동화 공기 주머니의 부피 변화

• 운동화 밑창에 있는 공기 주머니는 발이 땅에 닿을 때 작아집니다. 발이 땅에 닿으면 공기 주머니에 가해지는 압력이 높아져 공기의 부피가 줄어들기 때문입니다.

12 ㉠ 수면으로 갈수록 압력이 낮아져 공기 방울의 크기가 커집니다. ㉡ 찌그러진 탁구공을 뜨거운 물에 넣으면 온도가 높아져 탁구공이 펴집니다. ㉢ 냉장고에 넣어 둔 페트병은 온도가 낮아져 찌그러집니다. ㉣ 높은 산 위는 산 아래보다 압력이 낮으므로 과자 봉지가 커집니다.

13 산소는 금속을 녹슬게 하고 생물이 숨을 쉬는 데 필요하며, 물질이 타는 것을 돕습니다.

14 이산화 탄소는 탄산음료에 녹아 있어 톡 쏘는 맛을 냅니다. 헬륨은 공기보다 가벼워 풍선이나 비행선을 공중에 띄우는 데 이용합니다. 수소는 오염 물질을 배출하지 않는 청정 연료로 이용합니다.

문제 속 개념

청정 연료로 이용되는 수소

수소 발전은 수소 연료 전지에 수소 기체를 이용하여 전기를 생산합니다. 전기를 발생시키는 과정에서 물이 나오지만, 이산화 탄소와 같은 오염 물질은 전혀 나오지 않습니다.

---

15 수소는 청정 연료로 수소 자동차 등에 이용됩니다.

16 항공기 타이어에는 외부의 압력과 열에 의한 변화가 적은 질소를 넣어서 이용합니다.

17 아래쪽에 구멍을 뚫은 페트병에 물을 넣고 뚜껑을 닫은 다음, 페트병의 윗부분에 뜨거운 물을 부으면 온도가 높아져 페트병 속 공기의 부피가 늘어나므로 페트병 안에 들어 있는 물이 구멍으로 밀려 나옵니다.

18 플라스틱병을 누르면 날아가는 빨대 로켓은 압력에 따라 기체의 부피가 변하는 성질을 이용한 장치입니다.

19 압력에 따른 기체의 부피 변화를 알아보기 위한 실험입니다.

문제 속 개념

피스톤을 누르는 세기에 따른 공기의 부피 변화

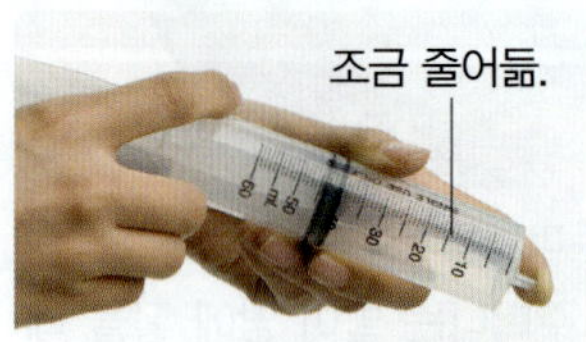

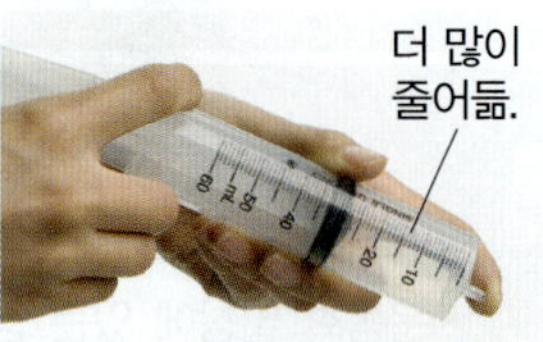

▲ 약하게 누를 때　　　　▲ 세게 누를 때

공기가 든 주사기의 피스톤을 약하게 누를 때보다 세게 누를 때 공기의 부피가 더 많이 줄어듭니다.

---

20 주사기의 피스톤을 당겼을 때 주사기 안 기체에 가해지는 압력이 낮아져 주사기 안 공기의 부피가 늘어납니다. 따라서 주사기의 눈금이 가리키는 숫자가 30 mL보다 커집니다.

채점 **tip** ⑴에 ㈏를 고르고, ⑵에 주사기의 눈금이 가리키는 숫자가 30 mL보다 크다는 내용으로 모두 옳게 쓰면 정답으로 합니다.

---

4. 기후 변화와 우리 생활

1회 문제 학습　　　　96~97쪽

1 기후 변화　**2** 폭염　**3** 한파　**4** 커지고 자주

5 기후　**6** ⑴ ㉠ ⑵ ㉡　**7** ⑴ ○ ⑷ ○　**8** 가뭄

9 ⑩ 집이나 농경지가 물에 잠길 수 있습니다.

10 ㉢　**11** 상아　**12** ①　**13** ㉡

5 기후는 일정한 지역에서 보통 30년 이상의 오랜 기간에 걸쳐 나타나는 날씨의 평균적인 상태를 말합니다.

6 폭염이 발생하면 낮 동안 강한 햇빛으로 더위가 심하여 외출하기 힘들고 밤에도 더위가 이어져 잠을 자기 어렵습니다. 폭설이 내리면 쌓인 눈의 무게로 인해 건물이나 비닐하우스의 지붕이 무너지기도 하고, 교통이 마비되는 등의 피해를 입을 수 있습니다.

7 ⑵, ⑶은 폭염에 대한 설명입니다.

8 가뭄은 오랫동안 비나 눈이 적게 내려 건조한 날씨가 지속되는 현상으로 가뭄이 생기면 물이 부족해집니다.

9 홍수는 비가 갑자기 많이 와서 강이나 개천의 물이 갑자기 크게 불어나는 현상이며, 홍수가 나면 강물이 넘쳐 집이나 농경지가 물에 잠길 수 있습니다.

채점 **tip** 집, 건물, 도로, 농경지 등이 물에 잠길 수 있고, 인명 피해나 재산 피해 또한 발생할 수 있다는 내용으로 홍수가 발생했을 때의 피해를 한 가지 옳게 쓰면 정답으로 합니다.

10 기후 변화로 인해 북극의 온도가 올라가면서 빙하가 녹아 크기가 작아지면, 북극곰의 생존에 영향을 줄 수 있습니다. 북극곰은 주로 빙하 위에 있는 물범이나 물개를 먹이로 잡고, 빙하 위에서 쉬기 때문입니다.

11 기후 변화는 오랜 시간에 걸쳐 평균적인 날씨가 변하는 것으로, 다음 주 날씨만 검색해서는 기후 변화 현상에 대하여 알기 어렵습니다.

12 기후 변화의 영향으로 폭우, 홍수, 이상 저온, 이상 고온, 폭염, 한파, 폭설, 가뭄 등 다양한 현상이 전 세계적으로 발생하고 있습니다.

13 우리나라의 연도별 평균 기온이 점차 상승하고 있습니다.

1 심해지고　　**2** 인간(사람)　　**3** 화석　　**4** 이산화 탄소

5 (3) ○　　**6** 소라　　**7** 온실　　**8** ㉢
9 화석　　**10** ②　　**11** ⑩ 빈방에 전등이나 텔레비전을 켜 놓지 않습니다.　　**12** ㉡　　**13** ④

5 기후는 자연적으로도 변해 왔지만, 인간의 활동으로 인해 오존층을 비롯하여 지구의 자연환경이 파괴되면서 기후 변화가 심해집니다.

6 쓰레기를 땅속에 묻어서 분해시키거나 태울 때 배출되는 이산화 탄소는 기후 변화를 심각하게 만듭니다.

7 숲과 늪지 등은 온실 효과 등 기후 변화에 영향을 주는 기체인 이산화 탄소를 줄이고 저장하는 역할을 합니다.

8 숲에 나무를 심는 것은 기후 변화에 대응하는 활동으로 좋은 영향을 주는 모습입니다.

9 화석 연료를 이용하여 교통수단을 이용하거나 전기를 생산하면서 인간의 생활은 편리해졌지만 기후 변화가 심해지고 있습니다.

10 쓰레기를 분리 배출하지 않고 함부로 버리면 재활용할 수 있는 자원이 낭비되고, 쓰레기를 처리할 때 기후 변화에 좋지 않은 영향을 미칩니다.

11 전기를 아껴 쓰는 것은 기후 변화를 줄이기 위한 방법 중 하나입니다.

채점 tip 음식을 남기지 않는다. 일회용 제품의 사용량을 줄인다. 창문을 열고 난방 기구를 사용하지 않는다. 등 실천할 수 있는 활동을 한 가지 옳게 쓰면 정답으로 합니다.

12 편리한 생활을 위해 화석 연료를 사용하는 교통수단을 많이 이용하는 것은 기후 변화에 영향을 주는 행동입니다.

13 옛날에는 스스로 걸어 다니거나 말을 탔지만 오늘날은 석유나 천연가스 등을 이용한 교통수단을 이용하고, 옛날에는 동물, 물, 바람 등을 이용해 에너지를 얻었지만 오늘날은 석유, 석탄 등을 이용하여 에너지를 얻고 이를 일상생활이나 산업 활동에 이용합니다.

1 ⑩ 녹습니다.　　**2** 높아집니다　　**3** 물
4 장바구니

5 빙하　　**6** 아린　　**7** ㉠　　**8** 자주　　**9** ⑤
10 (2) ○ (3) ○　　**11** ⑩ 감염병이 증가할 수 있습니다.　　**12** ㉡　　**13** ㉠

5 빙하는 육지에 오랫동안 쌓인 눈이 얼음덩어리로 변해 육지를 덮고 있는 것입니다.

6 빙하가 녹은 물이 바다로 흘러가면 해수면의 높이가 높아집니다.

7 이 실험에서 바닷가 마을에 붓는 물은 해수면이 높아지는 것에 비교할 수 있으며, 깃발이 꽂힌 부분이 물에 잠기는 것은 높아진 해수면으로 인해 바닷가 마을이 물에 잠기는 것을 의미합니다. 이 모형실험을 통해 해수면이 상승하면 바닷가 마을의 땅(육지)이 점차 줄어들게 된다는 것을 알 수 있습니다.

8 기후 변화로 지구가 뜨거워지면서 다양한 자연재해가 자주 발생하고, 그로 인한 피해가 커지고 있습니다.

9 기후 변화로 인해 해수면 상승뿐만 아니라 홍수, 가뭄, 큰 산불, 태풍, 폭염 등의 자연재해가 예전보다 자주, 심각하게 발생하고 있습니다.

10 경상북도는 오랫동안 우리나라에서 사과 재배가 많이 이루어진 곳이지만, 기후 변화로 인해 사과를 재배하기에 알맞지 않은 환경으로 변하고 있습니다.

11 일부 모기나 진드기는 사람이나 동물에게 옮겨 다니며 치명적인 감염병을 일으킬 수 있습니다.

채점 tip 감염병이 증가할 수 있다. 감염병으로 인해 고통받는 사람들이 늘어난다. 등의 내용으로 옳게 쓰면 정답으로 합니다.

12 화석 연료의 사용을 줄이기 위한 법과 제도를 만들고, 생산 과정에서 화석 연료 등의 에너지 자원을 적게 사용하는 기술과 친환경 기술을 개발해야 합니다.

13 올바른 기후 변화 대응 방법을 알고, 생활 속에서 실천해 봅니다. ㉡ 쓰레기는 함부로 버리지 않으며 분리 배출합니다. ㉢ 음식은 먹을 수 있는 만큼만 덜어서 먹습니다. ㉣ 일회용품을 적게 사용합니다.

4 단원

개념북

4회 마무리 평가   106~109쪽

1 ④　　**2** 우찬　　**3** (나)　　**4** 예 강물이 넘쳐 집과 농경지가 물에 잠기기도 합니다.　　**5** (가), (다)
6 ②　　**7** ㉠　　**8** (3) ○　　**9** 이산화 탄소　　**10** ⑤　　**11** ㉠ 높아지고 ㉡ 심해진다
12 ②　　**13** 인간　　**14** 예 주로 화석 연료를 사용하는 자동차나 비행기와 같은 교통수단을 많이 이용하면 매연과 이산화 탄소의 배출량이 증가하여 지구의 온도를 높아지게 합니다.　　**15** ㉢
16 ㉡　　**17** (1) ○ (2) × (3) ○　　**18** ①, ⑤
19 진규　　**20** (1) ㉠ (2) 예 낮 동안 강한 햇빛으로 더위가 심하여 외출하기가 힘듭니다.

1 기후는 일정한 지역에서 보통 30년 이상의 오랜 기간에 걸쳐 나타나는 날씨의 평균적인 상태를 의미하며, 기후 변화란 오랜 시간에 걸쳐 기온이나 강수량 등의 평균적인 날씨가 변하는 것으로 폭염, 가뭄, 한파, 폭설, 홍수 등의 자연재해가 발생하는 데 영향을 미칩니다.

2 수돗물이 얼어서 수도관이 터지는 등의 피해가 발생하는 것은 한파로 인해 발생할 수 있는 피해에 해당합니다.

3 가뭄이 발생하면 사용할 물이 부족해지고, 건조한 날씨가 지속되어 산불 등의 추가 피해가 발생할 수 있습니다.

4 홍수는 비가 많이 와서 강이나 개천에 갑자기 크게 불어난 물을 말하며, 홍수가 발생하면 강이나 개천의 물이 넘쳐 그 주변의 집이나 농경지, 도로 등이 물에 잠길 수 있습니다. 홍수가 반복되면 약해진 지반으로 인해 산사태가 발생하거나 시설물이 파괴될 위험도 있습니다.

채점 tip 강이나 개천의 물이 넘쳐 발생할 수 있는 피해 등 홍수로 인한 피해를 한 가지 옳게 쓰면 정답으로 합니다.

5 기온은 대기의 온도를 말하며, (가) 폭염과 (다) 한파는 기온의 변화와 관련 있는 기후 변화 현상에 해당합니다. (나) 가뭄과 (라) 홍수는 강수량의 변화와 관련이 있는 기후 변화 현상입니다.

6 폭우는 갑자기 세차게 쏟아지는 비를 말하며, 폭우로 인해 강이나 개천의 물이 넘치는 홍수 등의 피해가 발생할 수 있습니다.

7 기후 변화가 심해지면서 전 세계적으로 폭우, 폭염, 홍수, 한파 등의 기후 변화 현상이 예전보다 자주, 심하게 발생하고 있습니다. 제시된 내용을 통해 폭우로 인한 홍수가 발생할 수도 있다는 것은 추측할 수 있지만, 홍수가 발생하면 기온이 높아진다는 것은 알 수 없습니다.

8 인간의 활동으로 인해 오존층을 비롯한 지구의 자연환경이 파괴되면서 지구의 온도가 점점 높아지고, 이로 인해 기후 변화가 심해지고 있습니다.

9 대기 중의 이산화 탄소는 지구에서 우주로 나가는 열을 흡수하여 지구의 평균 기온을 비교적 높게 유지시키는 온실 효과를 일으킵니다. 온실 효과가 없는 경우 지구의 평균 기온이 영하로 떨어져 생명체가 생존하기 어려우나, 온실 효과가 과도하게 일어나면 지구의 평균 기온이 높아져 기후 변화를 일으킵니다.

10 냉난방을 할 때, 전기를 생산할 때, 교통수단을 이용할 때, 공장에서 제품을 생산할 때 주로 화석 연료를 사용합니다.

11 화석 연료를 사용하는 과정에서 배출된 많은 양의 이산화 탄소는 지구의 온도를 필요 이상으로 높아지게 하며, 이로 인해 기후 변화가 심해집니다.

12 빈방에 전등이나 텔레비전을 켜 놓으면 전기 에너지를 낭비하게 됩니다. 이처럼 전기 기구의 사용량이 늘어나면서 전기를 만들기 위해 많은 양의 화석 연료가 사용될 수 있고, 이 과정에서 지구의 온도를 높이는 이산화 탄소가 배출되기 때문에 결국 기후 변화에 좋지 않은 영향을 줍니다.

문제 속 개념
인간의 활동이 기후 변화에 미치는 영향
대부분의 공장에서 화석 연료를 태워 전기를 만들고 기계를 움직여 물건을 만듭니다. 또 비행기와 자동차, 배와 같은 교통수단도 화석 연료를 사용해 움직입니다. 석탄, 석유, 천연가스와 같은 화석 연료를 사용하면 지구의 온도를 높이는 온실 기체인 이산화 탄소가 배출되어 기후 변화를 더욱 심각하게 만듭니다.

13 기후는 자연적으로도 변해왔지만, 인간의 활동이 많아진 최근 100여 년 동안 급격하게 변하고 있습니다.

14 화석 연료를 사용하는 교통수단을 이용하면 매연과 이산화 탄소가 배출됩니다. 이산화 탄소와 같은 온실 기체가 많이 배출되면 지구의 평균 기온을 높아지게 하여 기후 변화를 일으킵니다.

채점 tip 화석 연료를 사용하는 교통수단을 많이 이용하면 이산화 탄소 배출량이 증가하여 지구의 온도를 점점 높아지게 한다는 내용으로 옳게 쓰면 정답으로 합니다.

15 기후 변화로 인해 지구의 평균 기온이 높아지면서 극지방과 육지를 덮고 있던 빙하가 빠르게 녹고 있습니다. 이렇게 빙하가 녹은 물이 바다로 흘러 들어가면 해수면이 높아집니다.

16 해수면 상승으로 인한 피해 모형실험에서 수조 속 물의 높이는 실제 자연에서 해수면의 높이를 의미합니다.

17 해수면 상승으로 바닷가 근처의 육지에 바닷물이 밀려 들어오면 우리가 사용할 수 있는 민물에 스며들어 피해를 줄 수 있습니다.

18 과대 포장은 물건을 싸거나 꾸미는 데 지나치게 많은 자원을 사용하므로, 과대 포장을 줄이는 노력을 해야 합니다. 또 지구의 온도를 높이는 원인이 되는 화석 연료의 사용을 줄이기 위한 법과 제도를 만들어야 합니다.

우리나라의 기후 변화 대응 방법(온실 기체 감축 대책)

우리나라는 지구의 온도를 높이는 온실 기체 감축을 위해 노력을 기울이고 있습니다. 2021년 10월에는 2030년까지 국가 온실 기체를 2018년 대비 약 40 %를 감축하는 방안을 확정하기도 했으나, 우리나라는 온실 기체 배출량이 세계 8위(2023년 기준)로, 상위권 수준에 달합니다.

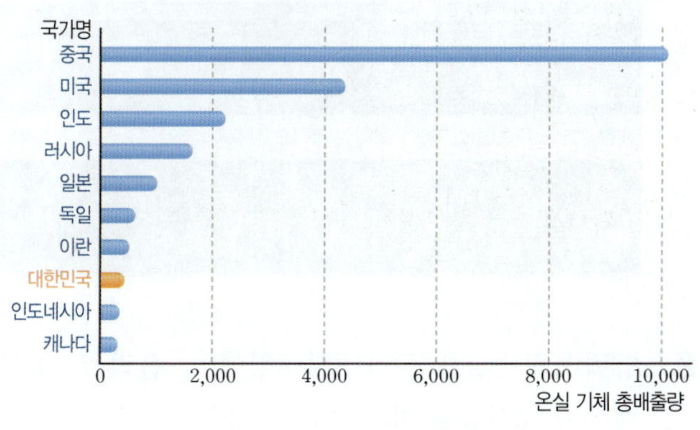

19 우리나라에서도 기후 변화로 인한 자연재해가 자주, 심하게 발생하고 있습니다.

우리나라의 기후 변화 속도

우리나라의 연평균 기온은 전 세계의 평균보다 빠르게 상승하고 있습니다. 1912년 이후부터 2020년까지 전 세계 연평균 기온은 약 1.09 ℃ 상승하였으나, 우리나라는 약 1.6 ℃ 상승하였습니다. 바닷물 표면의 수온은 1968년 이후부터 2017년까지 전 세계 평균은 0.48 ℃ 상승하였으나, 우리나라는 약 1.23 ℃가 상승하여 약 2.6배 정도 높습니다.

20 폭염이 발생하면 낮 동안 강한 햇빛으로 더위가 심하여 외출하기가 힘들고, 밤에도 더위가 이어져 잠을 자기 어렵습니다.

채점 tip ⑴에 ㉠을 쓰고, ⑵에 '낮 동안 강한 햇빛으로 더위가 심하여 외출하기가 힘들다.', '밤에도 더위가 이어져 잠을 자기 어렵다.' 등의 내용으로 모두 옳게 쓰면 정답으로 합니다.

왜 답이 아닐까?

㉡은 눈이 많이 내린 모습으로 볼 때 폭설이나 한파 등의 기후 변화 현상이 발생했을 때의 모습으로 알맞습니다.

용어 퍼즐 **2학기 용어 되돌아 보기** 112쪽

이	산	화	탄	소			
	소		비				
		생	산	자		카	
		태				시	
태	양	계		수	질	오	염
		해	왕	성		페	
	홍	수		먹	이	그	물
	면			아			

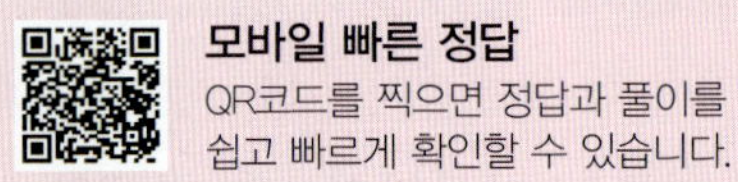

1. 밤하늘 관찰

단원 핵심 개념   2쪽

① 바다   ② 보름   ③ 행성   ④ 북쪽

단원 평가 A 단계   3~5쪽

1 ⑤   **2** (1) ○ (2) × (3) × (4) ○   **3** (1) ㉣
(2) 어두운 곳   **4** 수영   **5** ㉢   **6** ②   **7** ㈐,
보름달   **8** 상현달   **9** ㉢   **10** ②   **11** 화성
12 ㉠ 수성 ㉡ 목성 ㉢ 금성   **13** ㉡   **14** ③
15 카시오페이아자리

1 달의 표면에는 밝게 보이는 부분과 어둡게 보이는 부분이 있습니다. 달의 표면이 밝은 부분과 어두운 부분으로 보이는 까닭은 달 표면을 이루고 있는 암석이 부분적으로 다르기 때문입니다.

▲ 울퉁불퉁한 표면

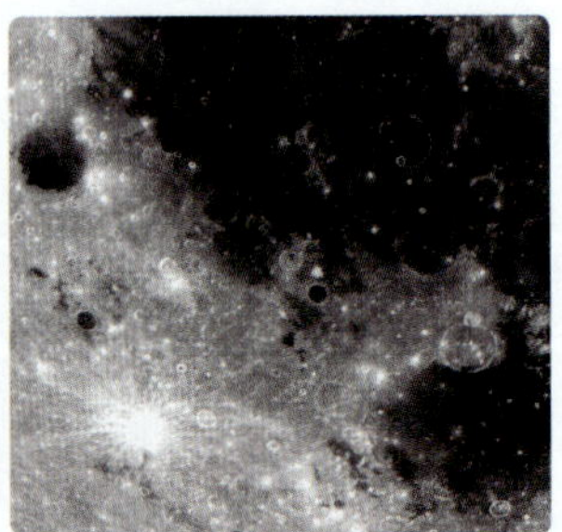
▲ 밝은 부분과 어두운 부분

2 달의 바다에는 바닷물이 없으므로 물고기가 살지 않습니다. 달의 충돌 구덩이 속에는 공기가 없습니다.

3 달 표면에서 어둡게 보이는 부분을 달의 바다라고 부릅니다.

4 지구와 달은 모두 둥근 공 모양입니다.

▲ 달

▲ 지구

5 여러 날 동안 보이는 달의 모양을 관찰할 때는 해가 진 뒤(오후 7시 무렵)에 관찰하는 것이 좋습니다. 주변의 불빛이 적고, 높은 산이나 건물이 앞을 가리지 않아 하늘을 넓게 볼 수 있는 곳이 달을 관찰하기 좋으며, 2~3일에 한 번씩 같은 장소, 같은 시각에 남쪽을 향해 서서 관찰합니다. 달을 직접 관찰하지 못했다면 천체 관측 프로그램을 이용할 수 있습니다.

6 상현달은 음력 7~8일 무렵에 볼 수 있습니다.

왜 답이 아닐까?

① 음력 2~3일 무렵에 볼 수 있는 달은 초승달입니다.
③ 음력 15일 무렵에 볼 수 있는 달은 보름달입니다.
④ 음력 22~23일 무렵 볼 수 있는 달은 하현달입니다.
⑤ 음력 27~28일 무렵 볼 수 있는 달은 그믐달입니다.

7 보름달은 음력 15일 무렵에 볼 수 있습니다. ㈎는 초승달, ㈏는 상현달, ㈐는 하현달, ㈑는 그믐달입니다.

문제 속 개념

여러 날 동안 달의 모양 변화
- 음력 1일 무렵에는 달이 보이지 않습니다.
- 달의 모양 변화는 약 30일 주기로 반복됩니다.

음력 1일	음력 2일	음력 3일	음력 4일	음력 5일	음력 6일	음력 7일
음력 8일	음력 9일	음력 10일	음력 11일	음력 12일	음력 13일	음력 14일
음력 15일	음력 16일	음력 17일	음력 18일	음력 19일	음력 20일	음력 21일
음력 22일	음력 23일	음력 24일	음력 25일	음력 26일	음력 27일	음력 28일

8 양력 4월 5일은 음력 3월 8일이며, 음력 7~8일 무렵에는 상현달을 볼 수 있습니다.

9 태양은 태양계의 구성원 중에서 유일하게 스스로 빛을 내는 천체입니다.

▲ 태양

10 지구의 표면은 파란색, 초록색, 흰색 등을 띠며 암석으로 이루어져 있습니다. 지구에는 물과 공기가 있고, 많은 생물이 살고 있습니다.

11 화성은 붉은색을 띠고 표면이 암석으로 이루어진 행성입니다. 고리가 없는 둥근 공 모양이며, 지구에서 우주 탐사선을 많이 보냈다는 특징이 있습니다.

문제 속 개념

화성의 특징 알아보기

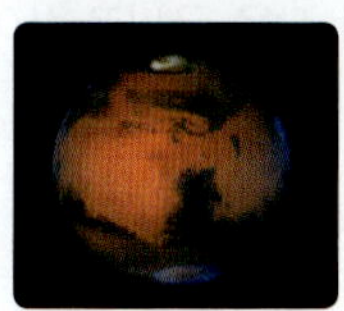
- 붉은색을 띱니다.
- 표면이 암석으로 이루어졌습니다.
- 고리가 없습니다.
- 지구에서 우주 탐사선을 많이 보냈습니다.

12 태양계 행성의 크기는 다양하며, 지구보다 작은 행성도 있고 큰 행성도 있습니다. 태양계 행성을 크기가 큰 순서대로 나열하면 목성, 토성, 천왕성, 해왕성, 지구, 금성, 화성, 수성의 순서대로 큽니다.

13 별은 스스로 빛을 내지만 행성은 스스로 빛을 내지 못합니다. 또한 별은 행성보다 지구에서 매우 멀리 떨어져 있습니다.

14 북극성은 북쪽 하늘에서 일 년 내내 거의 같은 위치에 있기 때문에 밤하늘에서 북극성을 찾으면, 북극성이 있는 방향이 북쪽입니다.

문제 속 개념

옛날 사람들이 방향을 찾았던 방법

나침반이 발명되기 전에는 별과 별자리를 보고 방향을 찾을 수 있었습니다. 밤하늘에서 북극성을 찾으면, 북극성을 바라보고 섰을 때 북극성이 있는 방향이 북쪽이고, 오른쪽은 동쪽, 왼쪽은 서쪽입니다.

15 북극성 주변의 별자리 중 카시오페이아자리에 대한 설명입니다. 카시오페이아자리는 별자리가 알파벳 엠(M) 자 또는 더블유(W) 자 모양처럼 보입니다.

단원 평가 B 단계　　6~9쪽

1 ④　　**2** 성호　　**3** (1) 바다　(2) **예** 달 표면의 어두운 곳입니다. 지구의 바다와 다르게 바닷물이 없습니다.　**4** (2) ○　　**5** ㉠　　**6** 3모둠

7 ㉠ 초승달 ㉡ 하현달　　**8** ㉢　　**9** 보름달, **예** 12월 4일은 음력 10월 15일이므로 음력 15일 무렵에 볼 수 있는 보름달을 관측할 수 있습니다.　**10** ③

11 ③, ⑤　　**12** **예** 수성과 금성은 고리가 없고, 목성과 토성은 고리가 있습니다.　**13** ㉡, ㉣

14 (1) ○　**15** 해왕성　**16** **예** 별은 스스로 빛을 내지만, 행성은 스스로 빛을 내지 않습니다. 별은 행성보다 지구에서 매우 멀리 떨어져 있습니다.　**17** (1) ○ (2) ○　(3) ○　(4) ×　**18** ②　**19** ㉮ 큰곰자리 ㉯ 작은곰자리 ㉰ 카시오페이아자리　**20** ㉣

1 단원 / 평가북

1 둥근 공 모양인 달은 표면이 회색빛을 띱니다.

▲ 달의 앞면　　▲ 달의 뒷면

2 옛날 사람들은 달 표면의 밝은 부분과 어두운 부분을 보고 게, 방아 찧는 토끼, 두꺼비, 당나귀 등의 여러 가지 모양을 떠올렸습니다.

3 달의 표면에서 어둡게 보이는 부분을 '달의 바다'라고 합니다. 달의 바다에는 바닷물이 없습니다.

채점 기준	상	(1) 달의 바다를 옳게 고르고, (2) 특징을 옳게 고른 경우
	하	(1) 달의 바다만 옳게 쓴 경우

문제 속 개념

달의 바다

- 달의 바다에는 실제로 물이 없는데 바다라고 부르는 까닭은 옛날 사람들이 달의 어두운 부분을 물이 가득 찬 바다라고 생각했기 때문입니다.
- 달의 표면이 밝은 부분과 어두운 부분으로 보이는 까닭은 달 표면을 이루고 있는 암석이 부분적으로 다르기 때문입니다.

4 지구와 달은 모두 둥근 공 모양이라는 공통점이 있습니다. 차이점은 지구의 바다는 물이 있고 파랗게 보이고, 달의 바다는 물이 없고 달 표면의 어둡게 보이는 곳을 말합니다. 또한 달 표면에는 충돌 구덩이가 많이 있지만 지구 표면에는 충돌 구덩이가 많지 않습니다.

▲ 크고 작은 충돌 구덩이

▲ 지구의 충돌 구덩이

5 달 모형과 실제 달은 표면이 울퉁불퉁한 둥근 공 모양이며, 표면에 움푹 파인 구덩이가 있고, 구덩이의 모양이 대체로 둥글다는 비슷한 점이 있지만 실제 크기는 달 모형보다 실제 달이 더 큽니다.

문제 속 개념

달 모형과 실제 달의 비슷한 점과 다른 점

비슷한 점	• 둥근 공 모양임. • 어둡게 보이는 곳이 있음. • 표면이 울퉁불퉁함. • 표면에 움푹 파인 구덩이가 있고, 구덩이의 모양이 대체로 둥긂.
다른 점	• 달 모형보다 실제 달이 더 큼. • 달 모형의 표면 모습과 실제 달의 표면 모습이 다름.

6 달 관찰은 음력 2일부터 음력 15일까지는 2~3일에 한 번씩 해가 진 뒤에 관찰하는 것이 좋습니다. 이때 관찰 장소는 주변의 불빛이 적고 높은 산이나 건물이 앞을 가리지 않아 하늘을 넓게 볼 수 있는 곳에서 남쪽을 향해 서서 관찰합니다.

7 달은 여러 날 동안 밝게 보이는 부분의 모양에 따라 초승달, 상현달, 보름달, 하현달, 그믐달의 순서로 변합니다.

▲ 초승달

▲ 하현달

8 상현달 이전의 달의 모양은 음력 2~3일 무렵 볼 수 있는 초승달입니다. 초승달에서 밝게 보이는 부분이 왼쪽으로 점점 커지면서 상현달이 됩니다.

9 달을 관측할 때는 음력 날짜를 확인해야 하며, 달력에 작은 글씨는 음력 날짜를 나타냅니다. 12월 4일은 음력으로 10월 15일에 해당합니다.

채점 기준	상	보름달을 볼 수 있다고 쓰고, 12월 4일은 음력 10월 15일에 해당한다는 내용을 포함하여 음력 15일 무렵에는 보름달을 관측할 수 있다는 내용으로 모두 옳게 쓴 경우
	하	보름달을 볼 수 있다고 썼으나, 그 까닭에 대한 설명이 미흡한 경우

문제 속 개념

달의 모양 변화를 기준으로 한 음력

달의 모양이 변하는 주기를 기준으로 만든 달력으로, 우리가 주로 사용하는 달력(양력)의 날짜 주변에 작은 글씨로 쓰여 있기도 합니다.

10 달은 약 30일을 주기로 모양이 변합니다. 오늘밤에 보름달을 보았다면 약 30일 후에 다시 보름달을 볼 수 있습니다.

11 태양계는 스스로 빛을 내는 태양을 중심으로 태양의 영향을 받는 천체와 태양의 영향이 미치는 공간을 통틀어 태양계라고 합니다. 태양계는 태양, 행성, 위성, 소행성, 혜성 등으로 구성되어 있으며, 태양 주위를 도는 천체를 행성이라고 합니다.

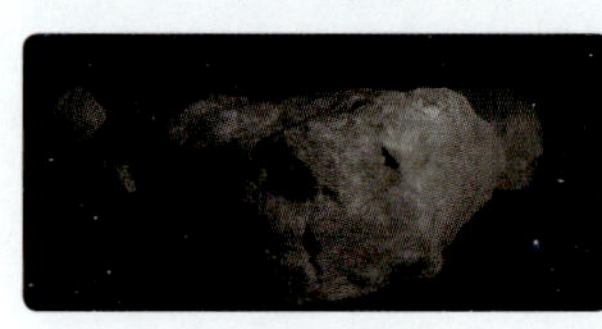
▲ 소행성

▲ 혜성

왜 답이 아닐까?

① 태양계의 중심은 태양입니다.
② 태양 주위를 도는 천체는 행성이라고 하며, 태양계에는 여덟 행성이 있습니다.
④ 스스로 빛을 내는 천체를 별이라고 하며, 태양은 태양계의 유일한 별입니다.

12 고리가 없는 행성은 수성과 금성이고, 고리가 있는
행성은 목성과 토성입니다.

채점 기준	상	고리가 있는 행성과 고리가 없는 행성으로 옳게 분류한 경우
	하	수성과 금성/목성과 토성으로 분류할 수 있다고만 쓴 경우

13 화성, 천왕성은 태양계 행성으로 태양 주위를 도는
둥근 천체입니다.

14 지구의 표면은 암석으로 이루어져 있지만, 목성, 토
성, 천왕성은 표면이 기체로 되어 있습니다.

지구, 목성, 토성, 천왕성의 특징

구분	지구	목성
모양		
색깔	파란색, 초록색	흰색, 연한 갈색
표면의 상태	암석으로 이루어짐.	기체로 이루어짐.
고리	없음.	희미한 고리가 있음.

구분	토성	천왕성
모양		
색깔	연한 갈색	청록색
표면의 상태	기체로 이루어짐.	기체로 이루어짐.
고리	뚜렷한 고리가 있음.	희미한 고리가 있음.

---

15 해왕성은 태양으로부터 거리가 가장 먼 행성으로, 파
란색을 띠며 표면이 기체로 되어 있습니다.

▲ 태양계 행성 중 태양과
가장 거리가 가까운 수성

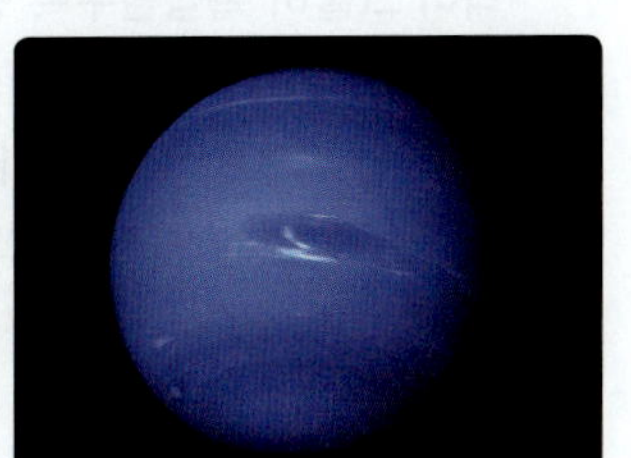

▲ 태양계 행성 중 태양과
가장 거리가 먼 해왕성

16 별은 태양처럼 스스로 빛을 내는 천체입니다. 수성,
금성과 같은 행성도 밝게 빛나서 별처럼 보이지만,
행성은 스스로 빛을 내지 못하는 천체입니다. 별은
행성보다 지구에서 매우 멀리 떨어져 있어 작은 점처
럼 보입니다.

채점 기준	상	별과 행성의 다른 점을 옳게 쓴 경우
	하	별과 행성의 다른 점에 대한 설명이 부족한 경우

⑩ 지구에서 별은 작은 점처럼 보이지만 행성은 또렷하게 보이
기도 합니다.

⑩ 별은 스스로 빛을 내므로 밝게 보이고, 행성은 별의 빛을 반
사하여 밝게 보입니다.

17 별은 행성보다 지구에서 매우 멀리 떨어져 있습니다.
행성은 별보다 지구에 가까이 있어 또렷하게 보이기
도 합니다.

18 태양처럼 스스로 빛을 내는 천체인 별은 행성보다 지
구에서 매우 먼 거리에 있습니다. 별자리는 밤하늘에
무리 지어 있는 것처럼 보이는 몇 개의 별을 연결하
여 이름을 붙인 것으로, 옛날에는 별자리의 모습이나
이름이 지역에 따라 달랐습니다. 북극성 주변의 별자
리에는 큰곰자리, 작은곰자리, 카시오페이아자리 등
이 있습니다.

19 큰곰자리는 큰 곰(동물)의 모습, 작은곰자리는 작은
곰(동물)의 모습, 카시오페이아자리는 사람(그리스
신화에 나오는 여왕의 이름)에서 별자리 이름을 붙였
습니다.

20 큰곰자리, 작은곰자리, 카시오페이아자리는 북쪽 밤
하늘에서 관측할 수 있습니다.

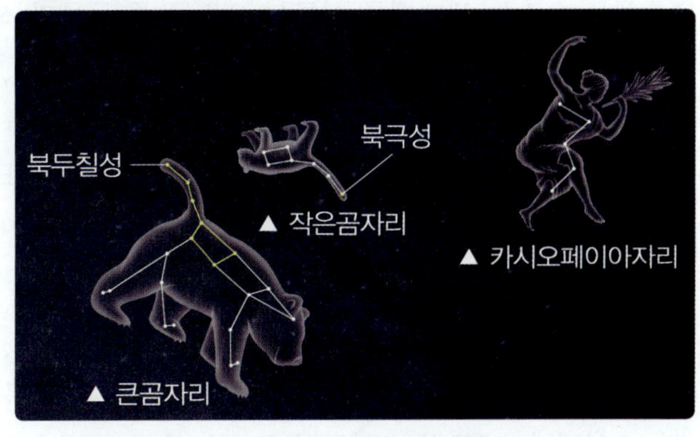

▲ 북극성 주변의 별자리

2. 생물과 환경

단원 핵심 개념   10쪽

❶ 생물 ❷ 생산자 ❸ 그물 ❹ 환경오염

단원 평가 Ⓐ 단계   11~13쪽

1 ㉠ **2** ②, ④, ⑤ **3** ④ **4** 이준 **5** (3) × **6** 분해자 **7** ㉣ **8** 벼, 메뚜기 **9** (1) ○ (2) ○ (3) × (4) ○ **10** ③ **11** (1) ㉡ (2) ㉠ (3) ㉢ **12** ⑤ **13** 보전 **14** ㉣ **15** (1) ○ (2) ○ (3) × (4) ○

1 지구에는 다양한 규모의 생태계가 있습니다. 화단, 연못 등과 같이 규모가 작은 생태계도 있고, 숲, 바다 등과 같이 규모가 큰 생태계도 있습니다.

▲ 화단 생태계

▲ 연못 생태계

▲ 숲 생태계

▲ 바다 생태계

2 생물 요소는 생태계를 이루는 요소들 중 동물과 식물처럼 살아 있는 것을 말하고, 비생물 요소는 햇빛, 공기, 온도, 물, 흙 등과 같이 살아 있지 않은 것을 말합니다. 애벌레, 버섯, 개나리는 살아 있는 것이므로 생물 요소이고, 햇빛과 흙은 살아 있지 않은 것이므로 비생물 요소입니다.

3 햇빛은 바다 생태계를 구성하는 비생물 요소이고, 세균, 미역, 고등어는 바다 생태계를 구성하는 생물 요소입니다. 개구리는 연못이나 호수 등에서 삽니다.

4 생산자는 햇빛 등을 이용해 살아가는 데 필요한 양분을 스스로 만들고 다른 생물의 먹이가 됩니다.

왜 답이 아닐까?

• 가영: 죽은 생물을 분해하여 양분을 얻는 것은 생물 요소 중 분해자에 대한 설명입니다.
• 병희: 생물의 배출물을 분해하여 양분을 얻는 것은 생물 요소 중 분해자에 대한 설명입니다.
• 송이: 다른 생물을 먹이로 하여 살아가는 데 필요한 양분을 얻는 것은 생물 요소 중 소비자에 대한 설명입니다.

5 토끼와 배추흰나비는 스스로 양분을 만들지 못하고 다른 생물을 먹이로 하여 살아가는 소비자입니다. 개망초는 햇빛 등을 이용하여 살아가는 데 필요한 양분을 스스로 만드는 생산자입니다.

6 생태계에서 분해자가 사라진다면 죽은 생물과 생물의 배출물이 분해되지 않아서 우리 주변이 죽은 생물과 생물의 배출물로 가득 차게 될 것입니다.

7 강아지풀을 먹고, 사마귀의 먹이가 될 수 있는 생물로 가장 알맞은 것은 메뚜기입니다.

8 제시된 먹이 그물에서 다람쥐는 벼와 메뚜기를 먹습니다. 생물 사이의 먹고 먹히는 관계를 화살표로 나타낼 때 잡아먹히는 생물로부터 잡아먹는 생물 방향으로 화살표를 그립니다.

▲ 다람쥐

▲ 벼

▲ 메뚜기

9 생태계에서 생물은 여러 생물을 먹고, 또 여러 생물의 먹이가 되기 때문에 한 생물이 사라져도 다른 생물을 먹고 살 수 있습니다.

문제 속 개념

먹이 그물이 복잡할수록 생태계가 안정되는 까닭

먹이 그물이 복잡하면 어떤 생물이 사라지거나 부족하더라도 또 다른 먹이를 먹고 살아갈 수 있습니다. 따라서 환경 변화의 영향을 덜 받고 쉽게 파괴되지 않습니다.

10 자동차의 배기가스는 생물의 성장에 피해를 주기 때문에 화단 앞에 주차를 할 때에는 자동차의 배기구가 식물을 향하지 않도록 해야 합니다.

11 폐수 배출은 수질오염, 공장의 매연은 대기오염, 쓰레기 매립은 토양오염의 직접적인 원인입니다. 이와 같이 인간의 활동으로 생태계의 환경이 더럽혀지거나 훼손되는 것을 환경오염이라고 합니다.

환경오염의 여러 가지 원인

대기오염	• 미세 먼지 • 자동차에서 나오는 매연 • 공장 굴뚝에서 나오는 매연 • 쓰레기를 태울 때 나오는 연기
수질오염	• 가정의 생활 하수 • 공장에서 배출되는 폐수 • 오염된 물질이 섞인 하천 • 유조선에서 흘러나온 기름
토양오염	• 폐기물 배출 • 지나친 농약 사용 • 플라스틱의 과도한 사용 • 땅에 묻힌 많은 양의 쓰레기

12 자동차의 배기가스, 공장의 매연은 대기오염의 원인이 됩니다. 대기오염으로 인해 인간을 비롯한 생물들이 숨 쉬기 어려워지고, 호흡 기관에 이상이 생겨 질병에 걸릴 수 있습니다.

13 생태계 보전은 원래 상태의 생태계를 보호하고 유지하는 것을 말합니다. 생태계를 보전해야 하는 까닭은 생태계는 훼손되면 회복하는 데 많은 노력과 시간이 필요하며, 사람뿐만 아니라 여러 생물이 함께 살아가는 곳이기 때문입니다.

14 쓰레기를 땅에 묻으면 토양이 오염됩니다. 환경오염을 줄이기 위해 합성 세제보다는 친환경 세제를 사용해야 하며, 가까운 거리는 걸어가거나 자전거를 이용합니다. 또 생활 하수는 정화하여 깨끗하게 한 뒤 내보내야 합니다.

15 도시를 개발하거나 도로를 건설하더라도 생태 공원이나 생태 통로를 만드는 등 자연환경을 최대한 보존해야 합니다. 또한 생태계를 보전하기 위해 국가나 사회에서는 국립 공원에 자연 휴식년제를 도입하거나 환경오염 물질의 배출을 제한하는 법을 만들어 시행하는 등의 노력을 하고 있습니다.

---

1 ②　**2** (1) ○ (2) ○ (3) × (4) ○　**3** (1) ㉢, ㉣, ㉤ (2) ㉠, ㉡, ㉥　**4** 돌　**5** 예 생물이 양분을 얻는 방법에 따라 생산자, 소비자, 분해자로 분류한 것입니다.　**6** ④　**7** ③　**8** 희성　**9** ㉠ 생산자 ㉡ 소비자　**10** ㉢　**11** ③　**12** ㉠ 여러 ㉡ 여러　**13** 연화　**14** (1) 예 생물들의 먹고 먹히는 관계가 나타납니다. (2) 예 먹이 사슬은 한 방향으로만 연결되지만, 먹이 그물은 여러 방향으로 연결됩니다.　**15** 환경오염　**16** (1) 수질오염 (2) 예 강, 호수, 바다에 사는 생물이 살기 어려워집니다.　**17** ㉢, ㉣　**18** ④　**19** (1) × (2) ○ (3) ×　**20** 예 자전거 타기를 생활화합니다. 쓰레기를 분리배출합니다.

1 세균은 생물 요소로, 곰팡이와 같이 죽은 생물이나 배설물을 분해하여 양분을 얻는 분해자입니다.

동물이나 식물이 아닌 생물

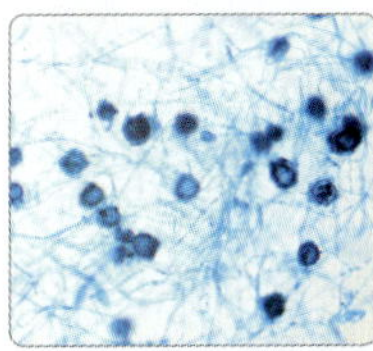

▲ 곰팡이(균류)

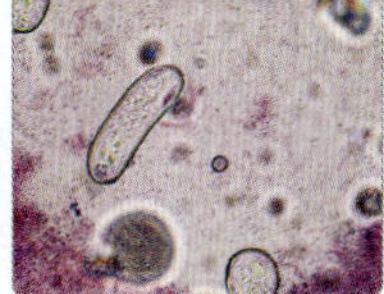

▲ 세균

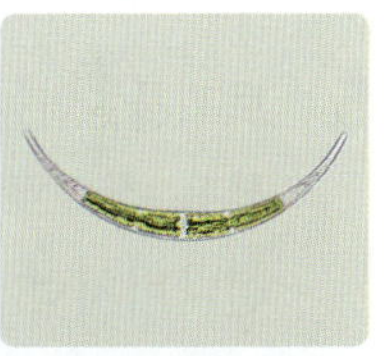

▲ 반달말(원생생물)

2 생태계는 검정말이나 개구리처럼 살아 있는 생물 요소와 햇빛, 물, 공기, 온도, 돌처럼 살아 있지 않은 비생물 요소로 이루어져 있습니다.

▲ 검정말

3 생태계의 구성 요소 중 살아 있는 것을 생물 요소, 살아 있지 않은 것을 비생물 요소라고 합니다. 여우, 세균, 소금쟁이는 생물 요소이고, 온도, 공기, 햇빛은 비생물 요소입니다.

4 바다 생태계는 미역, 고래, 산호, 문어, 물, 햇빛, 돌 등으로 이루어져 있습니다. 이 중 물, 햇빛, 돌 등과 같이 살아 있지 않은 것은 비생물 요소로 분류합니다.

강 생태계와 숲 생태계의 구성 요소

생물 요소	비생물 요소
왜가리, 물방개, 부들, 붕어	공기, 흙

생물 요소	비생물 요소
소나무, 버섯, 메뚜기, 직박구리, 노루	햇빛, 온도

5 토끼풀, 민들레, 느티나무처럼 살아가는 데 필요한 양분을 스스로 만드는 생물은 생산자, 들쥐, 토끼, 배추흰나비처럼 다른 생물을 먹이로 하여 양분을 얻는 생물은 소비자, 세균, 버섯, 곰팡이처럼 죽은 생물이나 배설물을 분해하여 양분을 얻는 생물은 분해자입니다.

채점 기준	상	양분을 얻는 방법에 따라 생산자, 소비자, 분해자로 분류했다고 모두 옳게 쓴 경우
	하	생물들을 세 무리로 분류한 기준에 대한 설명이 부족한 경우

6 잠자리, 달팽이, 박새, 개구리는 다른 생물을 먹이로 하여 양분을 얻는 소비자이고, 곰팡이는 죽은 생물이나 배설물을 분해하여 양분을 얻는 분해자입니다.

양분을 얻는 방법에 따라 생물 요소 분류하기

- 스스로 양분을 만드는 생물 ➡ 생산자
- 다른 생물을 먹이로 하여 양분을 얻는 생물 ➡ 소비자
- 죽은 생물이나 배출물을 분해하여 양분을 얻는 생물 ➡ 분해자

7 옥수수처럼 살아가는 데 필요한 양분을 스스로 만드는 생물은 생산자입니다.

ⓔ 애벌레, 참새는 다른 생물을 먹이로 하여 양분을 얻는 생물이므로 소비자에 속하지만 옥수수는 스스로 양분을 만드는 생물이므로 생산자에 속합니다.
ⓜ 살아가는 데 필요한 양분을 스스로 만들 수 있다는 것은 생산자에 대한 설명입니다.

8 생태계의 생물 요소 중 살아가는 데 필요한 양분을 스스로 만드는 생물을 생산자라고 합니다. 버섯은 분해자이고 올챙이는 소비자입니다.

역할에 따른 생태계의 생물 요소 분류

생산자	• 햇빛 등을 이용해 스스로 양분을 만듦. • 다른 생물의 먹이가 됨. • 풀과 나무 등의 대부분의 식물이 속해 있음. ▲ 수련　▲ 검정말　▲ 개나리
소비자	• 다른 생물을 먹이로 하여 양분을 얻음. • 많은 동물이 속해 있음. ▲ 박새　▲ 달팽이　▲ 토끼
분해자	• 죽은 생물체나 배출물을 분해해 양분을 얻음. • 분해된 양분은 다시 생산자가 양분을 만드는 데 이용됨. ▲ 곰팡이　▲ 버섯　▲ 세균

9 생산자인 식물이 없다면 식물을 먹는 소비자는 먹이가 없어서 죽게 되고, 그다음 단계의 소비자도 먹이가 없어서 죽게 될 것입니다. 결국 생태계의 모든 생물이 멸종될 것입니다.

10 메뚜기는 벼를 먹고 개구리는 메뚜기를 먹습니다. 일반적으로 여우는 벼를 먹지 않으며, 참새는 개구리의 먹이가 아닙니다.

11 토끼는 풀을 먹고, 뱀이나 참매에게 잡아먹힙니다.

숲 생태계의 먹이 사슬과 먹이 그물 예

▲ 숲 생태계의 먹이 사슬

▲ 숲 생태계의 먹이 그물

12 먹이 그물을 통해 생태계의 생물은 여러 생물을 먹이로 하고, 또 여러 생물의 먹이가 되므로 한 생물이 사라져도 다른 생물을 먹고 살아갈 수 있다는 사실을 알 수 있습니다.

13 먹이 그물은 어느 한 종류의 먹이가 부족해지더라도 다른 종류의 먹이를 먹고 살 수 있으므로 생물이 살아가는 데 영향을 덜 받을 수 있습니다.

14 먹이 사슬과 먹이 그물은 모두 생물들의 먹고 먹히는 관계가 나타난다는 같은 점이 있습니다. 먹이 사슬은 한 방향으로 연결되지만 먹이 그물은 여러 방향으로 연결된다는 다른 점이 있습니다.

채점 기준	상	먹이 사슬과 먹이 그물의 같은 점과 다른 점을 모두 옳게 쓴 경우
	중	먹이 사슬과 먹이 그물의 같은 점은 옳게 썼으나 다른 점에 대한 설명이 부족한 경우
	하	먹이 사슬과 먹이 그물의 같은 점과 다른 점 중 하나만 옳게 쓴 경우

15 환경이 오염되면 그곳에 사는 생물의 종류와 수가 줄어들고, 심지어 생물이 멸종되기도 합니다.

16 공장의 폐수, 유조선의 기름 유출, 생활 하수 등으로 발생하는 수질오염으로 인해 강, 호수, 바다에 사는 생물이 살기 어려워지고, 깨끗한 물을 얻기 어려워져 동물이나 사람이 질병에 걸릴 수 있습니다.

채점 기준	상	(1)과 (2)를 모두 옳게 쓴 경우
	중	(1)은 옳게 썼으나, (2)에 수질오염이 생물에게 미치는 영향에 대한 설명을 부족하게 쓴 경우
	하	(1)만 옳게 쓴 경우

예 물고기가 병에 걸리거나 죽을 수 있습니다.

예 물이 더러워지고 좋지 않은 냄새가 납니다.

예 서식지가 파괴되어 물에 좋지 않은 냄새가 납니다.

예 물고기가 오염된 물을 먹고 병에 걸리거나 모습이 이상해지기도 합니다.

17 ㉠은 수질오염의 직접적인 원인, ㉡은 토양오염의 직접적인 원인과 관련이 있습니다.

18 생태계를 보전하기 위해 산에서 꽃이나 식물을 함부로 가져오지 않습니다. 생태계 보호 구역을 지정하거나 생태 통로를 통해 생물을 보호합니다. 투명한 방음벽에 스티커를 붙여 충돌을 막습니다.

▲ 보호 구역 지정 (우포늪)　　▲ 생태 통로　　▲ 조류 충돌 방지 스티커

19 멸종 위기에 처한 야생 생물을 관리하고, 생태계 보전이 필요한 곳을 국립 공원으로 정하는 것은 생태계 보전을 위한 국가나 사회의 활동입니다.

20 우리는 자전거 타기, 쓰레기 분리배출 등 이산화 탄소의 배출을 줄이기 위한 노력을 해야 합니다.

채점 기준	상	북극의 생태계를 지키기 위해 우리가 할 수 있는 일을 이산화 탄소의 배출량 감소와 연관지어 옳게 쓴 경우
	중	북극의 생태계를 지키기 위해 우리가 할 수 있는 일에 대한 설명이 다소 부족한 경우
	하	북극의 생태계를 지키기 위해 우리가 할 수 있는 일로 이산화 탄소의 배출량 감소와 관계없는 일반적인 실천 방안을 쓴 경우

3. 여러 가지 기체

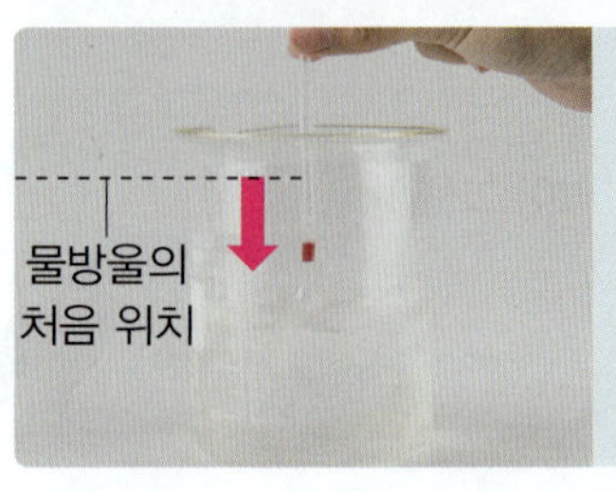

단원 핵심 개념   18쪽

❶ 무게 ❷ 온도 ❸ 압력 ❹ 질소

단원 평가 Ⓐ 단계   19~21쪽

1 무게 **2** < **3** ② **4** (3) ○ **5** ㉠ 늘
어나고 ㉡ 줄어든다 **6** ㉡ **7** (1) ○ **8** ⑤
9 (1) 커짐 (2) 작아짐 **10** ㉠ 낮아져 ㉡ 오목하게
들어간다 **11** ㉢ **12** 질소 **13** ④
14 영광 **15** 압력

1 공기와 같이 눈에 보이지 않는 기체도 무게가 있습니
다. 따라서 공기 침대에 공기를 가득 채우면 공기 침
대는 공기를 넣기 전보다 무거워집니다.

2 공기 주입 마개를 누르면 페트병 안
으로 공기가 들어가기 때문에 페트
병의 무게가 늘어납니다.

▲ 공기 주입 마개

3 공기를 넣은 페트병의 무게가 공기를 넣기 전 페트병
의 무게보다 더 무겁기 때문에 공기는 무게가 있다는
것을 알 수 있습니다.

4 물방울이 든 스포이트를 뜨거운 물에 넣으면 스포이
트의 둥근 부분 속의 기체의 온도가 높아져 부피가
늘어나기 때문에 물방울이 처음보다 위쪽 방향으로
움직입니다.

문제 속 개념

• 뜨거운 물에 넣었을 때 물방울의 위치 변화

스포이트의 둥근 부분 속
기체의 부피가 늘어나 물
방울이 처음 위치보다 위
쪽 방향으로 움직입니다.

물방울의
처음 위치

• 얼음물에 넣었을 때 물방울의 위치 변화

스포이트의 둥근 부분 속
기체의 부피가 줄어들어
물방울이 처음 위치보다 아
래쪽 방향으로 움직입니다.

물방울의
처음 위치

5 기체는 온도에 따라 부피가 변합니다. 온도가 높아지
면 기체의 부피가 늘어나고, 온도가 낮아지면 기체의
부피가 줄어듭니다.

6 입구가 닫힌 포일 풍선을 따뜻하게 하면 풍선이 부풀
어 오르면서 부피가 늘어납니다.

문제 속 개념

온도 변화에 따른 풍선의 부피 변화

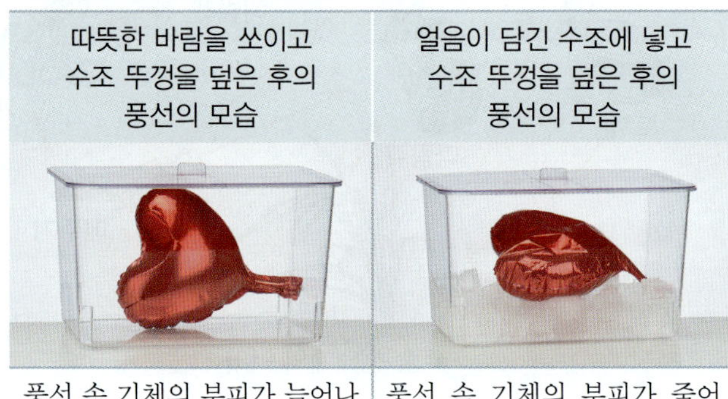

따뜻한 바람을 쐬이고 수조 뚜껑을 덮은 후의 풍선의 모습	얼음이 담긴 수조에 넣고 수조 뚜껑을 덮은 후의 풍선의 모습
풍선 속 기체의 부피가 늘어나면서 풍선이 부풀어 오릅니다.	풍선 속 기체의 부피가 줄어들면서 풍선이 쭈그러듭니다.

7 감압 용기에서 공기를 빼내면 감
압 용기 속 압력이 작아지므로 고
무풍선의 크기가 커집니다.

▲ 감압 용기와 펌프

8 기체는 압력에 따라 부피가 변합니다. 감압 용기에서
공기를 빼내면 감압 용기 속 공기의 양이 줄어들고
압력이 작아집니다.

왜 답이 아닐까?

① 감압 용기 속의 공기를 빼내면 압력이 낮아집니다.
② 감압 용기 속의 공기를 빼내면 압력이 낮아지고, 공기를 넣
으면 압력이 높아집니다.
③ 감압 용기 속의 공기를 빼내면 공기의 양이 줄어듭니다.
④ 감압 용기의 공기를 빼내는 것은 압력 변화와 관련이 있습
니다.

9 감압 용기에 다시 공기를 넣으면 용기 속 압력이 커져서 고무풍선의 크기가 작아집니다.

10 컵을 냉장고에 넣으면 컵 안 기체의 온도가 낮아지면서 기체의 부피가 줄어들기 때문에 비닐 랩이 오목하게 들어갑니다.

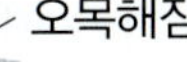

▲ 온도 변화에 따른 비닐 랩의 변화

11 높은 산 위는 산 아래보다 압력이 낮아 과자 봉지의 크기가 더 커집니다. 잠수부가 내뿜는 공기 방울이 위로 올라갈수록 커지는 까닭은 수면 위로 갈수록 압력이 작아져 기체의 부피가 커지기 때문입니다. ㉠, ㉣은 온도 변화에 따라 기체의 부피가 달라지는 예입니다.

문제 속 개념

압력 변화에 따라 기체의 부피가 변하는 예
- 고무풍선이 하늘로 올라가면 점점 커지다가 터집니다.
- 공기가 든 공을 힘주어 누르면 공의 부피가 줄어듭니다.
- 펌프식 용기의 꼭지를 누르면 용기 속 액체가 밀려 나옵니다.

---

12 질소는 과자 봉지의 충전재로 이용되고, 식품을 보존하고 신선하게 유지하는 데 이용합니다. 또 비행기 타이어나 자동차 에어백을 채우는 데 이용합니다.

13 네온은 특유의 빛을 내는 성질이 있어 조명 기구나 광고용 간판 등에 이용됩니다.

14 처음보다 시럽의 위치가 올라간 까닭은 온도가 높아지면서 약병 안 기체의 부피가 늘어났기 때문입니다.

왜 답이 아닐까?

- 세진: 시간이 지난 후 시럽 방울이 올라간 것으로 보아 온도가 높아지면서 약병 안 기체의 부피가 늘어났다는 것을 알 수 있으므로 시간이 지난 후의 온도는 처음보다 높은 상태입니다.
- 소연: 시럽의 위치가 변한 이유는 온도 변화에 따라 기체의 부피가 변하는 성질과 관련이 있습니다.

---

15 압력에 따라 기체의 부피가 변하는 성질을 이용한 장치에서 주사기 피스톤을 세게 밀면 주사기 안 기체의 부피가 줄어들면서 스포이트가 날아갑니다.

---

1 ⑤　　**2** 예 공기 주입 마개를 누르면 페트병에 공기가 더 들어갑니다. 공기에는 무게가 있기 때문에 늘어난 공기만큼 페트병의 무게가 늘어납니다.
3 재훈　　**4** ㉠　　**5** ①, ④　　**6** ②
7 (1) ○　　**8** ㉠　　**9** ㉠ 줄어든다　㉡ 늘어난다
10 예 감압 용기에 다시 공기를 넣어 줍니다.
11 ㉡　　**12** 압력　　**13** ⑤　　**14** 예 그릇 안 기체의 온도가 높아지면서 기체의 부피가 늘어났기 때문입니다.　　**15** ㉡, ㉢　　**16** ③　　**17** (1) 이산화 탄소 (2) 예 고체 상태에서 온도가 매우 낮습니다. 물에 녹아 톡 쏘는 맛을 냅니다. 물질이 타는 것을 막습니다.　　**18** (1) ○　　**19** ㉠ 위쪽 ㉡ 아래쪽
20 압력

---

1 공기 주입 마개를 눌러 공기를 더 넣으면 페트병의 무게가 무거워지므로 공기 주입 마개를 누르기 전인 54.0g의 무게보다 무거워야 합니다.

2 공기 주입 마개를 누르기 전보다 공기 주입 마개를 누른 후 페트병의 무게가 더 늘어납니다.

채점 기준		
	상	공기는 무게가 있기 때문에 공기 주입 마개를 눌러 페트병에 공기를 더 넣으면 무게가 늘어난다는 내용으로 옳게 쓴 경우
	하	공기도 무게가 있기 때문이라는 내용으로만 쓴 경우

3 공기도 무게가 있기 때문에 찌그러진 축구공에 공기를 넣으면 공기를 넣기 전보다 축구공의 무게가 늘어납니다.

문제 속 개념

우리 주변 기체의 무게
- 쭈그러든 고무보트에 공기를 가득 넣어 고무보트가 팽팽해지면 공기를 넣기 전보다 무거워집니다.
- 바람이 빠진 자전거 타이어에 공기를 넣으면 자전거 타이어가 공기를 넣기 전보다 더 무거워집니다.

---

4 공기는 무게가 있기 때문에 고무보트에서 공기를 빼내면 고무보트의 무게가 줄어들어 쉽게 옮길 수 있습니다.

5 기체는 온도가 변하면 부피가 달라집니다. 온도가 높아지면 기체의 부피가 늘어나고, 온도가 낮아지면 기체의 부피가 줄어듭니다.

6 고무풍선을 씌운 삼각 플라스크를 따뜻한 물이 든 수조에 넣으면 고무풍선이 부풀어 올라 커지는 것을 관찰할 수 있습니다.

▲ 따뜻한 물에 넣었을 때

▲ 얼음물에 넣었을 때

7 따뜻한 물에 넣었던 삼각 플라스크를 꺼내 얼음물이 든 수조에 넣으면 삼각 플라스크 안의 온도가 낮아져 기체의 부피가 줄어들므로 고무풍선이 처음보다 작아집니다.

8 따뜻한 물과 얼음물에 넣은 고무풍선의 크기 변화를 관찰하는 것은 온도 변화에 따른 기체의 부피 변화를 알아보기 위한 것입니다.

9 입구를 주사기 마개로 막은 주사기의 피스톤을 누르면 주사기 안 기체에 가해지는 압력이 높아지고, 피스톤을 당기면 주사기 안 기체에 가해지는 압력이 낮아집니다.

10 감압 용기의 공기를 빼내면 압력이 작아지므로 고무풍선이 커집니다. 고무풍선을 다시 작게 하려면 압력을 크게 해야 하므로 감압 용기에 다시 공기를 넣어 주면 됩니다.

채점 기준	상	용기에 공기를 넣어 준다고 옳게 쓴 경우
	하	'압력을 크게 한다.' 등 방법을 구체적으로 쓰지 못한 경우

11 주사기의 피스톤을 당기면, 주사기 안 풍선에 가해지는 압력이 낮아지면서 풍선의 부피가 늘어납니다.

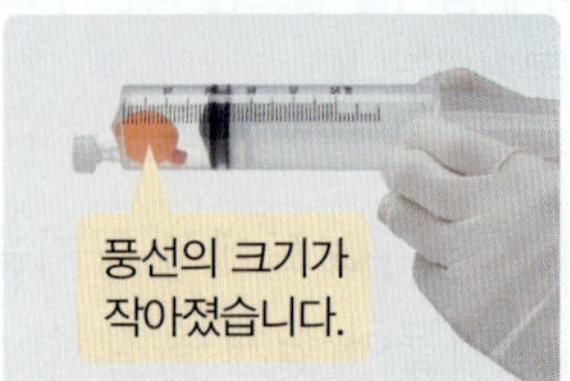

▲ 피스톤을 눌렀을 때

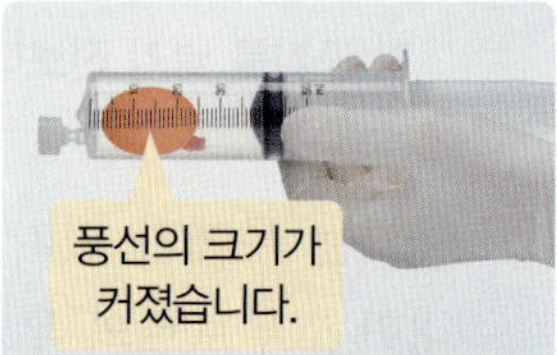

▲ 피스톤을 당겼을 때

12 높은 산 위에서 마개를 닫은 페트병이 산 아래로 내려오면 찌그러지는 까닭은 높은 산 위보다 산 아래의 압력이 크기 때문입니다.

13 수면 위로 갈수록 압력이 작아지기 때문에 바닷속에서 잠수부가 내뿜는 공기 방울은 위로 올라갈수록 크기가 커집니다.

왜 답이 아닐까?

① 이른 아침 풀잎에 이슬이 맺히는 것은 기체인 수증기가 액체인 물로 변하는 예입니다.
② 창가에 둔 어항의 물이 줄어드는 것은 증발의 예입니다.
③ 여름철에 자동차 타이어가 팽팽해지는 것은 온도 변화에 따라 기체의 부피가 달라지는 경우입니다.
④ 뜨거운 국이 든 그릇을 덮은 비닐 랩이 부풀어 오르는 것은 온도 변화에 따른 기체의 부피 변화와 관련이 있습니다.

14 뜨거운 음식에 의해 기체의 온도가 높아지면서 기체의 부피가 늘어나므로 비닐 랩이 부풀어 오릅니다.

채점 기준	상	그릇 안 기체의 온도와 기체의 부피의 관계를 옳게 설명한 경우
	하	기체의 온도와 부피의 관계를 설명하지 않고, '기체의 온도가 높아졌기 때문에' 또는 '기체의 부피가 늘어났기 때문에'라고만 설명한 경우

15 물이 조금 담긴 페트병의 마개를 닫아 냉장고에 넣으면 페트병이 찌그러지고, 찌그러진 페트병을 냉장고 밖에 꺼내 두면 페트병이 펴집니다.

왜 답이 아닐까?

㉠ 찌그러진 페트병을 찬물에 넣으면 페트병 속 기체의 부피가 줄어들기 때문에 페트병이 더 찌그러집니다.
㉣ 물이 조금 담긴 페트병의 마개를 닫아 냉장고에 넣으면 페트병 속 기체의 부피가 줄어들어 페트병이 찌그러집니다.

16 질소는 식품을 신선하게 보관하거나 고유한 맛을 유지하는 성질이 있어 과자 포장에 이용됩니다.

문제 속 개념

항공기 타이어 안의 질소
항공기의 타이어는 항공기가 이착륙할 때 가해지는 큰 충격과 열에 의해 터질 수 있습니다. 따라서 항공기 타이어에는 외부의 압력과 열에 의한 변화

가 잘 일어나지 않는 질소 기체를 넣습니다.

17 이산화 탄소를 고체 상태로 만든 드라이아이스는 온도가 매우 낮아 음식을 차갑게 하는 데 이용되고, 물 속에 녹아 톡 쏘는 맛을 내어 탄산음료에 이용됩니다. 그리고 물질이 타는 것을 막으며, 공기보다 아래로 가라앉는 성질이 있어 불이 났을 때 공기를 차단해 불을 끄는 소화기에 이용됩니다.

채점 기준	상	이산화 탄소를 쓰고, 이산화 탄소의 성질을 두 가지 옳게 쓴 경우
	중	이산화 탄소를 쓰고, 이산화 탄소의 성질을 썼으나 설명이 미흡한 경우
	하	이산화 탄소를 썼으나 그 성질을 쓰지 못한 경우

18 수소는 오염 물질을 배출하지 않는 청정 연료로 수소 자동차 등에 이용됩니다.

▲ 수소 자동차

여러 가지 기체의 성질과 이용된 예

기체	성질과 이용된 예
이산화 탄소	• 색깔, 냄새가 없습니다. • 물에 녹아 톡 쏘는 맛을 냅니다. • 석회수를 뿌옇게 흐리게 하는 성질이 있습니다. • 이산화 탄소가 불꽃 주위를 둘러싸 산소를 차단함으로써 다른 물질이 타는 것을 막습니다.
헬륨	• 색깔, 냄새가 없고 불에 잘 타지 않습니다. • 잠수병 예방에 이용됩니다. • 공기보다 가벼워 풍선이나 비행선을 공중에 띄우는 데 이용됩니다.
네온	• 전기와 만나면 특유의 빛을 냅니다. • 빛을 내는 조명 기구나 전광판, 광고 조명, 광고판에 이용됩니다.

19 유리병을 따뜻한 물에 넣으면 유리병 속 기체의 부피가 늘어나면서 주사기 피스톤의 위치가 올라가고, 유리병을 차가운 물에 넣으면 유리병 속 기체의 부피가 줄어들면서 주사기 피스톤의 위치가 내려갑니다.

20 플라스틱병을 순간적으로 눌러 기체에 가하는 압력을 높이면 플라스틱병 속 기체의 부피가 줄어들어 빨대 로켓이 날아갑니다.

---

4. 기후 변화와 우리 생활

단원 핵심 개념   26쪽

① 기후 변화   **②** 이산화 탄소   **③** 해수면
④ 화석 연료

단원 평가 Ⓐ 단계   27~29쪽

1 폭염   **2** ①   **3** (1) ○ (2) ○ (3) ×
4 ㉠ 폭염 ㉡ 한파 ㉢ 강수량   **5** ⑤   **6** 오존층
7 ③   **8** (1) × (2) ○ (3) × (4) ○   **9** 화석 연료   **10** 수현   **11** ②   **12** ㉠ 높아지고 ㉡ 낮은 ㉢ 줄어든다   **13** ㉣   **14** (1) ○ (2) ○ (3) × (4) ○   **15** ①

---

1 폭염이 발생하면 낮 동안 강한 햇빛으로 더위가 심하여 외출하기 힘들고, 밤에도 더위가 이어져 잠을 자기 어렵습니다.

2 홍수와 가뭄은 강수량 변화와 관련 있는 기후 변화 현상입니다. 홍수가 나면 강물이 넘쳐 집과 농경지가 물에 잠기기도 합니다. 가뭄이 생기면 사용할 물이 부족해집니다.

▲ 홍수

▲ 가뭄

3 일정한 지역에서 보통 30년 이상의 오랜 기간에 걸쳐 나타나는 날씨의 평균적인 상태를 기후라고 하며, 기후 변화는 오랜 시간에 걸쳐 평균적인 날씨가 변하는 것을 말합니다.

날씨와 기후

날씨의 구성 요소인 기온, 습도, 강수량, 풍향, 풍속, 기압 등은 날마다 변하지만, 기후는 수십 년에 걸쳐 매우 느리게 변합니다.

4 기후 변화의 영향으로 최근 들어 평년보다 폭염 일수가 많고 강한 한파가 나타나고 있습니다. 가뭄, 홍수, 폭설은 모두 강수량 변화와 관련 있는 기후 변화 현상입니다.

5 이틀 동안, 1년에 내릴 비의 절반에 가까운 많은 양의 비가 내렸다는 것을 보아 남아프리카공화국은 2022년 4월에 폭우로 인한 홍수가 발생했을 것입니다.

6 오존층이 파괴되는 것은 지구의 온도가 높아지는 원인 중 하나입니다.

온실 효과

대기 중의 수증기, 이산화 탄소, 오존 등이 지구에서 우주로 나가는 열을 흡수하여 지구의 평균 기온을 비교적 높게 유지하는 작용을 말합니다. 온실 효과가 없는 경우 지구의 평균 기온이 영하로 떨어져 생명체가 생존하기 어렵고, 온실 효과가 과도하게 일어나는 경우 지구의 평균 기온이 높아져 기후 변화를 일으킵니다.

7 화석 연료를 사용하는 교통수단 이용량이 늘어나면서 매연과 이산화 탄소 배출량이 증가하고 있습니다.

8 음식을 많이 남기고, 일회용 제품을 많이 사용하는 것은 기후 변화에 영향을 주는 인간의 좋지 않은 생활 습관입니다.

9 화석 연료는 석탄, 석유, 천연가스 등의 천연자원으로 오래전에 땅속에 묻힌 생물로부터 만들어집니다. 공장에서는 화석 연료를 사용하여 여러 제품을 생산하고, 많은 양의 화석 연료를 사용하여 전기를 만듭니다.

10 숲과 늪지는 기후 변화에 영향을 주는 기체인 이산화 탄소를 줄이고 저장하는 역할을 하므로 숲이 망가지면 기후 변화가 빨라질 수 있습니다. 냉난방 기구를 이용하기 위해 많은 양의 화석 연료가 사용되고, 이 과정에서 이산화 탄소가 배출되므로 냉난방 기구를 이용하는 것은 기후 변화와 관련이 있습니다.

11 바닷가 마을에 물을 부으면 물의 높이가 상승하면서 주택가, 농경지 등 깃발을 꽂아 둔 부분이 모두 물에 잠깁니다. 실제 해수면이 상승하면 섬과 해안가의 육지가 바닷물에 잠기고 우리가 살 수 있는 땅이 줄어들 것임을 예측할 수 있습니다.

사라지는 섬 투발루

오세아니아의 섬나라인 투발루는 기후 변화로 인한 해수면 상승으로 인해 나라가 점점 바닷물에 잠겨 사라지고 있습니다. 해수면 상승이 심해지면 해안 도시는 물론 땅의 높이가 낮은 지역은 바닷물이 잠길 수 있습니다.

▲ 투발루

12 빙하가 녹은 물이 바다로 흘러가서 해수면이 상승하면 바닷가 근처의 육지가 물에 잠겨 사람과 동식물이 살 수 있는 육지 면적이 줄어듭니다.

▲ 빙하

13 기후 변화는 사람은 물론 기후 변화에 적응하지 못한 생물에게도 심각한 영향을 미칩니다. 우리나라의 동해안에서 잡히던 오징어의 수는 해마다 줄어들고 있고, 열대 지방에서만 자라던 과일이 우리나라에서 잘 자라기도 합니다.

14 국가와 사회에서는 기후 변화에 대응하기 위해 화석 연료의 사용을 줄이기 위한 법과 제도를 만듭니다. 또한 숲, 갯벌과 같은 자연환경을 보존 및 관리하고, 기후 변화 현상에 사람들이 적응할 수 있도록 대비하며, 기후 변화에 대응하기 위한 국제 협약을 맺습니다.

15 우리가 실천할 수 있는 기후 변화 대응 방법으로는 쓰레기 분리배출하기, 일회용품 적게 사용하기, 계단 이용하고, 가까운 거리는 걷거나 자전거 이용하기, 장바구니 사용하기 등이 있습니다.

다양한 기후 변화 대응 방법

- 건물의 옥상 바닥 등 햇빛을 받는 면을 흰색으로 칠하면 태양열을 차단하여 옥상의 온도를 낮춰주므로, 냉방에 필요한 전기를 줄일 수 있습니다.
- 더운 날 물을 뿌리면 주변 온도를 낮춰서 더위를 식히는 데 도움이 됩니다.
- 폭설에 대비하기 위해 도로 바닥에 열선을 설치해 도로가 어는 것을 방지합니다.

1 기후   **2** ㉠   **3** ㉠ 적게 ㉡ 건조한
4 예 폭염으로 더위가 심하여 잠을 자기 어려울 것입니다. 한파로 인한 추위 때문에 사람들이 바깥에서 활동하기 어려울 것입니다.   **5** (1) ㉡ (2) ㉢ (3) ㉠   **6** ②   **7** (1) 화석 (2) 예 화석 연료를 사용하는 과정에서 대기 중으로 배출된 많은 양의 이산화 탄소는 지구의 온도를 높아지게 하여 기후 변화를 심해지게 합니다.   **8** ④   **9** (1) ○ (2) × (3) ○ (4) ○   **10** ㉡   **11** ㉠ 높아져 ㉡ 잠긴다   **12** ㉡   **13** 예 해수면이 상승하면 섬과 해안가의 높이가 낮은 육지가 바닷물에 잠겨 생물이 살 수 있는 땅이 줄어들 것입니다.   **14** ㉡   **15** (4) ○

1 기후는 일정한 지역에서 오랜 기간에 걸쳐 나타나는 기온과 강수량 등과 같은 날씨의 평균적인 상태를 말하며, 그날그날 변하는 날씨와 달리 수십 년에 걸쳐 매우 느리게 변합니다.

2 일정한 지역에서 30년 이상 오랜 기간에 걸쳐 평균적인 날씨가 변하는 것을 기후 변화라고 합니다. 한파는 갑자기 기온이 내려가 매우 추운 날씨로, 수도관이 얼거나 터지는 등의 피해를 일으킵니다.

3 가뭄은 오랫동안 비나 눈이 적게 내려 건조한 날씨가 지속되는 현상입니다. 가뭄이 생기면 사용할 수 있는 물이 부족해집니다.

4 심한 폭염이 발생하면 더위가 심해 잠을 자기 어려울 수 있고, 한파가 발생하면 심한 추위로 바깥에서 활동하기 힘들고, 수도관이 터지는 등 여러 가지 피해가 생깁니다.

채점 기준	상	폭염이나 한파가 발생했을 때 우리에게 미칠 수 있는 영향을 한 가지씩 옳게 쓴 경우
	하	폭염이나 한파 중 한 가지에 대한 설명만 쓴 경우

이런 답도 가능해!
예 폭염으로 더위가 심하여 땀이 너무 많이 나고 머리가 어지러울 수 있고, 한파로 인한 추위로 감기에 걸리거나 열이 나는 사람이 생길 수 있습니다.

5 기후 변화의 영향으로 최근 들어 평년보다 가뭄 일수가 많고, 홍수와 폭설이 강하게 나타나고 있습니다.

문제 속 개념
이상 기후
이상 기후는 기온, 강수량, 바람, 습도 등이 평년과 비교할 때 매우 높거나 낮은 수치를 나타내는 현상을 의미합니다. 우리나라의 이상 기후 사례로는 갑자기 세차게 비가 쏟아지는 폭우, 온도가 정상을 넘어서 높아지는 이상 고온, 온도가 정상을 넘어서 낮아지는 이상 저온 등이 있으며, 이 외에도 폭염, 한파, 가뭄, 집중 호우 등이 있습니다.

6 햇빛을 이용하여 전기를 생산하는 것은 친환경 에너지를 이용하는 예입니다.

 ▲ 태양 빛을 이용한 발전 시설

 ▲ 친환경 자동차

7 화석 연료를 사용하는 과정에서 많은 양의 이산화 탄소가 대기 중으로 배출되어 지구의 온도가 계속 상승하고 있으며, 그에 따라 기후 변화가 심해지고 있습니다.

채점 기준	상	(1), (2) 모두 옳게 쓴 경우
	중	(1)은 옳게 썼으나, (2)에 대한 내용이 부족한 경우
	하	(1)만 옳게 쓴 경우

8 빈방에 텔레비전이나 전등을 계속 켜 놓는 것은 기후 변화에 영향을 주는 인간의 활동입니다.

문제 속 개념
기후 변화에 영향을 주는 인간의 활동
• 물과 전기 등 자원과 에너지를 낭비합니다.
• 편리한 생활을 하기 위해 자동차, 비행기 등 교통수단을 많이 이용합니다.
• 오늘날 산업이 매우 빠른 속도로 발전하면서 사람들은 공장에서 많은 물건을 생산하고 또 소비합니다.

 ▲ 에너지의 낭비

 ▲ 교통수단의 이용

 ▲ 물건의 생산과 소비

9 기후 변화의 영향으로 발생한 자연재해로 인해 교통과 통신이 마비되거나 전기가 끊어져 사람들의 생활이 불편해질 수 있습니다.

문제 속 개념

기후 변화가 우리 생활과 환경에 미치는 영향
- 기후 변화의 영향으로 발생한 자연재해로 인해 교통과 통신이 마비되거나 전기가 끊어져 사람들의 생활이 불편해질 수 있습니다.
- 지구의 온도가 높아지면서 여름이 길어지고 겨울은 짧아졌습니다.

10 기후 변화로 인해 모기나 진드기와 같은 해충이 많아져 감염병이 증가할 수 있습니다.

11 수조에 물을 부으면 높이가 점점 높아지는 물에 의해 바닷가 마을이 잠깁니다.

12 기후 변화로 해수면이 상승하면 해안 생태계가 파괴되고 많은 생물이 위험에 처하게 됩니다.

문제 속 개념

기후 변화로 인한 해수면 높이 변화
기후 변화로 지구의 평균 기온이 높아지면서 극지방과 육지를 덮고 있던 빙하가 녹은 물이 바다로 흘러 들어가면서 해수면이 상승합니다.

13 실험에서 물의 높이가 높아져 바닷가 마을이 물에 잠기는 것처럼 실제 해수면이 높아지면 섬과 해안가의 높이가 낮은 육지가 바닷물에 잠겨 생물이 살 수 있는 땅이 줄어들 것입니다.

채점 기준	상	해수면 상승이 우리 생활에 미치는 영향을 옳게 쓴 경우
	하	해수면 상승이 우리 생활에 영향을 미친다고만 쓴 경우

이런 답도 가능해!

예 바닷물이 논이나 밭으로 들어오면 작물이 자라기 힘들어질 것입니다.

예 비가 많이 올 때 바닷물이 높으면 물이 빠지지 않아 큰 홍수가 날 수 있습니다.

예 바닷가의 생물들의 서식지가 파괴되어 어부들이 물고기를 잡기 어려워질 것입니다.

14 우리가 실천할 수 있는 기후 변화 대응 방법으로는 물건을 살 때 장바구니 이용하기, 일회용품을 적게 사용하기, 전기 등 에너지 아껴쓰기, 가까운 거리는 걸어다니기 등이 있습니다.

15 (1), (2), (3)은 기후 변화에 대응하기 위한 국가나 사회의 노력이고, (4)는 개인이 생활 속에서 실천할 수 있는 노력입니다.

실수를 줄이는 한 끗 차이!

빈틈없는 연산서

•교과서 전단원 연산 구성　•하루 4쪽, 4단계 학습　•실수 방지 팁 제공

수학의 기본

실력이 완성되는 강력한 차이!

새로워진 유형서

•기본부터 응용까지 모든 유형 구성
•대표 예제로 유형 해결 방법 학습
•서술형 강화책 제공

개념 이해가 실력의 차이!

대체불가 개념서

•교과서 개념 시각화 구성
•수학익힘 교과서 완벽 학습
•기본 강화책 제공

백점 과학 4·2

초등학교　　　학년　　　반　　　번　　　이름

믿고 보는 동아출판
초등 교재

기초학습서부터 교과서 개념 다지기, 과목별 전문서까지!
초등학교 입학 전부터, 예비 중등까지!
초등학생에게 꼭 필요한 영역을 빠짐없이! 동아출판 초등 교재 라인업

BEST

2022 개정
교육과정

초등 1~2학년
공부 단략
초능력

맞춤법 + 받아쓰기

초등 국어
1·2

쉽고 빠른
맞춤법 학습

받아쓰기
단계별 연습

국어 교과서
어휘 학습

초능력
비주얼씽킹 과학

초능력
비주얼씽킹
초등 한국사

초능력
수학 연산

초능력
급수 한자

초능력
국어 독해

초등 영역별 기초학습서
초능력 국어 / 수학 / 과학 / 한국사 / 한자

초고필
비문학 독해 1

5-6학년
예비 중등

초고필
우리수의
사칙연산
을 해야 할 때

초고필
지금
국어 문법을 때
해야 할

초고필
지금
국어 어휘
을 해야 할 때

반편성
배치고사 +
진단평가

초고필
지금
한국사
를 해야 할 때

예비 중등
초고필 국어 / 수학 / 한국사
적중 반편성 배치고사 + 진단평가